数学建模优秀论文选编

何道江　黄旭东　张　琼　编

科学出版社

北　京

内 容 简 介

本书是安徽师范大学参加全国大学生数学建模竞赛和美国大学生数学建模竞赛获奖论文的选编,主要是从该校 2006—2018 年获全国一等奖、二等奖以及美国大学生数学建模竞赛一等奖的论文中精选出的 15 篇优秀论文编辑整理而成,每一篇独立成文.每一篇精选的获奖论文都按照竞赛论文的写作要求,包含论文的摘要、问题的重述、问题的分析、模型的假设与符号说明、模型的建立与求解、模型的结果分析和对模型的评价等内容,基本保持了参赛论文的原貌.

本书可作为大学生"数学建模"课程的参考书,也可供参加全国大学生数学建模竞赛、美国大学生数学建模竞赛的学生学习和阅读,对于从事数学建模课程教学及指导工作的老师也有一定的参考价值,亦可供从事复杂问题建模工作的工程技术人员参考.

图书在版编目(CIP)数据

数学建模优秀论文选编 / 何道江,黄旭东,张琼编. —北京:科学出版社,2020.11
　ISBN 978-7-03-061219-9

　Ⅰ. ①数… Ⅱ. ①何…②黄…③张… Ⅲ. ①数学模型-文集
Ⅳ. ①O141.4-53

中国版本图书馆 CIP 数据核字(2019)第 092665 号

责任编辑:胡庆家　李　萍/ 责任校对:杨　然
责任印制:吴兆东 / 封面设计:陈　敬

斜 学 虫 版 社 出版
北京东黄城根北街 16 号
邮政编码:100717
http://www.sciencep.com

北京九州迅驰传媒文化有限公司印刷
科学出版社发行　各地新华书店经销
*
2020 年 11 月第 一 版　开本:720×1000　1/16
2025 年 1 月第三次印刷　印张:28 1/2
字数:575 000
定价:118.00 元
(如有印装质量问题,我社负责调换)

前　言

社会的快速发展对就业人才产生了新的需求,培养具有丰富基础知识、熟练的实际操作能力、独特的创新能力、良好的综合素质的应用型人才成为高等教育的主要任务,培养学生的数学建模思想和能力是达成这一任务的重要途径.

目前关于数学建模方法的书籍大量涌现,但是建模思想和能力的提升不只是分门别类地学习各种数学模型和方法,更重要的是针对特定的问题确定如何建模、怎么求解以及正确解读求解结果并作出评价等;除此之外,还需要掌握数学建模竞赛论文写作的基本要领,包括论文基本结构与写作方法,以及论文的格式等。数学建模竞赛作为参赛规模最大、参与院校最多、涉及面最广的一项重要学科竞赛,是激励学生积极学习数学、提高学生建立数学模型和运用计算机技术解决实际问题综合能力的重要平台。赛题来源于社会经济生活的实际,要求给出解决方案并提交完整的建模论文,这对于开发学生的创新意识和建模思想、培养学生创造性地应用数学工具解决实际问题的能力有着独特的意义,是推动高校创新创业教育的一个重要抓手。

鉴于数学建模竞赛的独特功能,研读优秀的数学建模论文必然有助于提升学习者的建模水平,为了满足这种需要我们编撰了这本《数学建模优秀论文选编》。据统计,自 2006 年以来,安徽师范大学在美国大学生数学建模竞赛(简称"美赛")和全国大学生数学建模竞赛中,共获得美赛特等奖提名奖 1 项、一等奖 3 项、二等奖 21 项,国家一等奖[①]6 项、国家二等奖 22 项,数学建模竞赛为学校赢得了荣誉。本书是从安徽师范大学近年来参加大学生数学建模竞赛的论文中精选出的 15 篇获奖论文加工整理而成的。论文几乎完整地保留了参赛论文的原貌,因而更容易洞悉作者完整的思路和方法,从中得到借鉴和提升,这对于读者学习文章如何写作也有着很高的参考价值。

为保持文章原貌,编者只做了符号和文字上的订正,未对论文进行大的改动。需要指出,限于篇幅本书无法给出竞赛赛题,读者可以到全国大学生数学建模竞赛和美国大学生数学建模竞赛网站上下载往年试题。本书由安徽师范大学高水平大学一流本科建设基金资助,由衷感谢安徽师范大学副校长陆林教授,教务处处长周端明教授、副处长李汪根教授、崔光磊教授,以及数学与统计学院领导对本书

---

① 此处国家一等奖、国家二等奖指我国大学生数学建模竞赛获得的奖项,全书均指此意。

出版所给予的大力支持，感谢安徽师范大学数学建模训练营的各位老师，尤其要感谢收入本书论文的指导老师：瞿萌、孙丽萍、程智、丁新涛等，本书的出版应该归功于数学建模教练组各位指导老师的辛勤工作和无私奉献。在此，一并致以诚挚的感谢。限于编者水平的限制，书中难免有错误及不妥之处，敬请各位专家、同行和广大读者批评指正！

编　者

2020 年 11 月 19 日

目　　录

出版社的资源配置

(学生: 钱李华　彭　飞　陈永鹏　指导教师: 张　琼　国家一等奖)

摘　　要

本问题是一个典型的最优决策问题, 可转化为整数规划求解. 我们先定义了 A 出版社某课程的市场占有率 $(p_i) = \dfrac{\text{使用} A \text{出版社} i \text{课程教材的人数}}{\text{使用} i \text{课程教材的人数}}$, 并利用 MATLAB 和 EXCEL 对数据进行筛选和统计分析, 得到了该课程教材上一年的市场占有率.

我们认为销量是影响利润的最主要的因素, 考虑到销量受市场占有率、用户对该教材的满意度和以前实际销售量的影响, 故采用了 BP 神经网络单位书号销售量进行预测. 由于样本容量很小, 为了减小误差, 我们提出了基于 Bootstrap 方法的神经网络模型, 通过预测 2005 年销售量并与实际销量进行比较, 可以看出改进后的模型精确度非常高.

一个好的决策不仅要考虑到当前的经济效益, 还要考虑到长远发展战略. 由于产品的强势主要表现在市场占有率和计划的准确率两方面, 我们应用 GM(1,1) 方法对市场占有率作了预测, 由残差矩阵可知 GM(1,1) 方法用于此处十分精确. 最终我们根据经济效益和强势指标对总利润的影响建立一个新的目标函数, 进行多目标整数规划, 用 Lingo 求解得出了明确的配置方案, 解决了总社对九个分社的书号分配问题.

最后通过定量分析, 我们对出版社提了一些改进意见. 首先用模糊数学的方法分别对每个分社所属课程就该书满意度评价的每个因素进行聚类分析, 得出就一个因素的优劣顺序, 找到需要改进的课程, 并将此发现告知出版社. 并通过对所建的规划模型约束条件的修改, 我们发现需对现有的人力资源要进行重新配置, 并对出版社如何进行人力资源分配提出初步的设想.

关键词: 整数规划　BP 神经网络　灰色系统　层次分析　Bootstrap 方法　模糊分析

一、问题的重述

出版社的资源主要包括人力资源、生产资源、资金和管理资源等, 它们都捆绑在书号上, 经过各个部门的运作, 形成成本(策划成本、编辑成本、生产成本、库存成本、销售成本、财务与管理成本等)和利润.

某个以教材类出版物为主的出版社, 总社领导每年需要针对分社提交的生产计划申请书、人力资源情况以及市场信息分析, 将总量一定的书号数合理地分配给各个分社, 使出版的教材产生最好的经济效益. 事实上, 由于各个分社提交的需求书号总量远大于总社的书号总量, 因此总社一般以增加强势产品支持力度的原则优化资源配置. 资源配置完成后, 各个分社(分社以学科划分)根据分配到的书号数量, 再重新对学科所属每个课程作出出版计划, 并付诸实施.

资源配置是总社每年进行的重要决策, 直接关系到出版社的当年经济效益和长远发展战略. 由于市场信息(主要是需求与竞争力)通常是不完全的, 企业自身的数据收集和积累也不足, 这种情况下的决策问题在我国企业中是普遍存在的.

本题附录中给出了该出版社所掌握的一些数据资料, 请你们根据这些数据资料, 利用数学建模的方法, 在信息不足的条件下, 提出以量化分析为基础的资源(书号)配置方法, 给出一个明确的分配方案, 向出版社提供有益的建议.

二、模型的假设

(1) 题目附件中所给的数据真实有效;
(2) 书号的分配不考虑主观因素的影响;
(3) 各个分社教材的优劣没有相关性.

三、符号说明

p_i	i 课程教材的市场占有率	m_i	课程 i 在 2001 至 2004 年的满意度
w	四个指标的权重向量	s_i	2002 至 2005 年的第 i 课程单位实际销售量
r_i	第 i 门课程在 2001 至 2004 年的实际销售量	t_i	第 i 门课程在 2001 至 2004 年的书号数量
h_k	第 k 个分社 2006 年申请的书号总数	g_k	第 k 个分社 2006 年实际分得的书号总数
I_k	第 k 个分社三个部门总的工作能力之中的最小值	$\bar{k}_i$	第 i 个分社的平均单位实际销售量
$\bar{a}_i$	第 i 个分社的平均单本定价	α_i	第 i 分社近五年的市场占有率的向量
$\alpha_i(j)$	第 i 个分社第 j 年的市场占有率	Λ	级比矩阵

四、问题和数据的初步分析

出版社的资源配置问题实质上是最优决策问题, 而利润只受书号影响, 因此资源的配置问题也就是书号的最佳分配问题. 就是说出版社总社需要针对分社提交的生产计划申请书、人力资源情况以及市场信息分析, 将总量一定的书号数合理地分配给各个分社, 以便获得最大的经济效益, 但是从长远发展战略考虑, 总社在分配资源时就必须要将读者的满意度、信誉度及市场占有率等因素考虑进来.

经济效益最大问题实际上是一个最优化问题, 具体到本题是一个整数规划问题. 其目标函数显然就是经济效益的函数, 其限制条件如下:

(1) 总社的书号总量一定(由附件 4 的数据可知书号总量为 500);

(2) 各分社分得的书号数不小于该社当年申请的书号数一半;

(3) 各分社分得的书号数一般不大于当年申请书号数;

(4) 各分社人力资源的限制;

(5) 各分社分配到的书号数为整数.

经济效益最大化问题可以理解为总利润最大化问题, 由于本章中的各课程书目具有同一的利润率 C, 所以

$$分社的利润 = 分得的书号数 \times 平均单位书号书本数 \times 书本的平均定价 \times \frac{C}{1+C}.$$

出版社的总利润就等于各分社的利润之和, 因此若想求得2006年出版社的总利润就要对2006年各分社每个课程单位书号对应的书的数量进行预测, 用于预测的方法很多, 如时间序列分析、灰色系统等, 但在本题中对所预测值的影响因素不仅仅是时间, 故我们采用了 BP 神经网络进行预测.

由于各个分社提交的需求书号总量远大于总社的书号总量, 因此总社一般以增加强势产品支持力度的原则优化资源配置. 也就是说, 强势产品在资源配置中一定程度上优先配置, 这是总社作出的长远发展战略的决策之一. 那么总社在分配资源时, 就不能仅仅从当年的经济效益最大这一个目标考虑, 还要考虑强势产品优先资源配置.

由于产品的强势主要表现在市场占有率和信誉度两方面, 而在本问题中信誉度主要体现在每年的实际销售量与计划销售量的比值上, 称之为计划准确率. 从附件1的分析处理中, 可以得到9个分社每年在各自领域中的市场占有率. 对于一个分社而言, 它的信誉度在近 5 年内应该处于一个平稳的状态, 所以计划准确率取均值考虑. 又因为市场占有率比信誉度对产品强势的影响稍大, 因此在确定产品的强势指标时市场占有率的权值要稍大. 再利用强势指标对总利润的影响建立

一个新的目标函数, 此目标函数一定程度上反映了出版社长远的发展战略. 对双目标赋予不同的权值, 进行多目标整数规划, 就可以给出一种明确的资源配置方案; 不同的权值反映了决策的重心不同, 如追求当前利益或者长远发展.

首先打算用模糊数学的方法分别对每个分社所属课程就该书满意度评价的每个因素进行聚类分析, 得出就一个因素的优劣顺序, 找到需要改进的课程, 并将此发现告知出版社. 然后通过对我们所建的规划模型约束条件的修改, 对人力资源要的配置进行分析, 并对出版社如何进行人力资源分配提出初步的设想.

五、模型的建立与求解

以下就方法和模型的建立分步阐述.

5.1　2006 年的单位书号销售量的预测模型的建立(神经网络预测)

考虑到现实情况中, 决定某一课程单位书号的销售量主要有以下三个主要因素:

(1) 该课程教材数量上一年的市场占有率;

(2) 上一年用户对该课程教材的满意度;

(3) 该课程教材上一年的实际销售量.

由于各个因素对本年该课程教材的销售量影响不同, 三个主要因素有一个权重分配. 于是我们可以利用BP神经网络学习方法, 根据前五年每一课程的三个主要因素和每一课程单位书号销售量构建神经网络, 再利用2005 年的各个课程教材的市场占有率、用户对该课程教材的满意度和实际销售量来预测 2006 年的每门课程教材的单位销售量.

第一步: 对于第一个因素, 根据调查表统计每一课程教材的被调查的人数 m 和该课程教材为 A 出版社出版的被调查人数 n, 则该课程在市场的占有率为

$$i\,课程的市场占有率(p_i) = \frac{使用\,A\,出版社\,i\,课程教材的人数\,n}{使用\,i\,课程教材的人数\,m} \quad (i = 1, \cdots, 72)$$

于是得到 A 出版社所要考虑的 72 门课程在 2001 至 2004 年的市场占有率 P, 完整数据见附录 1.

$$P = \begin{pmatrix} 0.2105 & 0.1944 & 0.2361 & 0.2771 \\ 0.1187 & 0.1122 & 0.1493 & 0.1343 \\ \vdots & \vdots & \vdots & \vdots \\ 0.7222 & 0.5714 & 0.625 & 0.9412 \end{pmatrix}$$

第二步: 对于第二个因素, 根据调查表中各个用户对 i 课程教材各个指标的满意程度, 可以量化 i 课程教材在 2001 至 2004 年的满意度为

$$m_i = \frac{1}{n}\sum_{j=1}^{n} q_j w \tag{1}$$

其中, n 为调查中使用 A 出版社 i 教材的人数, q_j 为第 j 个用户对四个指标的满意度, w 为四个指标的权重向量, 完整数据见附录 2.

$$M = \begin{pmatrix} 3.0322 & 2.7970 & 2.9450 & 3.0564 \\ 3.1457 & 2.6272 & 2.7344 & 3.0901 \\ \vdots & \vdots & \vdots & \vdots \\ 2.9232 & 2.6188 & 2.6052 & 3.2888 \end{pmatrix}$$

w 的计算过程如下所示:

已知影响满意度的 4 个因素为: 教材内容 A, 作者 B, 印刷质量 C, 教材价格 D, 下面我们利用层次分析的方法来确定这四个因素的权重.

首先, 构造比较矩阵如下: $A = \begin{pmatrix} 1 & 2 & 5 & 7 \\ 1/2 & 1 & 3 & 5 \\ 1/5 & 1/3 & 1 & 4 \\ 1/7 & 1/5 & 1/4 & 1 \end{pmatrix}$.

其次, 对我们构造的比较矩阵进行一致性检验. 主要考察以下指标.

(1) 一致性指标: $CI = \dfrac{\lambda_{\max} - n}{n-1}$, 其中 $\lambda_{\max}$ 为比较矩阵 A 的最大特征根, n 为 4.

(2) 随机一致性指标 RI, 这里的 n 为 4, RI 的值为 0.90.

(3) 一致性比率指标: $CR = CI/RI$. 当 $CR < 0.10$ 时, 认为比较矩阵的一致性是可以接受的.

通过计算, 得到 $CR = 0.0479$, 可见 $CR \ll 0.10$, 比较矩阵大体上是一致的, 可以接受.

最后, 我们可以通过和法确定权重向量, 即取比较矩阵的 n 个列向量归一化后的平均值, 近似作为权重

$$w_i = \frac{1}{n}\sum_{j=1}^{n} \frac{a_{ij}}{\sum_{k=1}^{n} a_{kj}} \quad (i = 1,\cdots,n; \ n = 4) \tag{2}$$

计算出的权重向量为 $w = (0.5152, 0.2932, 0.1366, 0.0550)$.

第三步: 对于第三个因素, 首先根据各课程实际销售数据表, 可以统计出 72 门课程在 2001 至 2004 年的实际销售量 Q, 完整数据见附录 3.

$$Q = \begin{pmatrix} 1240 & 1243 & 1850 & 2641 \\ 1809 & 1706 & 2681 & 3298 \\ \vdots & \vdots & \vdots & \vdots \\ 949 & 1182 & 1250 & 2038 \end{pmatrix}$$

第四步: 根据各课程实际销售数据表, 可以统计出 2002 至 2005 年的第 i 课程单位实际销售量:

$$s_i = \frac{r_i}{t_i} \quad (i = 1, \cdots, 72) \tag{3}$$

其中 r_i 为第 i 门课程在 2002 至 2005 年的实际销售量, t_i 为第 i 门课程在 2002 至 2005 年的书号数量, 完整数据见附录 4. 于是, 72 门课程 2002 至 2005 年的单位实际销售量矩阵 S 为

$$S = \begin{pmatrix} 113 & 154.17 & 240.09 & 224.33 \\ 155.09 & 223.42 & 274.83 & 327.25 \\ \vdots & \vdots & \vdots & \vdots \\ 1182 & 1250 & 1019 & 1263.5 \end{pmatrix}$$

第五步: 根据以上所得到的三组数据, 利用 MATLAB 工具箱构建 BP 神经网络, 程序中先对三个指标进行归一化处理, 再利用处理后的数据训练神经网络, 最后对 2005 年的数据进行泛化, 得到 2006 年的各门课程的单位销售量结果. 具体程序见附录 6.

神经网络泛化的结果如表 1 所示.

表 1　神经网络泛化的结果

270.9	368.98	467.14	237.35	161.73	278.78	502.19	109.35	391.36	413.32
1451.6	1882.1	393.72	1101.3	477.28	615.33	809.91	573.67	4109.2	1349.6
744.36	844.35	8582.5	1292.8	1494.6	2607.5	625.89	496.27	464.46	2918.2
744.59	522.8	902.61	304.31	453.24	273.27	136.97	645.77	347.24	301.82
5271.2	7501.9	8601.9	4610.7	23083	7874.9	4088.8	1468.2	678.76	265.38
1007.6	812.96	1199.2	996.13	1032.8	859.43	457.89	212.45	778.9	431.3
310.24	642.74	601.15	807.49	293.89	1538.1	590.97	475.27	626.79	412.2
715.16	1454.8								

5.2　2006 年的单位书号销售量的预测模型的改进(基于 Bootstrap 方法的神经网络预测)

由于在本题中所给的样本容量太少, 误差较大, 因此我们采用了 Bootstrap 方

法对样本进行重新抽样.

自助法(Bootstrap)是美国斯坦福大学统计系教授 Efron 在 1979 年提出的一种新的统计推断方法. 自助法的基本概念就是视原先样本 $x_1, x_2, \cdots, x_n$ 为虚拟母体, 从虚拟母体中以有放回方式随机抽出 n 个样本并视为一组重复资料 X_i^*. 由于 X^* 是从虚拟母体中以放回方式所抽出的随机样本, 因此 $x_1^*, x_2^*, \cdots, x_n^*$ 之间互相独立且分布相同, 即 Bootstrap 方法利用来自总体的独立样本 X 的经验分布来代替总体分布 F.

则构造 Bootstrap 分布的步骤如下:

(1) 由子样观测值 $X = x = \{x_1, x_2, \cdots, x_n\}$ 构造子样经验分布函数 F_n, 其在每点 x_i 处具有质量 $\frac{1}{n}$, $i = 1, 2, \cdots, n$;

(2) 从 F_n 中抽取子样 $X_i^* = \{x_1^*, x_2^*, \cdots, x_n^*\}$, $i = 1, 2, \cdots, m$, 称 $\{X_i^*\}$ 为 Bootstrap 子样;

(3) 用 $R^* = R(X^*, F_n)$ 的分布来替代 $R(X, F)$ 的分布, 则 R^* 的分布称为 Bootstrap 分布.

采用神经网络计算的单位销售量 s_i 得到的误差项为白噪声, 满足独立同分布条件, 因此可以对误差 ε 进行 Bootstrap 处理, 寻求降低误差的方法.

令 k_i 是 s_i 的初始估计, 误差 $\varepsilon_i = k_i - s_i$, 将误差中心化后得 $\varepsilon_1^*, \cdots, \varepsilon_n^*$, 在 $\varepsilon_1^*, \cdots, \varepsilon_n^*$ 中等概率取 n 次值, 与观测值一一对应可得 Bootstrap 样本 $s_1^*, \cdots, s_n^*$. 然后用神经网络进行重复计算 B 次, 以估计的平均值 k_i' 作为预测值.

下面给出基于 Bootstrap 方法的神经网络预测算法:

第一步: 根据神经网络模型预测出单位销售量 s_i 初始估计 k_i;

第二步: 生成噪声数据序列;

第三步: 中心化噪声数据序列并由蒙特卡罗方法生成噪声数据序列的随机排列序列;

第四步: 由各个噪声的位置和原始数据的一一对应性得出 Bootstrap 样本;

第五步: 重复抽样 B 次, 用神经网络计算出每次的预测值, 以估计的平均值作为最终预测值.

为了比较改进后的模型与初始模型优劣性, 我们简单地进行了预测方法的检验性分析. 记 m_{ij} 为有效性指标, 则

$$m_{i1} = \frac{|k_i - s_i|}{s_i}, \quad m_{i2} = \frac{|k_i' - s_i|}{s_i}$$

计算的数据见附录 5, 第一列为改进模型的有效性指标, 第二列为原模型的有效性指标, 从此表中可以看出改进后的模型精确度非常高, 且利用EXCEL计算

$m_{i2} - m_{i1}$，即表中第三列的数值，可以看出改进后的模型远远优于原始模型.

5.3 优化资源配置

由于对每个分社而言，实际分配到的书本号不小于申请的书本号的一半，而且一般不大于申请的书本号. 设 x_i 为第 i 个分社 2006 年实际分得的书号总数, h_k 为第 k 个分社 2006 年申请的书号总数，则有

$$\frac{h_k}{2} \leqslant g_k \leqslant h_k \quad (k = 1, 2, \cdots, 9) \tag{4}$$

在向某分社分配书号数时，要考虑该分社的工作能力. 由附件 5 可以知道每一个分社三个部门的总的工作能力不尽相同，对于某个分社，为了保证工作的正常进行，取三个部门总的工作能力之中的最小值作为限制该分社的上限. 设 I_k 为第 k 个分社三个部门总的工作能力之中的最小值，则有

$$g_k \leqslant I_k \quad (k = 1, 2, \cdots, 9) \tag{5}$$

由以上的计算可以预测 2006 年各课程的单位实际销售量 k_i，那么第 i 个分社的平均单位实际销售量 $\bar{k}_i$ 为

$$\bar{k}_i = \frac{1}{h_i} \sum_{l = s(i-1)+1}^{s(i)} k_l N_l \tag{6}$$

其中 N_l 为第 l 个课程 2006 年的申请书号数, $s(n) = \sum_{i=1}^{n} a(i)$ 且 $s(0) = 0, a(k)$ 是第 k 个分社所包含的课程数，且 $a(0) = 0$. 显然有 $h_i = \sum_{l = s(i-1)+1}^{s(i)} N_l$；设第 l 门课程教材 2006 年的定价为 a_l，第 i 个分社的平均单本定价为

$$\bar{a}_i = \frac{1}{h_i \bar{k}_i} \sum_{l = s(i-1)+1}^{s(i)} k_l N_l a_l \tag{7}$$

设按以上所述分配书号对应的总社的利润为 y，则

$$y = \sum_{i=1}^{9} \bar{k}_i x_i \bar{a}_i \frac{c}{1+c} \tag{8}$$

其中 c 为统一的利润率.

因为在具体的资源配置中，一般采用增加强势产品的支持力度的原则，而产品的强势程度主要反映在该产品的市场占有率方面和信誉度方面，所以借助这种思想研究出版社的强势程度，即某分社产品在该类产品中的市场占有率情况及信

誉度. 每个分社近 5 年的市场占有率可以从市场信息的分析中(附件 2)获得, 信誉度在这里只考虑每个分社每年计划销售量的正确率. 设第 i 个分社近 5 年的市场占有率的向量为

$$\alpha_i = (\alpha_i(1), \alpha_i(2), \cdots, \alpha_i(5)) \quad (i=1,2,\cdots,9)$$

下面利用灰色模型 GM(1,1) 对各分社 2006 年的市场占有率进行预测, 具体如下.

(1) 数据的检验与处理. 记 $\alpha_i(j)$ 为第 i 个分社第 j 年的市场占有率($i=1,2,\cdots,9$; $j=1,2,\cdots,6$), 这里 2001 年为第 1 年. 由上述 $\alpha_i=(\alpha_i(1),\alpha_i(2),\cdots,\alpha_i(5))$ 预测 $\alpha_i(6)$. 先计算数列 α_i 的级比

$$\lambda_{ik} = \frac{\alpha_i(k-1)}{\alpha_i(k)} \quad (k=2,\cdots,5) \tag{9}$$

如果对于数列 α_i, 所有的级比 λ_{ik} 都落在可容覆盖 $U=\left(e^{-\frac{2}{n+1}}, e^{-\frac{2}{n}}\right)$ 内, 则数列 α_i 可以用作模型 GM(1,1) 的初始数据进行灰色预测. 否则需要对数列 α_i 作必要的平移变换

$$\tilde{\alpha}_i = \alpha_i + C \quad (C \text{ 为常向量}) \tag{10}$$

直到 λ_{ik} 落入可容覆盖 U 内.

(2) 建立灰色预测模型. 对数列 α_i 做 1 次累加, 生成向量 $\alpha_i^{(1)}=(\alpha_i^{(1)}(1),\alpha_i^{(1)}(2),\cdots,\alpha_i^{(1)}(5))$, 其中 $\alpha_i^{(1)}(k)=\sum_{j=1}^{k}\alpha_i(j)$ $(k=1,2,\cdots,5)$. 求均值数列 $\beta_i(k)=\frac{1}{2}(\alpha_i^{(1)}(k)+\alpha_i^{(1)}(k-1))$ $(k=2,\cdots,5)$, 即 $\beta_i=(\beta_i(2),\beta_i(3),\beta_i(4),\beta_i(5))$, 于是灰色微分方程为

$$\alpha(k)+a_i\beta_i(k)=b_i \quad (k=2,\cdots,5) \tag{11}$$

则相应的白化微分方程为

$$\frac{d\alpha_i^{(1)}(t)}{dt}+a_i\alpha_i^{(1)}(t)=b_i \tag{12}$$

记 $\mu_i=(a_i,b_i)^{\mathrm{T}}$, $G_i=(\alpha_i(2),\alpha_i(3),\alpha_i(4),\alpha_i(5))^{\mathrm{T}}$, $A_i=\begin{bmatrix}-\beta_i(2)&1\\-\beta_i(3)&1\\-\beta_i(4)&1\\-\beta_i(5)&1\end{bmatrix}$, 则由最小二乘法, 求使得 $J(\hat{\mu}_i)=(G_i-A_i\cdot\hat{\mu}_i)^{\mathrm{T}}(G_i-A_i\cdot\hat{\mu}_i)$ 达到最小的 $\hat{\mu}_i=(\hat{a}_i,\hat{b}_i)^{\mathrm{T}}=(A_i^{\mathrm{T}}A_i)^{-1}A_i^{\mathrm{T}}G_i$. 于是求得预测值为

$$\hat{\beta}_i(k+1) = \left(\alpha_i(1) - \frac{b_i}{a_i}\right)e^{-a_i k} + \frac{b_i}{a_i} \tag{13}$$

$$\hat{\alpha}_i(k+1) = \hat{\beta}_i(k+1) - \hat{\beta}_i(k) \quad (k=1,2,\cdots,5) \tag{14}$$

经过以上的计算就可以得到 2006 年各分社的单位实际销售量市场占有率 $\alpha_i(6)$，下面对这些预测值进行检验.

(3) 预测值检验(残差检验法). 令残差为

$$\varepsilon_i(k) = \left|\frac{\alpha_i(k) - \hat{\alpha}_i(k)}{\alpha_i(k)}\right| \quad (k=1,2,\cdots,5)$$

如果 $\varepsilon_i(k) \leqslant 0.2$，则可以认为达到一般标准；如果 $\varepsilon_i(k) \leqslant 0.1$，则可以认为达到较高标准. 经过 MATLAB 计算可以得到

$$U = (0.71653, 1.3956)$$

$$\Lambda = \begin{pmatrix} 0.99239 & 1 & 0.99733 & 0.99137 \\ 0.94118 & 1 & 0.95505 & 0.94681 \\ 0.98039 & 1 & 0.94445 & 0.94737 \\ 0.9593 & 0.93478 & 0.97354 & 0.90431 \\ 0.99045 & 0.9782 & 0.9976 & 0.99228 \\ 0.98886 & 0.98035 & 0.9892 & 0.98721 \\ 0.97361 & 0.98506 & 0.94913 & 0.91571 \\ 0.97748 & 0.95633 & 0.97858 & 0.97553 \\ 0.99502 & 1.0007 & 0.98201 & 0.98436 \end{pmatrix}$$

从以上的结果可以看出对任意 i, j，都有 $\lambda_{ij} \in U(i=1,\cdots,9; j=1,\cdots,4)$，这说明用前 5 年的市场占有率来预测 2006 年市场占有率是可行的. 2001—2006 年的市场占有率为 α，其中 2006 年的市场占有率为预测值：

$$\alpha = \begin{pmatrix} 0.69786 & 0.70179 & 0.70438 & 0.70698 & 0.70959 & 0.71221 \\ 0.42781 & 0.44703 & 0.46319 & 0.47994 & 0.49729 & 0.51527 \\ 0.60241 & 0.60362 & 0.62817 & 0.65373 & 0.68032 & 0.70799 \\ 0.31489 & 0.32686 & 0.34777 & 0.37002 & 0.3937 & 0.4189 \\ 0.17511 & 0.17767 & 0.17943 & 0.1812 & 0.183 & 0.1848 \\ 0.17166 & 0.174 & 0.17647 & 0.17898 & 0.18153 & 0.18411 \\ 0.33553 & 0.33753 & 0.35601 & 0.37552 & 0.39609 & 0.41778 \\ 0.4511 & 0.46454 & 0.47833 & 0.49253 & 0.50714 & 0.5222 \\ 0.20037 & 0.20031 & 0.2027 & 0.20512 & 0.20757 & 0.21004 \end{pmatrix}$$

对应的残差矩阵为

$$A_\varepsilon = \begin{pmatrix} 0 & 0.0020172 & 0.0016656 & 0.0026742 & 0.0023081 \\ 0 & 0.016537 & 0.019023 & 0.0084122 & 0.010704 \\ 0 & 0.017635 & 0.022323 & 0.0048014 & 0.0093639 \\ 0 & 0.0042288 & 0.009608 & 0.025889 & 0.012918 \\ 0 & 0.0049316 & 0.0072621 & 0.00014511 & 0.0022384 \\ 0 & 0.0023413 & 0.0033802 & 0.00012479 & 0.001117 \\ 0 & 0.020605 & 0.017613 & 0.018759 & 0.016012 \\ 0 & 0.0066126 & 0.0087767 & 0.0012229 & 0.0032613 \\ 0 & 0.0052713 & 0.0072862 & 0.00096365 & 0.002942 \end{pmatrix}$$

从以上的结果可以看出对任意 i, j，都有 $\varepsilon_i(j) \leqslant 0.1 (i = 1, \cdots, 9; \ j = 1, \cdots, 5)$，所以 2006 年市场占有率的预测具有很好的准确率.

设第 i 个分社第 j 年计划的准确率为 γ_{ij}. 对于一个分社而言，短时间内它的信誉度应该在一个稳定的值上下波动，所以可以用第 i 个分社近 5 年内计划的准确率的平均值 γ_i 来衡量第 i 个分社的信誉度，$\gamma_i = \dfrac{1}{5} \sum\limits_{j=1}^{5} \gamma_{ij}$，$\gamma_{ij}$ 可由附件 3 计算而得.

令 $\theta_i = \alpha_i(6)$，$z = \sum\limits_{i=1}^{9} (\delta_1 \theta_i + \delta_2 \gamma_i) \overline{k}_i x_i \overline{a}_i \dfrac{c}{1+c}$，其中 δ_1, δ_2 为参数. 当 z 趋向最大时，x_i 应该倾向于市场占有率 θ_i 与 γ_i 较大的那些分社. 这正好满足支持强势产品的原则. 考虑到在影响 x_i 的倾向程度时，市场占有率 θ_i 较计划准确率的平均值 γ_i 强，所以 $\delta_1 \geqslant \delta_2$，令 $\delta_1 = \dfrac{4}{5}, \delta_2 = \dfrac{1}{5}$ 就可以得到 z 的表达式. 由于总社在分配书号时采用了增加强势产品支持力度的原则，说明了总社充分考虑到了长远发展战略.

结合以上的分析，做出以下的多目标整数规划模型

$$y = \sum\limits_{i=1}^{9} \overline{k}_i x_i \overline{a}_i \dfrac{c}{1+c}, \quad z = \sum\limits_{i=1}^{9} (\delta_1 \theta_i + \delta_2 \gamma_i) \overline{k}_i x_i \overline{a}_i \dfrac{c}{1+c}$$

$$\max S = \lambda y + (1 - \lambda) z$$

$$\text{s.t.} \begin{cases} \dfrac{h_k}{2} \leqslant g_k \leqslant h_k & (k = 1, 2, \cdots, 9) \\ g_k \leqslant I_k & (k = 1, 2, \cdots, 9) \\ \sum\limits_{i=1}^{9} x_i = 500 \end{cases}$$

从大到小取一组不同的 $\lambda(0 \leqslant \lambda \leqslant 1)$ 值，λ 值越小，就意味着我们越考虑长远的发展，λ 值越大，则表示我们很看重眼前的效益. 对于不同的 λ 值，经过用 Lingo 规划，可以得到一系列不同的最优书号分配值. 当 $\lambda = 0.5$ 时，各分社书号的分配依次为：55   66   120   59   72   38   20   40   30，最大利润为 1.287×10^7.

在现实生活中，往往会出现这样的现象，某一企业的 λ 值在刚开始很高，随着企业的发展，就越来越考虑长远的发展，λ 的值也随之减小.

六、模型的评价

模型的优点：

(1) 易于推广. 例如本模型是为了解决总社的资源配置方法而建立的，它同样可以解决分社把分得的书号分配给其所属的各门课程的分配方法方案的确定.

(2) 推广性强. 作为一个解决资源配置的模型，它可以解决我国企业中普遍存在的由于市场信息不完全、企业自身的数据收集和积累也不足的资源配置问题.

(3) 本问题的一系列方法有科学的理论依据、可操作性强、易于实现、应用价值高.

模型的缺点：

(1) 在分析满意度四个指标的过程中，由于时间的关系，只能进行小范围的调查，带有一定的主观性.

(2) 神经网络训练过程中，由于数据量有限，网络训练的结果出现波动，可以通过重抽样的方法来减小误差.

七、建   议

建议 1：各课程满意指标的强弱.

对出版社来说，用户对教材的满意程度是决定出版社命运的关键因素. 根据调查表(附件 2)中用户对教材四个指标(教材内容 A，作者 B，印刷质量 C，教材价格 D)的满意程度，我们可以定量地分析出教材在四个指标上的优点和弱点，供出版社参考. 根据用户的满意度我们可以分析出版社在各个指标上的强势和弱势，也可以分析分社的各课程在四个指标上的优点和弱点. 由于时间紧迫和问题的相似性，我们只对第一个分社进行量化分析.

由统计调查表中用户对第一分社 10 门课程的某一指标的评价，得出模糊评判矩阵

$$R = \begin{pmatrix} r_{11} & \cdots & r_{15} \\ \vdots & & \vdots \\ r_{m1} & \cdots & r_{m5} \end{pmatrix}$$

其中

$$r_{ij} = \frac{\text{评其为第 } j \text{ 个等级的被调查人数}}{\text{涉及第一分社的总被调查人数}} \quad \begin{pmatrix} i = 1, \cdots, 10 \\ j = 1, \cdots, 5 \end{pmatrix}$$

为该指标第 j 个等级的隶属度.

经统计, 教材内容 A 指标的模糊评判矩阵 R^A 为

$$R^A = \begin{pmatrix} 0.00 & 0.10 & 0.40 & 0.50 & 0.00 \\ 0.00 & 0.15 & 0.22 & 0.41 & 0.22 \\ 0.00 & 0.00 & 0.00 & 1.00 & 0.00 \\ 0.00 & 0.00 & 0.20 & 0.80 & 0.00 \\ 0.00 & 0.00 & 0.33 & 0.33 & 0.33 \\ 0.00 & 0.15 & 0.35 & 0.35 & 0.15 \\ 0.00 & 0.19 & 0.35 & 0.42 & 0.04 \\ 0.00 & 0.00 & 0.50 & 0.50 & 0.00 \\ 0.00 & 0.26 & 0.35 & 0.39 & 0.00 \\ 0.00 & 0.25 & 0.33 & 0.25 & 0.17 \end{pmatrix}$$

根据模糊矩阵 R^A 利用夹角余弦法建立模糊相似矩阵 $C^A = (c_{ij})_{10 \times 10}$.

$$c_{ij} = \frac{\sum\limits_{k=1}^{5} R_{ik}^A \times R_{jk}^A}{\sqrt{\sum\limits_{k=1}^{5} R_{ik}^{A^2} \times R_{jk}^{A^2}}} \quad (i, j = 1, \cdots, 10)$$

计算可得

$$C^A = \begin{pmatrix} 1 & 0.88589 & 0.77152 & 0.89818 & 0.80178 & 0.94556 & 0.98102 & 0.98198 & 0.95195 & 0.85106 \\ 0.88589 & 1 & 0.76089 & 0.83883 & 0.91853 & 0.95694 & 0.92078 & 0.8315 & 0.87919 & 0.90891 \\ 0.77152 & 0.76089 & 1 & 0.97014 & 0.57735 & 0.64993 & 0.72849 & 0.70711 & 0.66896 & 0.48666 \\ 0.89818 & 0.83883 & 0.97014 & 1 & 0.70014 & 0.78816 & 0.8513 & 0.85749 & 0.79321 & 0.62951 \\ 0.80178 & 0.91853 & 0.57735 & 0.70014 & 1 & 0.9113 & 0.80296 & 0.8165 & 0.72954 & 0.84293 \\ 0.94556 & 0.95694 & 0.64993 & 0.78816 & 0.9113 & 1 & 0.97154 & 0.91915 & 0.94548 & 0.96396 \\ 0.98102 & 0.92078 & 0.72849 & 0.8513 & 0.80296 & 0.97154 & 1 & 0.93659 & 0.98944 & 0.92393 \\ 0.98198 & 0.8315 & 0.70711 & 0.85749 & 0.8165 & 0.91915 & 0.93659 & 1 & 0.8935 & 0.80296 \\ 0.95195 & 0.87919 & 0.66896 & 0.79321 & 0.72954 & 0.94548 & 0.98944 & 0.8935 & 1 & 0.92845 \\ 0.85106 & 0.90891 & 0.48666 & 0.62951 & 0.84293 & 0.96396 & 0.92393 & 0.80296 & 0.92845 & 1 \end{pmatrix}$$

通过 C^A 的自乘可以求出模糊等价矩阵 C_*^A：

$$C_*^A = \begin{pmatrix} 1 & 0.95694 & 0.89818 & 0.89818 & 0.91853 & 0.97154 & 0.98102 & 0.98198 & 0.98102 \\ 0.95694 & 1 & 0.89818 & 0.89818 & 0.91853 & 0.95694 & 0.95694 & 0.95694 & 0.95694 \\ 0.89818 & 0.89818 & 1 & 0.97014 & 0.89818 & 0.89818 & 0.89818 & 0.89818 & 0.89818 \\ 0.89818 & 0.89818 & 0.97014 & 1 & 0.89818 & 0.89818 & 0.89818 & 0.89818 & 0.89818 \\ 0.91853 & 0.91853 & 0.89818 & 0.89818 & 1 & 0.91853 & 0.91853 & 0.91853 & 0.91853 \\ 0.97154 & 0.95694 & 0.89818 & 0.89818 & 0.91853 & 1 & 0.97154 & 0.97154 & 0.97154 \\ 0.98102 & 0.95694 & 0.89818 & 0.89818 & 0.91853 & 0.97154 & 1 & 0.98102 & 0.98944 \\ 0.98198 & 0.95694 & 0.89818 & 0.89818 & 0.91853 & 0.97154 & 0.98102 & 1 & 0.98102 \\ 0.98102 & 0.95694 & 0.89818 & 0.89818 & 0.91853 & 0.97154 & 0.98944 & 0.98102 & 1 \\ 0.96396 & 0.95694 & 0.89818 & 0.89818 & 0.91853 & 0.96396 & 0.96396 & 0.96396 & 0.96396 \end{pmatrix}$$

从大到小选取一组 $\lambda \in [0,1]$ 的值, 对 C_*^A 做 λ 的截矩阵, 得到布尔矩阵. 所选的 λ 值为 [0.98, 0.95, 0.9, 0.89]. 当 $\lambda = 0.98$ 时, 教材内容 A 指标的截矩阵如下所示:

$$\begin{pmatrix} 1 & 0 & 0 & 0 & 0 & 0 & 1 & 1 & 1 & 0 \\ 0 & 1 & 0 & 0 & 0 & 0 & 0 & 0 & 0 & 0 \\ 0 & 0 & 1 & 0 & 0 & 0 & 0 & 0 & 0 & 0 \\ 0 & 0 & 0 & 1 & 0 & 0 & 0 & 0 & 0 & 0 \\ 0 & 0 & 0 & 0 & 1 & 0 & 0 & 0 & 0 & 0 \\ 0 & 0 & 0 & 0 & 0 & 1 & 0 & 0 & 0 & 0 \\ 1 & 0 & 0 & 0 & 0 & 0 & 1 & 1 & 1 & 0 \\ 1 & 0 & 0 & 0 & 0 & 0 & 1 & 1 & 1 & 0 \\ 1 & 0 & 0 & 0 & 0 & 0 & 1 & 1 & 1 & 0 \\ 0 & 0 & 0 & 0 & 0 & 0 & 0 & 0 & 0 & 1 \end{pmatrix}$$

从上可以看出, 选取不同的置信水平 λ, 对于教材内容 A 指标符合标准的课程是不一样的, 当 $\lambda = 0.98$ 时, 课程 1、课程 7、课程 8、课程 9 符合标准, 对于不合格的课程, 建议出版社对其他课程要尽量出版一些内容充实, 价值高的教科书; 当 $\lambda = 0.98$ 时, 第一分社所有的教科书都达到标准要求. 对于指标 B, C, D, 可以采用同样的方法进行分析, 其他分社甚至整个出版社都可以如此进行分析.

建议 2: 人力资源分配.

给定一个 $\lambda = 0.5$, 从我们的模型计算出的最大效益为 $S_1 = 1.287 \times 10^7$; 若去掉人力资源的约束:

$$y = \sum_{i=1}^{9} \bar{k}_i x_i \bar{a}_i \frac{c}{1+c}, \quad z = \sum_{i=1}^{9} (\delta_1 \theta_i + \delta_2 \gamma_i) \bar{k}_i x_i \bar{a}_i \frac{c}{1+c}$$

$$\max S = \lambda y + (1-\lambda)z$$

$$\text{s.t.} \begin{cases} \dfrac{h_k}{2} \leqslant g_k \leqslant h_k & (k=1,2,\cdots,9) \\ \displaystyle\sum_{i=1}^{9} x_i = 500 \\ x_i \text{为整数} & (i=1,\cdots,9) \end{cases}$$

发现效益值为 $S_2 = 1.503 \times 10^7$，效益增长了 2.16×10^6．这说明有可能从人力资源的变化来提高效益值．设 $\tilde{x} = (\tilde{x}_1, \tilde{x}_2, \cdots, \tilde{x}_9)$，其中 $\tilde{x}_i$ 是去掉人力资源的约束后的第 i 个分社分配的书号数，又设 $I = (I_1, I_2, \cdots, I_9)$，其中 I_i 为第 i 个分社各部门工作能力的最小值．发现当 $i=3$ 时，$\tilde{x}_i > I_i$，这说明数学类的分社人力资源不能满足此经济效益的要求．进一步可以发现，数学类的策划人员成为经济效益最大化的制约条件，如表 2 所示．

表 2　各分社书号分配结果

所属分社	策划人员数量	策划人员平均工作能力	编辑人员数量	编辑人员平均工作能力	校对人员数量	校对人员平均工作能力	无人力资源约束下的书号分配
计算机类	36	4	35	4	38	3	55
经管类	38	3	36	4	38	3	33
数学类	40	3	36	4	36	4	183
英语类	35	3	34	3	36	4	59
两课类	35	4	38	3	37	3	72
机械能源类	25	3	24	3	26	3	38
化学、化工类	20	4	21	3	22	2	20
地理、地质类	29	4	23	3	21	3	20
环境类	30	3	24	3	24	3	20

可以有两种方法解决这个问题：

(1) 调整 λ 的值．实际上如果总社采用这种方法，也就意味着出版社改变了决策目标的重心．如果 λ 减小，则由追求当前效益向长远发展战略转变．在此不做讨论．

(2) 引进新的人力资源．假设平均每个策划人员的费用为 C_1，编辑人员的费用为 C_2，校对人员的费用为 C_3．当增加数学类策划人员、编辑人员和校对人员 n_1，n_2，n_3 的数量后，总费用应该减少 $F_1 = C_1 \times n_1 + C_2 \times n_2 + C_3 \times n_3$，而其他类别的出版社则因为人力过剩而需要进行裁员, 其节省费用为 $F_2 = \sum_{i=1}^{8} p_i \times C_1 + \sum_{j=1}^{8} q_j \times C_2 + \sum_{k=1}^{8} q_k \times C_3$,

其中 p_i, q_j, q_k 分别表示其余 8 个分社的 3 类人员的裁员数量.

可以很明显地看出总效益 $F = S_2 - F_1 + F_2 > S_1$, 从而建议总出版社进行人员的调整. 当然在现实生活中, 由于各个分社为了各自的利益, 总出版社很难实现这一最优目标.

八、参 考 文 献

[1] 韩中庚. 数学建模方法及其应用. 北京: 高等教育出版社, 2005.
[2] 闻新, 周露, 李翔. MATLAB 神经网络仿真与应用. 北京: 科学出版社, 2003.
[3] 薛定宇, 陈阳泉. 高等应用数学问题的 MATLAB 求解. 北京: 清华大学出版社, 2004.
[4] 朱道元. 数学建模案例精选. 北京: 科学出版社, 2003.

九、附　　录

附录 1　72 门课程在 2001—2005 年的市场占有率

0.21053	0.19444	0.23611	0.27711	0.63158
0.11872	0.11215	0.14932	0.13426	0.46154
0	0.095238	0.095238	0.28571	0.12069
0.034483	0.10345	0.066667	0.1	0.078571
0.034483	0.074074	0.071429	0.043478	0.28571
0.079268	0.069182	0.1117	0.091463	0.25532
0.25806	0.27551	0.27885	0.25263	0.69231
0.026316	0.030303	0.053571	0.027027	0.17568
0.20408	0.22772	0.25581	0.22449	0.50365
0.22222	0.25	0.25	0.27778	0.46667
0.6129	0.5	0.45	0.68421	0.63158
0.4	0.46154	0.47222	0.50877	0.46154
0.086207	0.13725	0.12698	0.1129	0.12069
0.074468	0.065455	0.075163	0.070175	0.078571
0.28571	0.36	0.13636	0.33333	0.28571
0.25	0.23404	0.26531	0.26087	0.25532
0.5	0.48	0.52381	0.47619	0.69231
0.16883	0.21212	0.15625	0.21212	0.17568

续表

0.46154	0.45	0.52113	0.51773	0.50365
0.43478	0.42857	0.20408	0.46154	0.46667
0.27103	0.28037	0.29907	0.35514	0.36449
0.88722	0.94531	0.98438	0.9845	0.98551
0.88	0.87852	0.93156	0.94964	0.96083
0.72093	0.72093	0.72093	0.83721	1
0.89437	0.93525	0.97931	0.99281	0.99346
0.61224	0.64444	0.66892	0.72464	0.82134
0.88	0.95833	1	1	0.84848
0.03657	0.041147	0.035433	0.038557	0.053367
0.39394	0.40152	0.44697	0.40909	0.19401
0.57143	0.54444	0.53933	0.52823	0.27328
0.021919	0.019756	0.018923	0.021895	0.044439
0.17857	0.10526	0.16	0.22222	0.23214
0	0.000885	0.00177	0.00177	0.004425
0.9298	0.36364	0.44444	0.51852	0.93526
0.19048	0.11765	0.2381	0.16667	0.2381
0.17241	0.18966	0.21552	0.21552	0.23276
0	0.076923	0.15385	0.15385	0.076923
0.23333	0.17949	0.2381	0.2381	0.26471
0.18182	0.33333	0.19118	0.47059	0.26866
0.061538	0.092308	0.12308	0.12308	0.12308
0.22318	0.24893	0.24464	0.24034	0.23605
0.30335	0.33264	0.37628	0.37945	0.4326
0.32514	0.3125	0.39267	0.35519	0.37186
0.30982	0.31551	0.32873	0.33589	0.39503
0.4259	0.4232	0.4168	0.44618	0.4649
0.347	0.34728	0.31237	0.34326	0.39048
0.31849	0.31127	0.30807	0.36188	0.41871
0.33816	0.39891	0.42623	0.38698	0.4141
0.49351	0.44444	0.66667	0.58228	0.74684
0	0	0.083333	0.066667	0.2
0.54839	0.51724	0.62295	0.60345	0.71429
0.52727	0.74468	0.81579	0.6	0.64151
0.68421	0.70588	0.81818	0.88889	1

续表

0.59574	0.61538	0.61538	0.72917	0.74468
0	0.0625	0	0.125	0.375
0.38462	0.36364	0.36	0.34783	0.34783
0.45	0.56522	0.5	0.47826	0.56522
0	0.058824	0.11765	0.17647	0.11765
0.75	1	1	1	1
0.84615	0.84615	0.92308	0.96154	0.96154
1	1	1	1	1
0.72	0.76	0.76	0.76	0.8
1	1	1	1	1
0.5814	1	1	0.65	0.64286
0.21429	0.33333	0.33333	0.23077	0.38462
0.73529	0.89286	0.89286	0.89286	0.89286
0.66667	0.8	0.6	1	1
0.82353	0.85714	1	1	1
0.86957	0.95	0.95	1	1
0.5	0.54545	0.54545	0.63636	1
0.35714	0.38462	0.38462	0.46154	0.61538
0.72222	0.57143	0.625	0.94118	1

附录 2　用户对 72 门课程各个指标的满意程度

0.69193	0.68443	0.69495	0.73495	0.63098
0.73737	0.64062	0.66525	0.74524	0.58198
0	0.73416	0.34792	0.60412	0.45559
0.88021	0.6575	0.60964	0.65439	0.64397
0.50145	0.8083	0.8103	0.69663	0.47905
0.79071	0.57874	0.7436	0.76736	0.62719
0.62292	0.64226	0.6771	0.66264	0.65743
0.83921	0.86033	0.73376	0.42592	0.63253
0.7034	0.70007	0.67572	0.62507	0.7102
0.69074	0.64769	0.69053	0.71738	0.64746
0.73041	0.65512	0.69429	0.73232	0.69122
0.70067	0.64044	0.70835	0.60777	0.71112
0.84662	0.71339	0.73781	0.71234	0.55366
0.59107	0.66631	0.75967	0.70093	0.70143

0.8176	0.59763	0.47448	0.63444	0.82655
0.72176	0.70546	0.70817	0.70032	0.62013
0.80013	0.60692	0.69281	0.60911	0.68231
0.73396	0.62582	0.67526	0.64543	0.64755
0.75954	0.67156	0.70727	0.67792	0.65774
0.7705	0.75128	0.72339	0.70376	0.68928
0.78157	0.67305	0.67368	0.69198	0.66932
0.75323	0.67487	0.67132	0.67188	0.68514
0.7432	0.67871	0.67691	0.67339	0.67774
0.78028	0.66901	0.65914	0.63436	0.67339
0.77687	0.66445	0.7058	0.64758	0.67984
0.74394	0.67499	0.70641	0.67068	0.69038
0.78709	0.73834	0.65059	0.66908	0.75324
0.88388	0.76241	0.46944	0.62276	0.75704
0.69675	0.66563	0.67437	0.67177	0.68525
0.71992	0.67882	0.71032	0.68338	0.66269
0.76026	0.66096	0.65767	0.7012	0.67342
0.68002	0.57615	0.76937	0.56623	0.6358
0	0.81538	0.42372	0.9418	0.75654
0.75588	0.57574	0.67636	0.75638	0.61577
0.81183	0.61661	0.67777	0.66041	0.69744
0.7621	0.7351	0.57534	0.71193	0.74066
0	0.72184	0.55875	0.62434	0.83439
0.65244	0.65621	0.61068	0.61944	0.61978
0.63921	0.71702	0.7714	0.52688	0.71955
0.90641	0.71449	0.7799	0.69014	0.80404
0.75004	0.71111	0.66856	0.65061	0.70549
0.75332	0.67596	0.66941	0.67665	0.67121
0.73499	0.66896	0.65959	0.68056	0.71501
0.74005	0.67467	0.6642	0.69105	0.66529
0.73557	0.68412	0.67966	0.65886	0.68436
0.73622	0.67169	0.68752	0.69005	0.68525
0.72358	0.66365	0.67154	0.62844	0.69621
0.73832	0.69607	0.71508	0.6435	0.70105
0.73755	0.65958	0.69386	0.6454	0.66545

续表

0	0	0.7396	0.80523	0.45001
0.8178	0.61765	0.6704	0.68434	0.64431
0.66256	0.73912	0.65428	0.66309	0.74041
0.70161	0.67644	0.61911	0.70909	0.60246
0.79176	0.6757	0.71102	0.68668	0.6866
0	0.35536	0	0.58226	0.73004
0.77	0.71439	0.53972	0.60954	0.72578
0.73094	0.6794	0.67689	0.66471	0.78519
0	0.11791	0.74875	0.46973	0.66903
0.78279	0.66884	0.68939	0.69165	0.77386
0.6355	0.68076	0.69925	0.74741	0.64871
0.72546	0.68186	0.65968	0.67763	0.71571
0.73566	0.71745	0.72339	0.68085	0.74998
0.79116	0.65317	0.70319	0.73247	0.58322
0.78243	0.70681	0.59111	0.65682	0.65043
0.54947	0.45155	0.60659	0.77293	0.66345
0.67069	0.64859	0.71919	0.68719	0.68722
0.78608	0.67113	0.72072	0.63385	0.67083
0.64392	0.70575	0.72871	0.6541	0.66164
0.75935	0.69865	0.68156	0.62972	0.72845
0.57444	0.86363	0.64245	0.74266	0.71663
0.85473	0.58726	0.39129	0.67819	0.68662
0.68691	0.63691	0.61451	0.7653	0.70225

附录3　72门课程在2001—2005年的实际销售量

1240	1243	1850	2641	2692
1809	1706	2681	3298	3927
100	185	230	765	304
180	279	188	410	811
146	181	199	389	419
1114	1080	1425	1688	2679
2242	2369	2851	3186	4130
188	184	383	119	316
2231	2255	2589	3038	3550
593	810	967	1215	1808

2600	2614	4408	5494	6352
2341	2180	3696	4451	4970
420	419	841	966	1012
878	1033	1363	1249	1887
505	646	1017	1247	1314
871	1081	1268	1644	1976
1253	1629	1697	2787	3565
1848	2299	2274	3025	3131
6893	6180	8428	10931	12083
1143	1524	1457	2105	3426
2318	2556	3349	4396	5396
9752	10721	12574	17372	18689
143217	148934	168829	222326	277427
2600	2476	3285	4716	6852
10935	10286	14693	18132	19478
19285	20412	25637	32397	50312
2106	2348	2736	3428	3814
319	332	536	849	1245
3986	4012	6413	6225	6811
13113	12984	16688	20429	21324
8767	9351	11393	13461	16694
441	513	699	894	1314
100	183	223	269	733
1581	1965	2089	4248	4247
672	626	989	1465	2311
1348	1617	1518	2240	2955
100	177	467	480	273
621	735	759	1088	2123
687	657	903	1316	2106
173	258	448	500	759
3839	4481	6564	6879	8860
17233	21054	28326	33481	39111
9356	10715	15849	14934	21816
14381	16259	20651	27264	33314
20617	25460	24913	39146	41665
16422	18728	19362	26398	34302
12006	12697	13081	21776	25087
5668	6029	8487	10906	12769

续表

2550	3065	3662	5024	7749
100	100	100	132	435
1788	1843	2725	2552	3378
2858	4010	5325	5112	7101
1498	1580	1772	2680	3071
1920	1950	2170	3520	4243
100	184	100	273	841
596	769	753	890	1430
798	712	902	1189	1430
100	191	213	355	274
770	771	1127	1329	1354
1291	1358	1978	2528	3080
890	795	977	1245	1444
1170	1423	1663	2036	2872
1270	1531	1634	1946	2718
1575	2047	2524	2836	3557
253	233	459	384	759
1896	2026	2566	3268	4084
909	1103	1392	1805	2600
1352	1302	1587	2135	2559
1425	1759	1890	2254	3305
462	533	626	834	1734
444	443	568	759	1209
949	1182	1250	2038	2527

附录4 72门课程在2001—2005年的单位销售量

124	113	154.17	240.09	224.33
180.9	155.09	223.42	274.83	327.25
33.333	92.5	57.5	382.5	101.33
60	69.75	62.667	136.67	202.75
48.667	60.333	49.75	97.25	139.67
111.4	98.182	118.75	168.8	243.55
280.25	296.13	316.78	354	458.89
62.667	61.333	95.75	39.667	79
223.1	205	235.36	303.8	355

148.25	162	161.17	243	361.6
650	522.8	629.71	915.67	1270.4
780.33	726.67	924	1483.7	1656.7
140	104.75	168.2	322	337.33
292.67	344.33	454.33	416.33	943.5
168.33	161.5	339	415.67	262.8
290.33	270.25	317	548	494
313.25	543	565.67	696.75	713
308	328.43	379	432.14	521.83
1723.3	2060	2107	3643.7	2416.6
285.75	508	364.25	526.25	1142
386.33	511.2	558.17	549.5	674.5
348.29	412.35	502.96	694.88	747.56
4091.9	4137.1	4823.7	6175.7	7706.3
520	619	547.5	786	1142
643.24	489.81	699.67	1133.3	1298.5
964.25	972	1220.8	1408.6	2286.9
210.6	234.8	304	428.5	544.86
79.75	110.67	107.2	283	415
265.73	286.57	400.81	415	425.69
1873.3	1623	1854.2	2042.9	2665.5
219.18	311.7	406.89	480.75	642.08
88.2	171	233	178.8	438
33.333	183	223	269	733
105.4	122.81	130.56	265.5	235.94
134.4	104.33	247.25	293	385.17
134.8	147	216.86	186.67	246.25
33.333	44.25	116.75	96	54.6
124.2	147	253	544	530.75
114.5	109.5	150.5	219.33	300.86
57.667	51.6	89.6	166.67	253
959.75	1120.3	2188	3439.5	4430
2461.9	3007.7	4046.6	4783	6518.5
1871.2	1785.8	3962.3	2489	7272
2396.8	2322.7	2950.1	3408	4164.3
5154.3	5092	8304.3	19573	13888

续表

2737	2675.4	3227	3299.8	6860.4
1500.8	1813.9	2180.2	2722	3583.9
1417	1205.8	1414.5	1211.8	1276.9
255	278.64	305.17	386.46	596.08
20	33.333	100	132	217.5
894	614.33	545	425.33	563
285.8	308.46	443.75	511.2	710.1
299.6	316	443	893.33	1023.7
240	278.57	361.67	704	848.6
50	61.333	100	273	841
119.2	192.25	251	445	715
159.6	142.4	225.5	396.33	357.5
33.333	63.667	71	177.5	137
256.67	257	375.67	664.5	677
215.17	194	329.67	361.14	385
296.67	265	244.25	249	240.67
292.5	355.75	415.75	407.2	574.4
317.5	306.2	408.5	389.2	543.6
315	409.4	504.8	472.67	711.4
84.333	116.5	153	128	253
632	1013	855.33	1089.3	1361.3
227.25	275.75	348	361	520
225.33	260.4	264.5	305	426.5
237.5	351.8	378	375.67	550.83
77	106.6	104.33	166.8	346.8
148	443	189.33	379.5	604.5
474.5	1182	1250	1019	1263.5

附录 5　神经网络误差率对比

0.0356	0.0765	−0.0409
0.0467	0.1897	−0.143
1.1335	0.3851	0.7484
0.0448	0.4631	−0.4183
0.0277	0.2488	−0.2211
0.0424	0.3063	−0.2639
0.0378	0.335	−0.2972
0.0585	0.0355	0.023

0.0345	0.1461	−0.1116
0.0618	0.4311	−0.3693
0.2162	1.4957	−1.2795
0.2622	1.5204	−1.2582
0.0724	0.7234	−0.651
0.2027	2.0263	−1.8236
0.6065	0.1005	0.506
0.1672	0.0239	0.1433
0.1126	0.6495	−0.5369
0.0477	0.2786	−0.2309
4.9483	3.323	1.6253
0.2756	3.1084	−2.8328
0.0669	0.2473	−0.1804
0.1093	0.4909	−0.3816
0.906	0.2576	0.6484
0.1723	0.8653	−0.693
0.2407	1.9555	−1.7148
0.3791	2.4709	−2.0918
0.0987	0.7719	−0.6732
0.1108	1.3603	−1.2495
0.0325	0.3659	−0.3334
0.2218	1.8994	−1.6776
0.1292	1.1874	−1.0582
0.1151	1.3971	−1.282
0.243	3.4322	−3.1892
0.0849	0.2178	−0.1329
0.0894	0.9722	−0.8828
0.0272	0.0305	−0.0033
0.2507	0.0013	0.2494
0.0775	1.5358	−1.4583
0.0575	0.4912	−0.4337
0.0662	0.8007	−0.7345
1.1346	13.482	−12.3474
1.2068	9.7873	−8.5805

1.7697	20.1169	−18.3472
0.4404	0.9291	−0.4887
20.7028	26.0732	−5.3704
1.2329	9.492	−8.2591
0.5986	3.9712	−3.3726
0.6578	4.9187	−4.2609
0.0972	0.6089	−0.5117
0.0677	0.9216	−0.8539
1.3486	0.9729	0.3757
0.1237	0.8975	−0.7738
0.2279	2.3702	−2.1423
0.1926	2.0449	−1.8523
0.2737	3.8254	−3.5517
0.1989	2.5179	−2.319
0.0965	0.4917	−0.3952
0.1328	0.4087	−0.2759
0.1249	1.0071	−0.8822
0.0499	0.1127	−0.0628
0.2514	1.0358	−0.7844
0.073	0.1389	−0.0659
0.0562	0.15	−0.0938
0.1113	0.6246	−0.5133
0.0518	0.4873	−0.4355
0.2001	0.9154	−0.7153
0.0827	0.4853	−0.4026
0.0506	0.0251	0.0255
0.089	0.5449	−0.4559
0.088	1.0376	−0.9496
0.1473	1.6766	−1.5293
0.2351	1.9228	−1.6877

附录 6　BP 神经网络训练原代码

```
function DWXL=shunlian3(zhanyou, manyi, xiaol, danwei)
    [L1,C1]=size(zhanyou);
    [L2,C2]=size(manyi);
```

```
    [pn4,minp4,maxp4] = premnmx(zhanyou);%市场占有率
    [pn5,minp5,maxp5] = premnmx(manyi);%满意度
    [pn6,minp6,maxp6] = premnmx( xiaol);%销售量
    [pn7,minp7,maxp7] = premnmx(danwei); %年销售量
标准化: pn = 2*(p-minp)/(maxp-minp) - 1;
    for i=1:L1
    zy=pn4(i,1:4);           % 72*5
    my=pn5(i,1:4);           % 72*5
    xl=pn6(i,1:4);           % 72*5
    dw=pn7(i,2:5);           % 72*5

    m=[zy; my; xl];%

    net = newff([-1 1;-1 1;-1 1],[5 10 1],{'tansig','tansig',
'purelin'});%
这是由于数据已作标准化
    net.trainParam.epochs=3000;
    net.trainFcn='trainlm';
    net.trainParam.goal=1e-5;
    net.trainParam.lr=0.05;

    [net,b] = train(net,m,dw);
考虑到市场占有率、满意度、总销售量对年销售量的影响来确定权重和阈值
    end

    for i=1:L1
            fanhua(1,i)=pn4(i,5);
            fanhua(2,i)=pn5(i,5);
            fanhua(3,i)=pn6(i,5);
fanhua 是第五年的数据
            a=sim(net,[fanhua(1,i); fanhua(2,i); fanhua(3,i)]);
%预测单位销售量
            DWXL=postmnmx(a,minp7,maxp7);
% 还原, 是 premnmx 的逆过程
    end
```

上海世博会影响力的定量评估

(学生: 魏子翔　胡益清　韩熙轩　指导老师: 张　琼　国家一等奖)

摘　　要

对上海世博会影响力进行定量评估, 就是要定量地评估出上海世博会对其他事物造成影响的能力.

我们先基于历史的视角对上海世博会的总体影响力进行评定, 为此最重要的两点就是指标的选择和评价模型的构建. 衡量一个世博会影响力的指标很多, 我们在经济分析的基础上并结合数据的可得性, 首先确定了五个指标: 举办天数、参观人数、建筑面积、参展国数和投资成本.

在选择模型方面, 为了使评价更具有客观性, 我们避免选择需要人为定义权重的模型, 同时在构建的过程中我们发现因子分析的 KMO 检验值太低, 因而放弃. 又考虑到总体影响力往往是多种影响力组成的, 我们最终选定了近年来兴起的一种多目标决策分析方法——TOPSIS 法.

然后利用从中外网站上收集到的数据(附录 4), 量化评估了 1900 年以来历年综合性世博会的绝对影响力, 发现绝对影响力最大的一届世博会是日本大阪世博会, 上海世博会影响力排第二.

然而考虑到这些绝对指标会受到当时所处的时代的影响, 取其相对指标作出的评价应该更具有客观性, 因此对上述的 5 个指标进行优化处理, 如定义 参观人数相对指标 $= \dfrac{\text{参观人数}}{\text{当时世界人口总数}}$, 除了举办的天数, 其他的指标作类似的优化, 由于数据的局限, 将优化过的指标对最近 5 届的世博会用 TOPSIS 法进行评价, 得到影响力最大的一届是德国汉诺威世博会, 上海世博会的影响力还是排在第二, 这显然更符合实际.

接着我们又着眼于上海世界博览会对主办城市经济影响力的评估, 为了评估上海世博会对上海经济的影响力, 尤其是在世博年中对上海经济的影响力, 采用支持向量机(SVM)神经网络模型, 以上海 5 年按月的社会消费品零售总额、居民价格指数、货物运输总量、入境旅游人数和房地产投资总额五个方面的经济数据为训练数据, 预测"假设未举办世博会"的上海的以上五个方面的经济数据 (2010.1—2010.7), 通过误差分析, 发现预测的精确度非常好. 然后与上海统计网站上公布的数据作比较, 得出影响量, 以此再量化评估出上海世博会对上海经济的影响力. 为了更好地刻画出对上海经济的影响力, 我们将同样的过程用于北京市, 量化评估出北京奥运会对北京经济的影响, 然后作横向比较发现上海世博会对主办城市的经济影响力更加显著.

虽然我们的向量机(SVM)神经网络模型精准度已经很高, 但出于对改进模型的尝试, 我们将此模型结合了模糊信息粒化方法进行改进, 得到了更多的信息, 如预测的最值等. 同样预测的结果也非常好.

在文章的最后, 我们给出了模型的评价和应用建议.

关键词: 影响力 TOPSIS 法 SVM 神经网络 时间序列预测 模糊信息粒化

一、问 题 重 述

2010 年上海世博会是首次在中国举办的世界博览会. 从 1851 年伦敦的"万国工业博览会"开始, 世博会正日益成为各国人民交流历史文化、展示科技成果、体现合作精神、展望未来发展等的重要舞台. 请你们选择感兴趣的某个侧面, 建立数学模型, 利用互联网数据, 定量评估 2010 年上海世博会的影响力.

二、模 型 假 设

(1) 为了简化模型, 我们认为世博年(2010 年)是在世博会影响的各个时间段中受世博会的影响力作用最显著的时间段, 而之前的影响相对不显著.

(2) 假设从统计局网站和世博网站收集的数据是真实可信的.

三、符 号 说 明

C_i: 最优值的相对接近程度.

X: 标准化数据矩阵.

Z: 归一化矩阵.

D_i^+: 指标与最优向量的距离.

D_i^-: 指标与最劣向量的距离.

四、问 题 分 析

世界博览会(World Exhibition or Exposition)又称国际博览会，是一项有较大影响和悠久历史的国际性博览活动, 对其各方面的影响力进行评估有重大的意义.

我们先基于历史的视角对上海世博会的总体影响力进行评定. 衡量一个世博会影响力的指标很多, 在经济分析的基础上并结合数据的可得性, 先确定了五个指标: 举办天数、参观人数、建筑面积、参展国数和投资成本. 这 5 个指标反映了首次传播的大小, 而首次传播的程度必然会影响再次传播以及后续的传播, 因而可以作为评定世博会影响力的最重要的指标. 用于评价的模型很多, 如模糊综合评判法、层次分析法、因子分析法和主成分分析法等, 根据所要解决的问题和所搜集到的数据, 可以选择到合适的评价模型. 依据所构建的模型, 我们准备分析自1900年以来所有综合性世博会的影响力, 从而反映出上海世博会的影响力在历届综合类世博会中的位次.

然而又考虑到这些指标可能会受到当时所处的时代的影响, 因此我们想对指标进行优化, 即选取上面五个指标的相对指标进行评估,

前面从历史的角度比较了历次不同世博会的影响力之后, 现在我们将注意力转移至目前在中国举办的上海世界博览会上. 为了量化评估上海世博会对上海经济的影响力, 尝试搜集上海市从 2005 年 1 月到 2010 年 7 月的各个方面的数据, 结合代表性和可得性, 从中选取了社会消费品零售总额、货物运输总量、入境旅游人数和房地产投资总额四个经济的指标作为评价上海世博会影响力的评价指标. 这四个方面的经济内容受世博会的影响显著, 于是以世博会对上海以上四个经济指标的影响力作为世博会对上海市经济的影响力.

为了得出量化的对世博会四个经济指标影响力的评估, 不妨用神经网络模型模拟预测出"假设未召开世博会"的上海的四个方面的经济数据, 再与"现实召开世博会的"上海以上四个方面的经济数据进行比较, 比较的结果也就是量化的世博会对于上海经济的影响力的评估.

五、评估总体影响力模型的建立与求解

5.1　模型一　利用 TOPSIS 法定量评估世博会的绝对影响力

5.1.1　经济指标的选取

在经济分析的基础上, 并结合了相关数据, 可以得到图 1. 从图中可以看出世

博会的影响力受到开放度、吸引度、建设度、广泛度、重视度五个方面的共同作用. 而对于每个方面, 都可以找到相应的具体指标去进一步量化出上述的五个方面. 因此我们就从这个简单的经济模型中找到了世博会影响力的五个量化指标: 举办天数、参观人数、建筑面积、参展国数和投资成本. 这样, 就可以建立下面的模型.

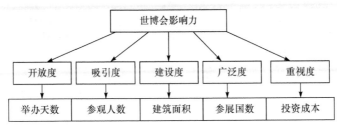

图 1　世博会影响力模型

5.1.2　评估模型选择与评价机理

5.1.2.1　选择原因

为了定量评价上海世博会的影响力, 本文选用评价模型. 用于评价的模型很多, 如模糊综合评判法、层次分析法、因子分析法和主成分分析法等, 然而这些评价方法中有些需要人为的定义权重, 这必然会影响评价的客观性; 有些对数据有一定的要求, 如我们的数据不能通过因子分析中的 KMO 检验, 显然不能用因子分析. 此外, 我们也尝试过用改进的加速遗传算法和基于 BP 神经网络的 MIV 变量筛选法去做评价, 然而没有目标函数去初始规划这些指标, 因此这两种算法都行不通. 同时, 我们发现总体影响力往往是多种影响力组成的, 基于这些考虑, 我们最终选定了近年来兴起的一种多目标决策分析方法——TOPSIS 法.

5.1.2.2　模型的机理

TOPSIS 法是一种简捷有效的多指标评价方法, 通过原始数据进行同趋势和归一化处理, 消除不同量纲对结果的影响, 找出最优值和最劣值, 然后比较各评价对象与最优值和最劣值的接近程度来评定优秀等级. TOPSIS 模型的优势在于: 它不需要目标函数, 也不需要通过检验, 仅仅依靠几组数据去求出与最优值和最劣值的接近程度, 就可以比较出目标的优与劣, 而这里得到的与最优值的接近程度 C_i, 我们就定义为影响力度. C_i 值在 0 与 1 之间, 该值越接近 1, 表示评价对象越接近最优水平, 影响力越大; 反之, 该值越接近 0, 表示评价对象越接近最劣水平, 影响力越小. 依据所构建的模型, 我们准备分析自 1900 年以来所有综合性世博会的影响力, 从而反映出上海世博会的影响力在历届综合类世博会中的位次.

TOPSIS 程序流程图如图 2 所示.

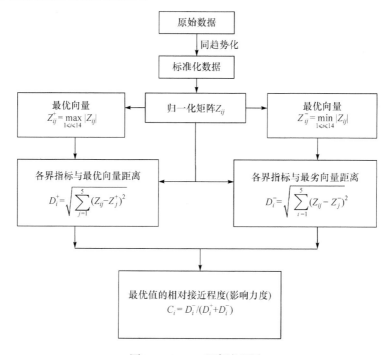

图 2   TOPSIS 程序流程图

5.1.3   模型建立与求解

5.1.3.1   模型数据处理

首先, 查找出 1900 年以后世界所有综合型世博会在举办天数、参观人数、建筑面积、参展国数和投资成本方面的数据如表 1 所示(见参考文献[1]).

表 1   (1900—2010)各届世博会五个方面指标的数据

年份	举办地	举办天数/天	参观人数/万	建筑面积/公顷	参展国数/个	投资成本/亿美元
1900	巴黎	210	5000	120	58	0.1875
1904	圣路易斯	185	1969	500	60	0.3150
1915	旧金山	288	1883	254	32	0.2587
1926	费城	183	3600	271	87	0.1361
1933	芝加哥	170	2257	170	21	0.4290

续表

年份	举办地	举办天数/天	参观人数/万	建筑面积/公顷	参展国数/个	投资成本/亿美元
1935	布鲁塞尔	150	2000	152	29	0.0200
1939	纽约	340	4500	500	64	1.2500
1958	布鲁塞尔	186	4150	200	42	0.8249
1964	纽约	360	5167	56	120	71.1510.
1967	蒙特利尔	185	5031	400	62	4.1649
1970	大阪	183	6422	330	81	119.0000
1992	塞维利亚	176	4100	215	108	100.0000
2000	汉诺威	153	1800	160	160	66.1270
2010	上海	185	7000	528	192	66.4650

注: 1 公顷 = 10000 平方米.

其次, 对表 1 中的五个指标进行趋同化处理, 即将表 1 中低优化指标 X_{ij} 通过变换 $X'_{ij} = 1 / X_{ij}$ 而转化成高优指标 X'_{ij}, 然后建立同趋势化后的原始数据矩阵. 我们发现表 1 中五个指标都是随着时间有上升的趋势, 所以不需要趋同化处理. 这样就可以得到标准化数据矩阵 X, 即

$$
X = \begin{bmatrix}
210 & 5000 & 120 & 58 & 0.1875 \\
185 & 1969 & 500 & 60 & 0.3150 \\
288 & 1883 & 254 & 32 & 0.2587 \\
183 & 3600 & 271 & 87 & 0.1361 \\
170 & 2257 & 170 & 21 & 0.4290 \\
150 & 2000 & 152 & 29 & 0.0200 \\
340 & 4500 & 500 & 64 & 1.2500 \\
186 & 4150 & 200 & 42 & 0.8249 \\
360 & 5167 & 56 & 120 & 71.1510 \\
185 & 5031 & 400 & 62 & 4.1649 \\
183 & 6422 & 330 & 81 & 119.0000 \\
176 & 4100 & 215 & 108 & 100.0000 \\
153 & 1800 & 160 & 160 & 66.1270 \\
185 & 7000 & 528 & 192 & 66.4650
\end{bmatrix}
$$

5.1.3.2　建立归一化矩阵

所谓归一化矩阵就是将上面得到的标准化数据矩阵的每列进行归一化后得到的矩阵, 用归一化公式 $Z_{ij} = X_{ij} \Big/ \sqrt{\sum\limits_{i=1}^{15} X_{ij}^2}$ ($i = 1, 2, \cdots, 14; j = 1, 2, \cdots, 5$) 计算归一化矩阵, 即

$$Z = \begin{bmatrix} 0.0711 & 0.0911 & 0.0311 & 0.0520 & 0.0004 \\ 0.0626 & 0.0359 & 0.1297 & 0.0538 & 0.0007 \\ 0.0975 & 0.0343 & 0.0659 & 0.0287 & 0.0006 \\ 0.0620 & 0.0656 & 0.0703 & 0.0780 & 0.0003 \\ 0.0575 & 0.0411 & 0.0441 & 0.0188 & 0.0010 \\ 0.0508 & 0.0364 & 0.0394 & 0.0260 & 0.0001 \\ 0.1151 & 0.0820 & 0.1297 & 0.0573 & 0.0029 \\ 0.0630 & 0.0756 & 0.0519 & 0.0376 & 0.0019 \\ 0.1219 & 0.0942 & 0.0145 & 0.1075 & 0.1653 \\ 0.0626 & 0.0917 & 0.1037 & 0.0556 & 0.0097 \\ 0.0620 & 0.1170 & 0.0856 & 0.0726 & 0.2765 \\ 0.0596 & 0.0747 & 0.0558 & 0.0968 & 0.2324 \\ 0.0518 & 0.0328 & 0.0415 & 0.1434 & 0.1537 \\ 0.0626 & 0.1276 & 0.1369 & 0.1720 & 0.1545 \end{bmatrix}$$

根据矩阵 Z 得最优向量与最劣向量:

$$Z^+ = (0.1219, 0.1276, 0.1369, 0.1720, 0.2765)$$

$$Z^- = (0.0508, 0.0328, 0.0145, 0.0188, 0.0001)$$

其中, $Z_{ij}^+ = \max\limits_{1 \leqslant i \leqslant 14} |Z_{ij}|$, $Z_{ij}^- = \min\limits_{1 \leqslant i \leqslant 14} |Z_{ij}|$, $i = 1, 2, \cdots, 14, j = 1, 2, \cdots, 5$.

5.1.3.3　模型的计算

计算各届世博会的指标与最优向量和最劣向量的距离 D_i^+, D_i^- 及与最优值的相对接近程度(影响力度)C_i, 并按 C_i 值大小进行排序.

$$D_i^+ = \sqrt{\sum_{j=1}^5 (Z_{ij} - Z_j^+)^2}, \quad D_i^- = \sqrt{\sum_{j=1}^5 (Z_{ij} - Z_j^-)^2}$$

$$C_i = D_i^- / (D_i^+ + D_i^-)$$

结果见附录 2. 将附录 2 数据绘图, 得到图 3.

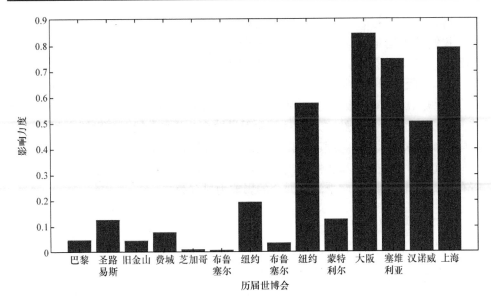

图 3　各届世博会影响力度及排序

5.1.4　结论分析

运用 TOPSIS 法对各界世博会的影响力进行了综合评价，可以根据评价结果，全面、客观地对世博会影响力的各个指标进行综合分析，并可以得出各界世博会中哪届的影响力更大.

由附录 2 可以看出，影响力最大的是 1970 年日本大阪世博会，影响力度达到了 0.8424，这点是符合事实的. 1970 年的大阪市是日本最大的城市，也是第一个办世博会的亚洲城市. 半数以上的日本人都参加了博览会，高达 1500 亿日元的投资不仅很快收回，而且盈利颇丰，大阪博览会成为世博会历史上成功的经典. 日本人通过大阪世博会进一步打开了国门，为重新融入国际社会做出了有效的努力，也为世博会的发展做出了贡献. 因此，影响力相当之大.

影响力排名第二的是 2010 年上海世博会，影响力度为 0.7872，这点也好理解. 首先，参观人数直接受举办国家人数的影响，中国人口众多，参观世博会的人也大多是中国人，因此上海世博会的人数要比以前各届人都多，这直接体现了上海世博会的影响力之大. 其次，上海世博会的建筑面积也很大. 中国是个地大物博的伟大国家，国土资源相当丰厚，较大化地利用国土资源，去更完备地建设世博场馆，所带来的更大影响力也是显而易见的. 还有一点就是上海世博会的参展国数很多. 中国是个走和平发展道路的社会主义国家，和平是中国发展的前提，因此越来越多的国家和国际组织重视在上海举办的 2010 年世博会，把这次盛会视为一次加强与中国交流与合作的重要契机，也体现了"城市，让生活更美好"这一世博会主题, 得到了国际社会的积极响应.

我们再纵向地将上海世博会和大阪世博会进行比较, 影响力度 0.8424 对 0.7872, 上海比大阪少了 0.0552. 其实这两届世博会差距明显比较大的指标是投资成本, 大阪世博会投资了 119 亿美元, 而上海世博会投资了 66.465 亿美元, 差额 50 多亿美元, 差距是很大的. 由此可知重视程度不够直接导致世博会影响力度比较低, 影响力较小, 当然这是相对于大阪世博会来说的. 就上海世博会相对于其他届世博会来说, 影响力度还是比较高的, 影响力也相对很大.

综上, 对于这个模型我们得出的最重要的结论是: 从 1900 年以后, 在历史上所有的综合性世博会中, 上海世博会的影响力排名第二.

5.1.5 模型改进

5.1.5.1 问题再分析

我们在上面通过 TOPSIS 计算各个指标对世博会影响力的过程中, 虽然已经得到了客观的数据, 但现在又考虑到这些指标可能会受到当时所处的时代的影响. 即不同时期举办的世博会的五个指标不一定具有可比性, 比如说用 1900 年的巴黎和 2010 年的上海比较, 参观人数、参展国数、投资总额这三个指标差距是很大的, 这些指标反映出来的影响力差距也很大, 这样我们比较的影响力就失去了意义. 因此我们想对指标进行优化, 即选上面五个指标的相对指标进行评估, 如

$$参观人数相对指标 = \frac{参观人数}{当时世界人口总数}$$

$$场馆面积相对指标 = \frac{场馆面积}{举办国领土总面积}$$

$$参展国数相对指标 = \frac{参展国数}{当时期世界国家总数}$$

$$投资总额相对指标 = \frac{投资总额}{当年举办国的GDP}$$

而对于举办天数, 因为影响举办天数变动的因素具有不确定性, 因此不对举办天数做优化处理, 然后用优化后的指标作分析.

在收集数据时, 我们发现 1990 年以后各国的 GDP(国内生产总值)、世界人数等量没有具体数据, 因此这里只考虑 1990 年后包括上海世博会在内的五届世博会进行计算和比较. 具体数据见附录 1.

5.1.5.2 改进模型计算

同之前算法一样, 还是用 TOPSIS 法去计算相对标准化后各个指标对世博会影响力的程度. 利用 MATLAB R2009a 编程, 我们得到以下重要数据: 五届世博会的最优值的相对接近程度(影响力度) C_i (表 2), 并按 C_i 值大小进行排序.

表 2 五届世博会的最优值的相对接近程度

年份	举办地	C_i	排序
1998	里斯本	0.3561	4
2000	汉诺威	0.6111	1
2005	爱知	0.3823	3
2008	萨拉戈萨	0.0534	5
2010	上海	0.4533	2

5.1.5.3 改进模型结论分析

从表 2 中的 C_i 值可以看出，我们将数据相对指标优化后，2000 年在汉诺威举办的世博会的影响力最大，而上海世博会影响力排在第二；而在原模型中，汉诺威世博会的影响力要低于上海世博会的影响力. 这不是矛盾的，是时代对世博会的影响力的影响，是相对数据和绝对数据的误差. 大多数人在计算数据时都用绝对数据，因为绝对数据很容易实现和比较；可是为了我们计算或研究的准确性，有时候必须使用相对数据. 如果我们在比较两个相当的事物时相对数据差距很大，那么很有可能是两事物的标准不一样，因此要把两者统计在同一标准下，再去比较. 对于本模型，相对数据解决的就是时代对世博会影响力的影响.

5.2 模型二 利用 SVM 神经网络及其改进模型量化评估世博会对上海市的经济影响力

5.2.1 模型分析

神经网络作为一类性能优秀的数学模型，通过相关事物大量数据的训练可以良好地逼近已知数据，反映数据的内在规律，从而预测事物未来的趋势走向. 世博年(2010 年)是在世博会的各个时间段中各经济方面以至整个社会受世博会的影响力作用最显著的时间段，所以将量化评估的重点放在世博年中世博会对上海市经济的影响力；结合代表性和可得性，选取了社会消费品零售总额、交通运输总量、入境旅游人数和房地产投资总额四个经济的指标作为评价上海世博会影响力的评价指标，如图 4 所示：

在上面分析的基础之上，建立基于支持向量机的神经网络模型，将上海市 2005 年 1 月到 2009 年 12 月每个月的房地产投资总额、社会消费品零售总额、入境旅游总人数、货物运输总量四个方面的经济数据作为训练数据，通过训练得到了逼近原始数据程度较好的网络，借助网络的预测功能得到"假设未举办世博会的"

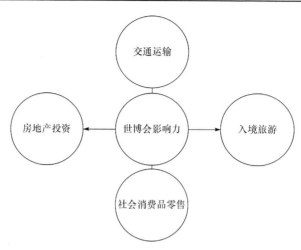

图 4　典型行业受世博会影响的经济模型

上海市 2010 年 1 月到 2010 年 7 月四个方面的经济数据 $\begin{cases} \alpha_i', & i=1,2,3,4,5,6,7, \\ \beta_i', & i=1,2,3,4,5,6,7, \\ \chi_i', & i=1,2,3,4,5,6,7, \\ \delta_i', & i=1,2,3,4,5,6,7, \end{cases}$ 得

到"假设未举办世博会的"上海市的 2010 年 1 月到 2010 年 7 月四个方面的经济数

据与"现实举办世博会的"上海市的四个方面的经济数据 $\begin{cases} \alpha_i, & i=1,2,3,4,5,6,7, \\ \beta_i, & i=1,2,3,4,5,6,7, \\ \chi_l, & i=1,2,3,4,5,6,7, \\ \delta_i, & i=1,2,3,4,5,6,7, \end{cases}$

数值上的差值 $\begin{cases} \alpha_i - \alpha_i', & i=1,2,3,4,5,6,7, \\ \beta_i - \beta_i', & i=1,2,3,4,5,6,7, \\ \chi_i - \chi_i', & i=1,2,3,4,5,6,7, \\ \delta_i - \delta_i', & i=1,2,3,4,5,6,7, \end{cases}$ 以两者差值关于"假设未举办世博会

的"上海市的 2010 年 1 月到 2010 年 7 月四个方面的经济数据的增长百分比

$\begin{cases} \dfrac{\alpha_i - \alpha_i'}{\alpha_i'}, & i=1,2,3,4,5,6,7, \\[2mm] \dfrac{\beta_i - \beta_i'}{\beta_i'}, & i=1,2,3,4,5,6,7, \\[2mm] \dfrac{\chi_i - \chi_i'}{\chi_i'}, & i=1,2,3,4,5,6,7, \\[2mm] \dfrac{\delta_i - \delta_i'}{\delta_i'}, & i=1,2,3,4,5,6,7. \end{cases}$ 我们可以考量世博会对上海市经济的影响，并以这个

增长百分比量化评估世博会对上海市经济的影响力, 以上内容的逻辑结构如图 5 所示.

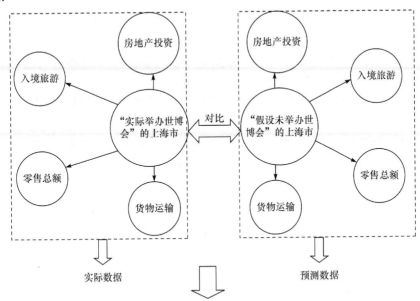

世博会对上海经济影响力的量化评估

图 5　评价上海世博会影响力的方法

5.2.2　增长量预测模型(SVM 神经网络模型)的建立

支持向量机(support vector machine, SVM)神经网络是神经网络模型的一种, 它的主要思想是建立一个分类超平面作为决策曲面, 使得正例和反例之间的隔离边缘被最大化. 支持向量机的理论基础是统计学习理论, 更精确地说, 支持向量机是结构风险最小化的近似实现. 这个原理基于学习机器在测试数据上的误差率以训练误差率和一个依赖于 VC 维数的项的和为界, 在可分模式下支持向量机对于前一项的值为零, 并且使第二项最小化. 支持向量机具有以下的优点:

(1) 通用性: 能够在很广的各种函数集中构造函数;

(2) 鲁棒性: 不需要微调;

(3) 有效性: 在解决实际问题中总是属于最好的方法之一;

(4) 计算简单: 方法的实现只需要利用简单的优化技术;

(5) 理论上完善: 基于 VC 推广性理论的框架.

基于支持向量机的优点和特性, 我们可以用此模型来量化评估世博会的影响力.

在模型中, 将 "假设未举办世博会" 的上海市的房地产投资总额、社会消费品零售总额、入境旅游总人数、货物运输总量四个方面的经济数据简称为预测数据, 将"实际举办世博会"的上海市的房地产投资总额、社会消费品零售总额、入境旅游总人数、货物运输总量四个方面的经济数据简称为原始数据或实际数据.

但是由于搜寻数据的局限性, 我们没有找到完整的交通运输总量的数据, 考虑到货物运输总量在交通运输总量中的重要作用, 作为替代, 在下文中将货物运输总量作为交通运输总量, 以作为反映世博会影响力的一个指标. 以外商投资为例建模具体过程如下, 其他四个行业的计算同此流程.

(1) 根据模型假设选定自变量和应变量. 选取 2005 年 1 月到 2010 年 7 月每月的房地产投资总额作为原始自变量, 2005 年 1 月到 2010 年 7 月每月的房地产投资总额作为原始应变量. 选取 2010 年 1 月到 2010 年 7 月每月的房地产投资总额作为预测自变量, 2010 年 1 月到 2010 年 7 月每月的房地产投资总额作为预测应变量.

(2) 数据预处理. 使用 MATLAB 7.8 中的 mapminmax 函数对数据进行归一化.

(3) 参数选择. 使用 MATLAB 7.8 中的 libsvm-mat-2.89-3 工具箱进行参数选择.

需要输入: 训练集标签 train_label, 训练集 train, 惩罚函数变化范围的最小值 cmin, 惩罚函数变化范围的最大值 cmax. 参数 g 的变化范围的最小值 gmin, 参数 g 的变化范围的最大值 gmax. Cross Validation 的参数 v, 即给测试集分为几部分进行. 参数 c 步进的大小 cstep, 参数 g 步进的大小. 最后显示 MSE 图时的步进大小.

输出: Cross Validation 过程中的最低的均方误差. 参数 c 的最佳值为 bestc 及参数 g 的最佳值为 bestg.

参数选择结果如图 6 所示.

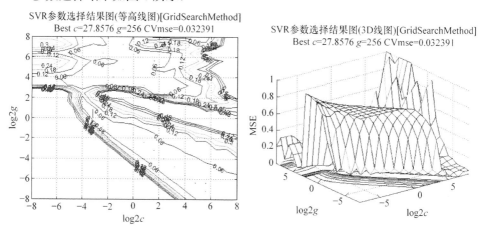

图 6　SVM 最佳参数选择的等高线图和三维视图

(4) 训练. 利用上面得到的最佳参数 c 和 g 对 SVM 进行训练, 然后再对原始数据进行回归预测, 以得到如果未开世博会此行业情况的经济数据. 下面给出一个训练得到的原始数据与回归数据的对比图(图 7), 以及详细训练信息:

均方误差 MSE = 0.0267744, 相关系数 $R = 39.7493\%$

运行时间 6.857145 秒.

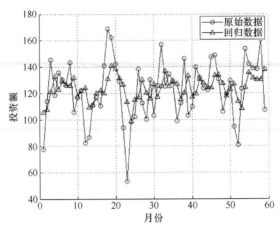

图 7　房地产投资原始数据与回归数据的比较

(5) 回归预测. 由以上计算流程, 使用 MATLAB 7.8 编程运算, 得到运算结果如表 3 和表 4 所示.

表 3　"实际举办世博会"的上海市的房地产投资总额(原始数据)

1月	2月	3月	4月	5月	6月	7月
157.1167	125.9200	189.6100	130.0800	143.9000	150.3900	202.8000

表 4　"假设未举办世博会"的上海市的房地产投资总额(预测数据)

1月	2月	3月	4月	5月	6月	7月
107.2500	157.1167	125.9200	189.6100	130.0800	143.9000	150.3900

同理得到了其他四个方面"实际举办世博会"与"假设未举办世博会"的上海市的数据, 将这些数据指标列出如表 5 和表 6 所示.

表 5　"举办世博会"的上海市四个方面经济数据(原始数据)

项目	时间						
	1月	2月	3月	4月	5月	6月	7月
房地产投资/亿	157.11	125.92	189.61	130.08	143.9	150.39	202.80
货物运输/万吨	7310	5480	6530	6820	6900	7050	6610
入境旅游/万人次	75.66	71.37	67.76	69.43	47.92	54.10	52.69
零售总额/亿元	461.53	470.15	474.66	474.78	512.46	501.58	505.98

表6　"假设未举办世博会"的上海市四个方面经济数据(预测数据)

项目	时间						
	1月	2月	3月	4月	5月	6月	7月
房地产投资/亿	107.25	157.11	125.92	189.61	130.08	143.90	150.39
货物运输/万吨	6370	7310	5480	6530	6820	6900	7050
入境旅游/万人次	41.48	75.66	71.37	67.76	69.43	47.92	54.10
消费总额/亿元	434.17	461.53	470.15	474.66	474.78	512.46	501.58

5.2.3　上海世博会对上海经济影响力的评估

在此将以上 2010 年 1 月至 2010 年 7 月的"实际举办世博会"的四个方面的原始经济数据和"假设未举办世博会的"的四个方面的预测经济数据对比绘图如图 8 所示.

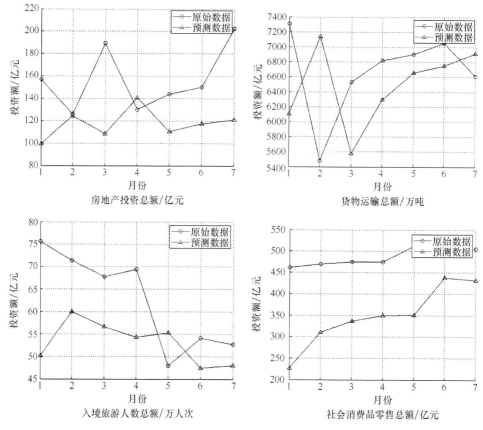

图8　2010 年 1 月至 2010 年 7 月四个行业原始数据与预测数据间的比较

由表 4 及图 8 可以得到在 2010 年 1 月到 2010 年 7 月由"假设未举办世博会"到"实际举办世博会"的上海市的四个方面的经济数据七个月的数据之和, 以及增长变化的百分比如表 7 所示.

表 7 上海四个方面增长变化情况

条件	项目			
	房地产投资/亿元	货物运输/万吨	入境旅游/万人次	零售总额/亿元
"举办世博会"	1099.81	6671.42857	62.70428571	485.8771429
"未举办世博会"	1004.26	6637.14285	61.10285714	475.6185714
增长百分比/%	9.514468	0.513919	2.553938	2.111351

经由上表的增长百分比, 我们量化反映了世博会的影响力, 得出了以下结论:

(1) 各个项目的增长百分比没有非常接近于 0 的, 可见, 上海世博会对以上四个方面的经济数据有着不小的影响力;

(2) 其中增长百分比数值最大一项是房地产投资, 这充分反映了世博会对上海房地产行业的带动作用和区域升值作用, 引起了房地产投资的大幅增长;

(3) 按照增长百分比从高到低排序, 依次为房地产投资、入境旅游人数总量、社会消费品零售总额、货物运输总量, 这个结果符合一般认识上, 社会大型文体活动对社会经济方面的影响.

5.2.4 上海世博会与北京奥运会对主办地经济影响力的比较

为了能够进一步形象直观地量化评估上海世博会的影响力, 我们考虑世博会与同级的大型盛会进行比较.

于是利用上面已经建立的基于支持向量机的神经网络模型, 将北京市 2005 年 1 月到 2008 年 3 月之间每个月 "实际举办奥运会" 的北京市的房地产投资总额、货物运输总额、入境旅游人数总额、社会消费品零售总额各方面的经济数据的训练数据, 通过训练, 得到了逼近程度非常好的成熟网络, 于是通过神经网络的预测功能能得到了 "假设未举办奥运会" 的北京市 2008 年 3 月到 2008 年 10 月以上四个方面的经济数据. 基于 "假设未举办奥运会" 的北京市的 2008 年 3 月到 2008 年 10 月四个方面的经济数据与 "实际举办奥运会" 的北京市的四个方面的经济数据的数值上的差异, 我们可以通过考量奥运会对北京市的影响来量化评估奥运会的影响力, 评价北京奥运会影响力的方法与评价上海世博会影响力的方法相同, 见图 9.

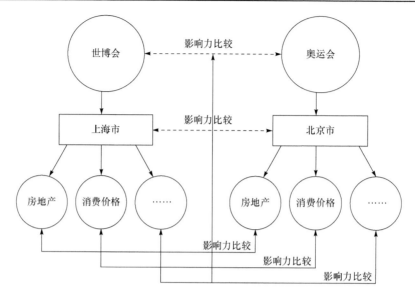

图 9　比较影响力大小的方法

通过同样的模型再次量化评估北京奥运会对北京的影响力, 最后将世博会对上海的影响力同奥运会对北京的影响力做一个对比, 从而达到进一步形象直观地去量化评估世博会影响力的目的, 我们可以自顶向下地从各个影响因素比较影响力, 从而达到比较世博会与奥运会对各自城市经济上的影响力的目的, 如图 10 所示.

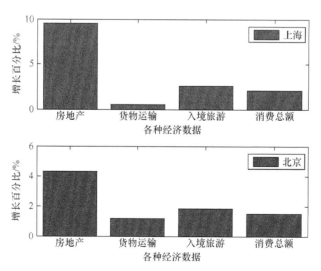

图 10　世博会对上海影响力与奥运会对北京影响力的对比

采用类似的建模过程, 对北京的四个方面的经济数据进行建模. 从而得到

2008 年"实际举办奥运会"和"假设未举办奥运会"的北京市四个方面经济数据, 如表 8 和表 9 所示.

表 8　"实际举办奥运会"的北京市四个方面经济数据

项目	时间						
	4 月	5 月	6 月	7 月	8 月	9 月	10 月
房地产投资/亿	145.00	155.60	178.60	162.20	68.60	111.70	178.40
交通运输/万吨	8345	10178	10880	11908	14316	16937	18402
入境旅游/万人次	38.50	34.60	29.80	27.00	39.00	32.60	39.80
消费总额/亿元	366.90	380.40	379.30	380.80	372.10	392.40	406.10

表 9　"假设未举办奥运会"的北京市四个方面经济数据

项目	时间						
	4 月	5 月	6 月	7 月	8 月	9 月	10 月
房地产投资/亿	135.20	145.00	155.60	178.60	162.20	68.60	111.70
交通运输/万吨	8345	10178	10880	11908	14316	16937	8345
入境旅游/万人次	35.40	38.50	34.60	29.80	27.00	39.00	32.60
消费总额/亿元	365.50	366.90	380.40	379.30	380.80	372.10	392.40

由表 8 和表 9 可以得到表 10.

表 10　2008 年 4 月到 2008 年 10 月间各产业增长百分比

条件	项目			
	房地产投资/亿元	货物运输/万吨	入境旅游/万人次	消费总额/亿元
"假设未举办奥运会"	956.9	89909	236.9	2637.4
"实际举办奥运会"	1000.1	90966	241.3	2678
增长百分比/%	4.3198	1.1756	1.8234	1.5160

　　由表 10 我们量化评估了奥运会对北京市的影响力. 绘出奥运会对北京市在四个经济方面的影响力与世博会对上海市在四个经济方面的影响力对比图, 如图 10 所示.

　　观察上图, 得出世博会对上海市影响力与奥运会对北京市影响力的共同点:

　　(1) 由增长百分比从大到小排序, 两者的排序相同, 这表现了对于大型社会文体活动, 由于整个社会的复杂性、稳定性和冗余性, 不同活动之间对社会的影响

都会有较大的相似之处, 尤其是在对不同经济方面的概括性影响力上;

(2) 两者拉动效果最大的同为房地产投资, 反映了房地产行业对于社会环境的敏感性, 也反映了近些年房地产行业的过热发展状况.

不同点:

(1) 前者除了货物运输总量外, 都要比后者高, 这可以从北京市奥运会比上海市更大规模的场馆建设上来解释;

(2) 总体上看, 前者较后者更加显著, 这可以从世博会比奥运会长得多的举办时间、多得多的参观人数等原因来解释.

5.2.5　SVM 神经网络的进一步改进与增强

为了使获得的 "假设未举办世博会" 的上海市 2010 年 1 月到 2010 年 7 月四个方面的经济数据更加准确并且令人信服, 下面提出对 SVM 神经网络的一种改进, 作为对 5.1.3 小节模型的补充, 并将此改进的模型得出的结果作为前文得出量化评估上海世博会影响力的结论的佐证.

5.2.5.1　SVM 神经网络结合模糊信息粒化方法的时序回归预测模型分析

此模型即将 SVM 神经网络与模糊信息粒化方法结合在一起, 先将时间序列模糊粒化, 再对模糊粒子的参数进行神经网络预测. SVM 神经网络的思想、特点以及实现已在前文中提及, 这里主要对模糊信息粒化方法进行解释.

信息粒化就是将一个整体分解为一个个小部分进行研究, 每个部分就称为一个信息粒, 即信息粒是一些元素的集合, 这些元素由于难以区别, 或相似, 或相近, 或因某种功能而结合在一起. 本节采用基于模糊集理论的模型, 用模糊集方法对时间序列进行模糊粒化得到模糊粒子, 即 f-粒化, 包括如下两个操作.

第一步: 划分时间窗口, 这里取三个月为一个时间窗口.

第二步: 模糊化, 这里采用三角形的模糊粒子, 隶属函数为

$$A(x,a,m,b) = \begin{cases} 0, & x < a \\ \dfrac{x-a}{m-a}, & a \leqslant x \leqslant m \\ \dfrac{b-x}{b-m}, & m < x \leqslant b \\ 0, & x > b \end{cases} \tag{1}$$

对于一个模糊粒子而言, 有三个重要参数 low, R, up, 分别对应于隶属函数中的 a, m, b, 其中 R 参数描述的是数据的大体平均水平, 是本节模型的预测对象.

5.2.5.2　SVM 神经网络结合模糊信息粒化方法的时序回归预测模型建立

为了便于划分时间窗口, 本节模型预测的是 "假设未举办世博会" 的上海市 2010 年 2 月到 2010 年 7 月这六个月的四个方面的经济数据大体平均水平, 即六个

月的数据组成的两个模糊粒子参数 R 的值.

于是下面以上海市房地产投资总额为例，把 2005 年 1 月到 2010 年 1 月的上海市房地产投资总额的经济数据，以三个月为一个时间窗口划分模糊粒子，共 20 个:

```
win_num = floor(time/3);
```

调用函数用三角形的模糊粒子和时间窗口数 win_num 进行模糊粒化:

```
[Low,R,Up]=FIG_D(ts','triangle',win_num);
```

以这 20 个模糊粒子的参数 R 值构建时间序列，预测下两个模糊粒子的参数 R 值.

程序见附录，经过训练，得到误差图示以及原始数据和预测数据对比图，如图 11 和图 12 所示.

从图中可以看出，预测数据较好地逼近了实际数据，且均方差 Mean squared error = 0.0442338，误差图中只有一个点误差较大，其他效果较好，可以得到

预测的第一个模糊粒子为: predict_r1 = 145.6241

预测的第一个模糊粒子为: predict_r2 = 138.8520

即"假设未举办世博会"的上海市 2010 年 2 月到 2010 年 4 月这三个月的房地产投资总额平均水平为 145.6241 亿元，"假设未举办世博会"的上海市 2010 年 2 月到 2010 年 4 月这三个月的房地产投资总额平均水平为 138.8520 亿元. 相加可得到房地产投资六个月总额为 853.4283 亿元，这六个月上海的实际房地产投资总额为

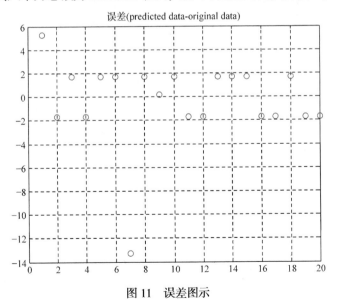

图 11　误差图示

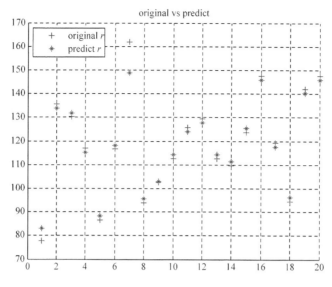

图 12　原始数据和预测数据对比图

942.7 亿元, 世博会的影响力表现在房地产投资上是房地产六个月的投资总额增长了 10.46%.

5.2.5.3　结果分析

5.2.3 小节中已经得到了世博会的影响力在房地产投资上使房地产七个月的总投资增长了 9.51%, 在本小节中运用改进的 SVM 神经网络进一步得到了房地产六个月的总投资增长了 10.46%, 不但验证了 5.2.3 小节中结论的正确性, 而且说明, 世博会对于上海市房地产投资的影响可能会比 5.2.3 小节中计算出的影响体现更加显著!

这从侧面进一步验证了上海世博会的巨大影响力.

通过模仿对房地产投资总额的应用, 其余的行业经济数据可以使用 5.2.5 小节改进的模型来验证 5.2.2 小节中得到的其他四个方面的经济数据的正确性, 帮助我们更加深刻地量化评估上海世博会对上海经济的影响力.

六、模型的评价和应用建议

在建立模型的过程中, 我们已尽可能注意到评价的客观性和准确性, 所选择的数学模型具有很大的优势, 然而由于数据的不可得性, 某些我们认为的重要指标不得不放弃, 或做合理的替代, 在实际应用我们所建的模型时, 若是能获取数据, 增加某些指标, 评价的结果必然更科学.

七、参 考 文 献

[1] 国际博览局. http://www.bie-paris.org/site/.
[2] 上海统计局. http://tjj.sh.gov.cn/.
[3] 北京统计信息网. http://www.bjstats.gov.cn/sjfb/bssj/jdsj/2005/.
[4] 凌爱芳. TOPSIS 法评价某院住院科室综合效益. 中国医院统计, 2008, 15(4): 360-365.
[5] 刘广迎, 李翔. 基于 SVM 模型的中国电力需求预测. 制造业自动化, 2010, 32(3): 159-162.
[6] 吴珺. 基于粒计算的数据挖掘应用及研究. 华南师范大学硕士研究生毕业论文.
[7] Peter J F, Skowron A, Synak P, et al. Rough Sets and Information Granulation. Fuzzy Sets and Systems—IFSA 2003, 2003, (2715): 49-100.

八、附 录

附录1 1990 年后 5 届博览会进行计算

时间	1998 年	2000 年	2005 年	2008 年	2010 年
地点	里斯本	汉诺威	爱知	萨拉戈萨	上海
举办天数	132.00	153.00	185.00	93.00	185.00
参观人数	1000.00	1800.00	2200.00	800.00	7000.00
世界总人口	5.98E+09	6.05E+09	6.33E+09	6.60E+09	6.90E+09
人口相对比例	1.67288E−07	2.97318E−07	3.47546E−07	1.21212E−07	1.01449E−06
占地面积	50.00	160.00	173.00	34.50	528.00
国家领土面积	9.24E+10	3.57E+11	3.78E+11	5.05E+11	9.60E+12
占地相对比例	5.41178E−10	4.48153E−10	4.57872E−10	6.83463E−11	5.5E−11
参加国	146.00	160.00	121.00	105.00	192.00
当年国家总数	189.00	189.00	191.00	193.00	194.00
国家相对比例	0.77	0.85	0.63	0.54	0.99
投资成本	6.88E+07	6.61E+09	3.57E+09	9.02E+08	6.65E+09
当年 GDP	1.12E+11	1.87E+12	4.51E+12	1.60E+12	2.27E+13
投资相对比例	6.1220E−04	3.5436E−03	7.9229E−04	5.6218E−04	2.9280E−04

附录 2　各届世博会指标值与最优值的相对接近程度(影响力度)及排序

年份	举办地	D_i^+	D_i^-	C_i	排序
1900	巴黎	0.1065	0.0052	0.0464	10
1904	圣路易斯	0.1029	0.0146	0.1246	7
1915	旧金山	0.1114	0.0049	0.0423	11
1926	费城	0.0979	0.0078	0.0740	9
1933	芝加哥	0.1206	0.0010	0.0081	14
1935	布鲁塞尔	0.1217	0.0007	0.0056	13
1939	纽约	0.0903	0.0213	0.1909	6
1958	布鲁塞尔	0.1078	0.0037	0.0335	12
1964	纽约	0.0327	0.0440	0.5738	4
1967	蒙特利尔	0.0915	0.0130	0.1244	8
1970	大阪	0.0171	0.0916	0.8424	1
1992	塞维利亚	0.0218	0.0636	0.7446	3
2000	汉诺威	0.0400	0.0398	0.4993	5
2010	上海	0.0193	0.0714	0.7872	2

附录 3　SVM 神经网络模型程序(以下程序均在 MATLAB R2009a 下测试通过)

```
function SVMmain
%% Clear Environment Variable
tic;
close all;
clear;
clc;
format compact;
%% extraction of data and preprocessing
% input test data,a 67*1 的 double style of matrix,every line of every
month,
% the index that represent months attachments
```

```
load data.mat;

% extraction of data
[m,n] = size(sh);

ts = sh(2:m-7,1);
tsx = sh(1:m-8,1);

ts1 = sh(m-6:m,1);
tsx1 = sh(m-7:m-1,1);

%plot the initial data
figure;
plot(ts,'LineWidth',2);
title('房地产投资总额','FontSize',12);
xlabel('月份','FontSize',12);
ylabel('投资额','FontSize',12);
grid on;

ts = ts';
[TS,TSps] = mapminmax(ts,1,2); %Map matrix row minimum and maximum
values to [-1 1]
TS = TS';

tsx = tsx';
[TSX,TSXps] = mapminmax(tsx,1,2); %Map matrix row minimum and maximum
values to [-1 1]
TSX = TSX';

ts1 = ts1';
[TS1,TSps1] = mapminmax(ts1,1,2); %Map matrix row minimum and maximum
values to [-1 1]
TS1 = TS1';

tsx1 = tsx1';
[TSX1,TSXps1] = mapminmax(tsx1,1,2); %Map matrix row minimum and
maximum values to [-1 1]
TSX1 = TSX1';
%% Choose the best regression forecast analysis of SVM parameters
```

```
c&g

    [bestmse,bestc,bestg] = SVMcgForRegress(TS,TSX,-8,8,-8,8);

    disp('打印粗略选择结果');
    str = sprintf('Best Cross Validation MSE = %g Best c = %g Best g
= %g',bestmse,bestc,bestg);
    disp(str);

    % According to the results roughly select fine choose again diagram:
    [bestmse,bestc,bestg] = SVMcgForRegress(TS,TSX,-4,4,-4,4,3,0.5,0.5,
0.05);

    % Printing fine choose results
    disp('打印精细选择结果');
    str = sprintf( 'Best Cross Validation MSE = %g Best c = %g Best g
= %g',bestmse,bestc,bestg);
    disp(str);

    %% Using the regression forecast analysis of the best parameters of
SVM training
    cmd = ['-c ', num2str(bestc), '-g ', num2str(bestg) , '-s 3 -p 0.01'];
    model = svmtrain(TS,TSX,cmd);

    %% SVM network predictive regression
    [predict,mse] = svmpredict(TS,TSX,model);
    predict = mapminmax('reverse',predict',TSps);
    predict = predict';

    [predict1,mse1] = svmpredict(TS1,TSX1,model);
    predict1 = mapminmax('reverse',predict1',TSps);
    predict1 = predict1';

    % Print the regression results
    str = sprintf('均方误差 MSE = %g 相关系数 R = %g%%',mse(2),
mse(3)*100);
    disp(str);
    %% result analysis and drawing grapghics
    figure;
```

```
hold on;
plot(ts,'-o');
plot(predict,'r-^');
legend('原始数据','回归数据');
hold off;
title('原始数据和回归数据对比','FontSize',12);
xlabel('月份','FontSize',12);
ylabel('投资额','FontSize',12);
grid on;

figure;
hold on;
plot(ts1,'-o');
plot(predict1,'r-^');
legend('原始数据','预测数据');
hold off;
title('原始数据和预测数据对比','FontSize',12);
xlabel('月份','FontSize',12);
ylabel('投资额','FontSize',12);
grid on;

figure;
error = predict - ts';
plot(error,'rd');
title('误差图','FontSize',12);
xlabel('月份','FontSize',12);
ylabel('误差量','FontSize',12);
grid on;

figure;
error = (predict - ts')./ts';
plot(error,'rd');
title('相对误差图','FontSize',12);
xlabel('月份','FontSize',12);
ylabel('相对误差量','FontSize',12);
grid on;
snapnow;
toc;
```

```
disp('举办世博数据:');
ts1
disp('未举办世博预测数据:');
tsx1

%% Child function SVMcgForRegress.m
Function[mse,bestc,bestg]=SVMcgForRegress(train_label,train,cmin
,cmax,gmin,gmax,v,cstep,gstep,msestep)
   if nargin < 10
       msestep = 0.06;
   end
   if nargin < 8
       cstep = 0.8;
       gstep = 0.8;
   end
   if nargin < 7
       v = 5;
   end
   if nargin < 5
       gmax = 8;
       gmin = -8;
   end
   if nargin < 3
       cmax = 8;
       cmin = -8;
   end
   % X:c Y:g cg:acc
   [X,Y] = meshgrid(cmin:cstep:cmax,gmin:gstep:gmax);
   [m,n] = size(X);
   cg = zeros(m,n);

   eps = 10^(-4);

   bestc = 0;
   bestg = 0;
   mse = Inf;
   basenum = 2;
   for i = 1:m
       for j = 1:n
```

```
            cmd = ['-v ',num2str(v),' -c ',num2str(basenum^X(i,
j)),' -g ',num2str( basenum^Y(i,j) ),' -s 3 -p 0.1'];
            cg(i,j) = svmtrain(train_label, train, cmd);

            if cg(i,j) < mse
                mse = cg(i,j);
                bestc = basenum^X(i,j);
                bestg = basenum^Y(i,j);
            end

            if abs( cg(i,j)-mse )<=eps && bestc > basenum^X(i,j)
                mse = cg(i,j);
                bestc = basenum^X(i,j);
                bestg = basenum^Y(i,j);
            end

        end
    end
end
% to draw the acc with different c & g
[cg,ps] = mapminmax(cg,0,1);
figure;
[C,h] = contour(X,Y,cg,0:msestep:0.5);
clabel(C,h,'FontSize',10,'Color','r');
xlabel('log2c','FontSize',12);
ylabel('log2g','FontSize',12);
firstline = 'SVR参数选择结果图(等高线图)[GridSearchMethod]';
secondline = ['Best c=',num2str(bestc),' g=',num2str(bestg), ...
    ' CVmse=',num2str(mse)];
title({firstline;secondline},'Fontsize',12);
grid on;

figure;
meshc(X,Y,cg);

axis([cmin,cmax,gmin,gmax,0,1]);
xlabel('log2c','FontSize',12);
ylabel('log2g','FontSize',12);
zlabel('MSE','FontSize',12);
firstline = 'SVR参数选择结果图(3D视图)[GridSearchMethod]';
secondline = ['Best c=',num2str(bestc),' g=',num2str(bestg), ...
```

```
' CVmse=',num2str(mse)];
title({firstline;secondline},'Fontsize',12).
```

附录 4　历届世博会的相关数据

年份	天数/天	人数/万人	占地面积/公顷	参加国/个	投资成本/美元	盈利/美元
1851	140	604	10.4	25	1678710	285901.1395
1855	150	516	15.2	25	2267304.37	−1600000
1862	104	609	15.2	39	2294210	−123000
1867	210	923	68.7	42	4596800	773200
1873	106	725	233	35	9561635	−8000000
1876	159	800	115	35	8000000	−2300940
1878	190	1616	75	36	11054330.07	−5563174
1889	182	2512	96	35	8300000	−1343400
1893	183	2700	290	19	27245566.9	2512000
1900	210	5000	120	58	18746186	1256000
1904	185	1969	500	60	31500000	−1706601.429
1915	288	1883	254	32	25865914	−1598812.667
1925	195	1500	149	36	12592554	12230900
1926	183	3600	147	73	13610000	−3209300
1933	170	2257	170	21	42900989	1162969.415
1935	150	2000	152	29	2000000	6300000
1937	93	870	105	44	278987646	86600000
1939	340	4500	500	64	125000000	−18000000
1958	186	4150	200	42	82491998.74	709000
1962	184	964	30	49	37299676	1159000
1964	360	5167	56	85	3772178946	−21000000
1967	185	5031	400	62	416485642.4	32943000
1970	183	6422	330	81	11900000000	150000000
1971	4	190	33	34	20520000	11085754.35
1974	184	480	40.5	10	78400000	47000000
1975	183	349	6.7	37	4600000000	32943000

续表

年份	天数/天	人数/万人	占地面积/公顷	参加国/个	投资成本/美元	盈利/美元
1982	152	1113	93.4	16	30000000	1000000
1984	184	734	33.1	26	350000000	−140000000
1985	184	2033	16	46	13779010000	13500000
1986	165	2211	27	104	802000000	220000000
1988	184	1857	40	38	578687500	340000000
1992	176	4100	215	114	10000000000	−300000000
1998	132	1000	50	160	68750000	550000000
2000	153	1800	160	177	6612660000	−1000000000
2005	185	2200	173	125	3570000000	−90000000
2008	93	800	34.5	108	901850000	54509000
2010	185	7000	528	228	6646500000	

太阳影子定位的计算模型

(学生: 韩文锴　晋　珊　唐益剑　指导老师: 何道江　国家一等奖)

摘　　要

　　本文针对太阳影子定位技术的实现问题进行研究, 主要解决了描述太阳影子长度变化和根据太阳影子变化数据或视频确定其地点与日期的问题.

　　针对问题一, 我们借助几何和天文知识, 建立了太阳影子长度关于其所在地理位置和物体高度的模型, 分析了影子长度关于各个参数的变化规律; 并用地理纬度、经度、日序、时刻等参数求出太阳高度角, 结合物体高度, 建立了物体投影长度计算模型; 最终代入附件中提供的数据, 得出其在给定时间的太阳影子长度变化曲线.

　　针对问题二, 我们首先讨论了直接拟合二次函数的不可行性; 然后利用影子长度的变化建立了最小二乘法拟合模型, 并进一步引入影子长度变化比例和影子角度变化值作为目标参数, 从而提高了数据的利用率和模型的精确性; 最终针对附件一中的数据求解, 得到两个可能的目标地点, 具体结果如下表:

附件一 可能地点	经度	纬度
	109.7394°E	18.3326°N
	102.6672°E	3.5665°S

　　针对问题三, 其求解变量增加了日期(日序), 此时最小二乘法拟合计算的时间复杂度仅增加了较小的常数倍, 所以我们沿用问题二的算法. 利用改进的最小二乘法拟合, 最终分别求出附件二、三中两个可能的目标地点, 具体结果如下表:

	经度	纬度	日期(日序)	杆长/m
附件二 可能地点	79.7938°E	39.8926°N	5 月 24 日(144)	2.0008
	79.7939°E	39.8928°S	1 月 17 日(17)	2.0008
附件三 可能地点	109.9854°E	27.1108°N	1 月 6 日(6)	2.9564
	110.245°E	32.8488°S	5 月 4 日(124)	3.0356

针对问题四，我们首先利用平面图像中的平行线相交于无限远的透视原理，根据图像中的物体作出辅助线，得到其消隐点连成的确定而唯一的消隐线(地平线)；并借助图像中的参考物，建立空间直角坐标系，得出影子顶点坐标的变化数据；最终我们借助问题二、三中使用的算法，求得结果如下表：

	经度	纬度	日序
附件四 可能地点	111.2172°E	40.6356°N	
	54.5964°W	7.3181°N	
未知日期情况下 所得结果	110.2352°E	41.0880°N	6 月 22 日(173)
	54.5505°W	6.1663°N	6 月 21 日(172)

另外，我们计算了所得情形下影子长度与题目所给影子长度的方差之和，其大小均小于 10^{-3}，验证了我们得到的结果的准确性.

关键词： 太阳高度角　最小二乘法拟合　透视原理　消隐线

一、问 题 重 述

本题着重讨论了太阳影子定位技术的实现，以相关的地理知识为基础，利用几何求解和最优规划等数学工具，解决以下几个问题：

(1) 针对某高度为 3 米的固定直杆，在给定日期、时间范围、经纬度的情况下，建立影子长度变化的数学建模；

(2) 针对某固定高度的固定直杆，已知给定日期、21 个时刻下的投影坐标，求出该物体所在的可能地点的经纬度；

(3) 针对某固定高度的固定直杆，已知给定某日期 21 个时刻下的投影坐标，求出该物体所在的可能地点的经纬度及相应日期；

(4) 针对某高度为 2 米的固定直杆，根据一份拍摄于 2015 年 7 月 13 日上午 8 时 54 分 06 秒至 9 时 34 分 33 秒的视频，提取出其投影变化信息，求出该物体所在的可能地点的经纬度；

(5) 基于第四问，若未知拍摄日期，能否求出直杆所在的可能地点的经纬度及日期.

二、模 型 假 设

(1) 直杆在测量过程中相对地面是完全静止的；

(2) 太阳光线为平行光线，且测量时天气晴朗；

(3) 忽略大气对阳光折射的微弱影响;

(4) 测量地点间的海拔高度相对地日距离可以忽略不计;

(5) 直杆的体积可忽略不计;

(6) 视频在拍摄过程中的抖动可以忽略不计;

(7) 假设地面是完全平整的.

三、符 号 说 明

符号	说明	符号	说明
l	直杆影子长度	t_c	当地实际时间与北京时间的时差
h	直杆长度	A_i	太阳方位角
α	太阳高度角	B_i	实际影长的角度
φ_x	地点纬度	x_i	实际影子顶点坐标的横坐标
φ_y	地点经度	y_i	实际影子顶点坐标的纵坐标
δ	太阳赤纬	C_i	估计数据相邻时间点的影长比
t	当地时角	D_i	实际数据相邻时间点的影长比
b	地球公转的相对角度	$|JI|$	箱子侧边的实际长度
N	从1月1日算起的日序	$|LO|$	箱子侧边的实际长度
st	真太阳时	LO	箱子的图上长度
t_b	北京时间	LN	直杆图上长度

四、模型建立与求解

4.1 问题一：影子长度变换的数学模型

4.1.1 影子长度求解分析和模型建立

如图 1，根据几何知识可以求出高度为 h 的直杆垂直于 AB 的地面上的投影 AD 的长度 l：

$$l = h\cot\alpha$$

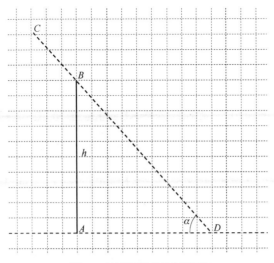

图 1　直杆投影的几何模型

　　因此，关键问题是求出光线的入射角度 α. 经查阅相关地理与天文知识文献[1-3]，我们得知，这个角度即太阳高度角，它与所处的地点、日期和时刻有关：

$$\sin\alpha = \sin\varphi_x \sin\delta + \cos\varphi_x \cos\delta \cos t$$

其中：φ_x 为当地的地理纬度，是题目给出的已知变量；由于地球的公转，它每时每刻都在变化着，其中在春分和秋分时刻等于零，而在夏至和冬至时刻有极值，分别为 $\pm23.442°$，太阳赤纬角在公转运动中任何时刻的具体值都是严格已知的 (图 2)；δ 为太阳赤纬，是地球赤道平面与太阳和地球中心的连线之间的夹角(图 3). 利用查得的公式[3]可以得出结果：

$$\delta = [0.006918 - 0.399912\cos(b) + 0.070257\sin(b) - 0.006758\cos(2b)$$
$$+ 0.000907\sin(2b) - 0.002697\cos(3b) + 0.00148\sin(3b)](180/\pi)$$

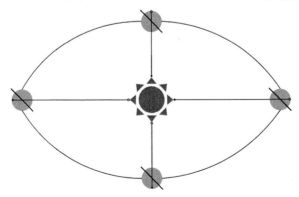

图 2　地球公转示意图

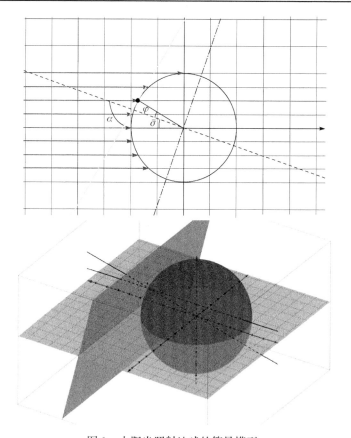

图 3　太阳光照射地球的简易模型

其中, b 是地球公转的相对角度:

$$b = 2\pi(N-1)/365$$

其中, N 为日数, 即自每年 1 月 1 日为第一天开始计算, 该天的日序.

t 为时角, 是太阳光照到地面的一点和地心的连线与当地正午时地、日中心连线分别在地球赤道平面上的投影之间的夹角, 具体来说: 当地实际时间 12 点时的时角为零, 前后每隔一小时变化 15°, 若以北京时间为标准时间, 则

$$t = 15°(\text{st} - 12)$$

$$\text{st} = t_b - t_c$$

$$t_c = (120° - \varphi_y)/15°$$

其中: st 为真太阳时; t_b 为北京时间; t_c 为当地实际时间与北京时间的时差; φ_y 为当地的地理经度.

联立上述公式即可得出相应结果, 即

$$\begin{cases} l = h\cot\alpha \\ \sin\alpha = \sin\varphi_x \sin\delta + \cos\varphi_x \cos\delta \cos t \\ \delta = [0.006918 - 0.399912\cos(b) + 0.070257\sin(b) - 0.006758\cos(2b) \\ \qquad + 0.000907\sin(2b) - 0.002697\cos(3b) + 0.00148\sin(3b)](180/\pi) \\ b = 2\pi(N-1)/365 \\ t = 15°(\text{st}-12) \\ \text{st} = t_b - t_c \\ t_c = (120° - \varphi_y)/15° \end{cases}$$

其中，自变量分别为 h，N，t_b，t_c，φ_x，φ_y，标准时间以北京时间为准.

4.1.2　各参数变化对影子高度的影响分析

根据上述模型建立，我们得到以下各参数变化对影子高度的影响分析结果：

（1）当纬度 φ_x、经度 φ_y、日期 N、北京时间 t_b 固定，随着杆长 h 增加，影长 l 的变化随之增加；

（2）当纬度 φ_x、经度 φ_y、日期 N、杆长 h 固定，随着北京时间 t_b 增加，影长 l 的变化先减少后增加，且在中午某时刻出现最小值；

（3）当纬度 φ_x、日期 N、杆长 h、北京时间 t_b 固定，随着经度 φ_y 增加，影长 l 的变化如图 4(a)所示；

（4）当纬度 φ_x、经度 φ_y、杆长 h、北京时间 t_b 固定，随着日期 N 的增加，影长 l 的变化先减少后增加，如图 4(b)所示；

（5）当经度 φ_y、杆长 h、北京时间 t_b、日期 N 固定，随着纬度 φ_x 的增加，影长 l 的变化是赤道最短，越往两级越长，如图 4(c)所示.

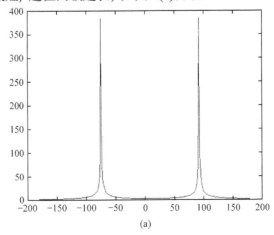

(a)

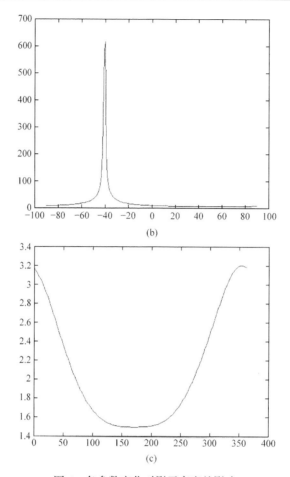

图 4　各参数变化对影子高度的影响

4.1.3　基于题目给定条件的计算

题目要求画出 2015 年 10 月 22 日北京时间 9:00—15:00 天安门广场(北纬 39 度 54 分 26 秒, 东经 116 度 23 分 29 秒) 3 米高的直杆的太阳影子长度的变化曲线.

将上述数据, 即一年中第 294 天, 从北京时间 9:00—15:00 时, 北纬 39 度 54 分 26 秒, 东经 116 度 23 分 29 秒, 杆高为 3 米, 代入上述方程组, 即

$$h = 3$$
$$N = 294$$
$$t_b = 9:00—15:00$$
$$\varphi_x = 39.9072254°\text{N}$$
$$\varphi_y = 116.3913982°\text{E}$$

我们利用 MATLAB 工具, 解出结果并绘制出图像如图 5 所示.

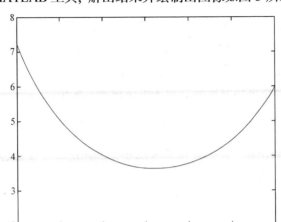

图 5 题目要求时间地点的太阳影子长度的变化曲线

图 5 中, 横轴为时刻, 单位为时; 纵轴为影子长度, 单位为米.

需要注意的是, 图中有几条性质是我们所强调和关注的:

(1) 正午(12 时)的太阳高度角最大, 因此影子最短;

(2) 并且地球转动近似匀速, 所以图像关于正午近似对称;

(3) 但由于天安门广场所在地的经度(东经 116 度 23 分 29 秒)和标准北京时区经度(东经 120 度)有差距, 而太阳高度角是由真太阳时计算得出的, 因此图像有一定偏移.

4.2 问题二: 根据给定日期与时刻的影子坐标变化数据推算其位置

4.2.1 问题分析

本题实际上是第一题的变形, 即第一问是在已知杆高、日期、时间范围和经纬度的情况下求出影子长度的变化, 而本题是在已知日期、时间范围和影子变化的情况下求出可能地点的经纬度.

因此本题需要考虑如下问题:

(1) 如何建立模型, 解决所求目标变量变化的问题;

(2) 如何消除杆高未知的影响;

(3) 问题一只需求出杆高一个变量, 而问题二需要求出经度和纬度两个变量, 问题三更是多考虑了日期变化的问题, 因此急需考虑如何解决所求目标变量增加的问题.

本题提供的信息相对有限, 因此不能继续依照第一问的方法直接用公式推导求出定值. 针对上述三个问题, 我们下面提出方法进行解决.

4.2.2　建立模型解决目标变量

经度和纬度实际上是两个变量, 而本题提供的不是影子长度变化的数据, 而是提供了其具体坐标 l_x, l_y 的变化. 因此抽象地来说, 第一题是在已知自变量 h, N, t_b, t_c, φ_x, φ_y 的情况下求影长 l; 而第二题是在已知自变量 N, t_b, t_c, l_x, l_y 的情形下, 代入固定参数进行影长的最小二乘法拟合, 求出 φ_x, φ_y.

4.2.3　函数直接拟合的讨论

观察问题一的图像, 我们发现其图形变化的趋势与二次曲线较为类似, 因此可以考虑采用二次函数直接拟合附件一数据.

但我们通过计算可知发现不同天数的影长变化率(即其导数)是明显非线性且不稳定的(图 6), 则将问题一的图像近似看作二次函数是不精确的, 故采用二次函数拟合的思路是不可取的.

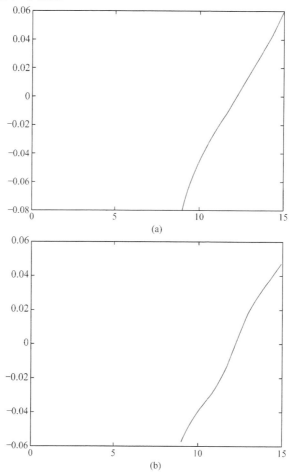

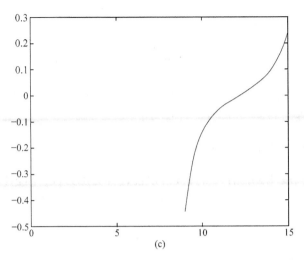

图6　第100日、第200日和第365日的0至15时的影长变化率

4.2.4　采用最小二乘法拟合

根据附件一中的数据我们可以得到影子端点的坐标, 而由坐标我们可以得到的数据有: 影子长度 l 和影子角度变化值 ΔB (因为未知坐标系的正方向, 因此无法确定影子相对参考系的实际角度).

首先依据第一问中的推导我们可以计算得出

$$\begin{cases} h = l \cdot \dfrac{\sin\alpha}{\cos\alpha} \\ \sin\alpha = \sin\varphi_x \sin\delta + \cos\varphi_x \cos\delta\cos t \end{cases}$$

化简得到

$$l = \sqrt{\dfrac{h^2}{\left(\sin\varphi_x \sin\delta + \cos\varphi_x \cos\delta\cos t\right)^2} - h^2}$$

其中影子长度 l 跟经度 φ_x、纬度 φ_y、杆高 h 这三个参数有关, 因此我们可以以影子长度 l 为目标函数的主体部分, 代入附件中的数据, 利用最小二乘拟合的方法找出与其最为相符的地点.

接下来对 φ_x, φ_y, h 随机赋初值代入上式, 得到对应不同时间点下的影长 $\hat{l}_i$, $i = 1, 2, \cdots, n$, 同时, 计算出附件一所给数据不同时间点下的影长 l_i, $i = 1, 2, \cdots, n$, 其中,

$$l_i = \sqrt{x_i^2 + y_i^2}, \quad i = 1, 2, \cdots, 21$$

因此可以构造出目标函数:

$$\min \omega = \sum_{i=1}^{n} \left(l_i - \hat{l}_i \right)^2$$

利用最小二乘法, 运用 MATLAB 进行拟合, 最终迭代近似求解得到最可能地点的经度和纬度.

4.2.5 改进的最小二乘法拟合

由于直杆高度未知, 消去杆高 h 可以使计算更加方便; 而题目提供了坐标参数, 若仅仅计算出影子长度作为目标参数则降低了有效数据量及数据利用率, 因此我们又引入了角度变化值作为新的目标参数.

总结起来, 在前一节的最小二乘法拟合的基础上, 我们考虑引入太阳方位角, 从角度和影子长度两方面拟合求解.

由

$$\begin{cases} \sin\alpha_i = \sin\varphi_x \sin\delta + \cos\varphi_x \cos\delta \cos t_i, \\ \sin A_i = \dfrac{\cos\delta \cdot \sin t_i}{\cos\alpha_i}, \end{cases} \qquad i = 1, 2, \cdots, n$$

可得方位角为

$$A_i = \arcsin \frac{\cos\delta \cdot \sin t_i}{\cos\alpha_i}$$

因为方位角是影子与正南方向的夹角, 而题目所给数据下的坐标系不能认为 x 轴正方向恰为正南, 故作相邻时刻的影子角度差 $\Delta A_j = |A_i - A_{i+1}|, j = 1, 2, \cdots, 20$, 借此消除坐标系误差偏转角. 而原题中所给角度差为 $\Delta B_j = |B_i - B_{i+1}|$, $j = 1, 2, \cdots, 20$, 其中,

$$B_i = \arctan \frac{y_i}{x_i}$$

其次, 考虑相邻影长比 C_i:

$$C_i = \left| \frac{l_i}{l_{i+1}} \right| = \left| \frac{h \cdot \cot\alpha_i}{h \cdot \cot\alpha_{i+1}} \right| = \left| \frac{\cot\alpha_i}{\cot\alpha_{i+1}} \right|$$

而附件一数据影长比为

$$D_i = \frac{\sqrt{x_i^2 + y_i^2}}{\sqrt{x_{i+1}^2 + y_{i+1}^2}}$$

目标函数一为

$$\min \xi_1 = \sum_{j=1}^{n} (\Delta A_j - \Delta B_j)^2$$

目标函数二为

$$\min \xi_2 = \sum_{j=1}^{n} (C_j - D_j)^2$$

同样采用最小二乘法, 运用 MATLAB 进行拟合, 最终迭代近似求解也得到多个最可能地点的经度和纬度.

4.2.6 结果计算与分析

依据上述理论, 我们编写了 MATLAB 程序, 代入附件一中所给的数据, 多次迭代, 得出近似解区域如图 7 所示, 并收敛得到以下结果, 如表 1 所示.

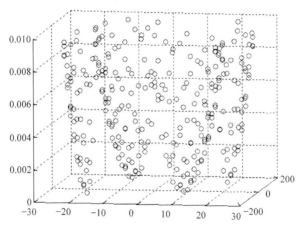

图 7 附件一中数据多次迭代得出的近似解区域

表 1 附件一可能地点计算结果

经度	纬度
109.7394°E	18.3326°N
102.6672°E	3.5665°S

我们在 Google 地图上查询了上述地点的实际位置, 如图 8 所示.

图 8　附件一可能地点实际位置

另外, 我们计算了所得数据情形下影子长度与题目所给影子长度的方差之和, 其大小均小于 10^{-4}, 验证了得到的结果的准确性.

4.3　问题三: 根据给定时刻的影子坐标变化数据推算其位置和日期

4.3.1　问题分析

问题三相对问题二多了一个未知参数, 即日期也未知. 因此此题仅仅是比第二问多了一个参数条件, 算法的复杂度仅有较小的常数级增长沿用上一问的算法从理论上来说依然是可行的. 参考改进的最小二乘拟合法, 我们可以对纬度、经度、日期、杆高, 四个未知参数拟合求解.

另外, 通过观察影长数据发现, 附件二中的数据反映的影长随时间增加在不断减少, 故影长最低点在 13 点 40 以后, 推算其地点所在经度范围为 $0 \leqslant \varphi_y \leqslant \varphi_b - 15°(t_{dz} - 12)$, 其中 t_{dz} 为当地极限正午时间, 利用附件二数据可知应为 $0 \leqslant \varphi_y \leqslant 95°$, 附件三同理, 这样我们大大减少了需要计算的区间.

4.3.2　新参数的纳入

第三问相当于在第二问的基础上, 日期变量由已知常量变为未知量, 故现在我们有四个未知变量, 即经度 φ_x、纬度 φ_y、杆高 h、日期 N.

4.3.3　问题的计算与求解

针对本问, 由于赤纬公式中含有日期参量:

$$\delta = [0.006918 - 0.399912\cos(b) + 0.070257\sin(b) - 0.006758\cos(2b)$$
$$+ 0.000907\sin(2b) - 0.002697\cos(3b) + 0.00148\sin(3b)](180 / \pi)$$

$$b = 2\pi(N-1)/365$$

所以 l 此时含有四个需赋初值的参数:

$$l = \sqrt{\dfrac{h^2}{\left(\sin\varphi_x\sin\delta + \cos\varphi_x\cos\delta\cos 15°\left(t_b - \dfrac{120° - \varphi_y}{15°} - 12\right)\right)^2} - h^2}$$

因而目标函数仍为影长的最小二乘拟合:

$$\min\omega = \sum_{i=1}^{n}\left(l_i - \hat{l}_i\right)^2$$

4.3.4 结果对比与分析

依据上述理论, 我们编写了 MATLAB 程序, 代入附件二、附件三中所给的数据, 多次迭代, 得出近似解区域如图 9 所示.

并收敛得到以下结果, 如表 2 和表 3 所示.

表 2 附件二中数据所得结果

经度	纬度	日序	杆长/m
79.7938°E	39.8926°N	144	2.0008
79.7939°E	39.8928°S	17	2.0008

表 3 附件三中数据所得结果

经度	纬度	日序	杆长/m
109.9854°E	27.1108°N	6	2.9564
110.245°E	32.8488°S	124	3.0356

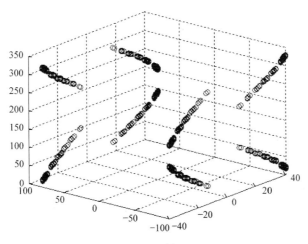

(a)

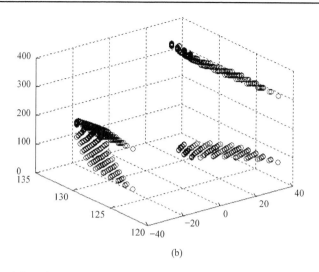

(b)

图 9　附件二、附件三中目标函数小于 10^{-3} 解的分布图(三轴数据分别为经度、纬度和日序)

我们在 Google 地图上查询了上述地点的实际位置, 如图 10 所示.

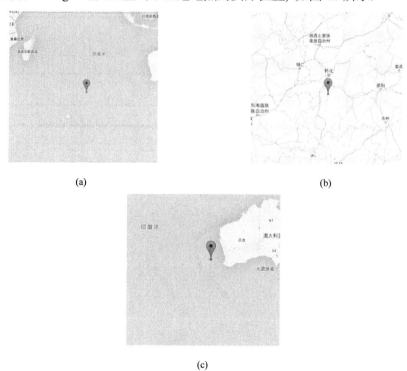

(a)　　　　　　　　　　　　　　　　(b)

(c)

图 10　附件二、附件三可能地点实际位置

另外, 我们计算了所得数据情形下影子长度与题目所给影子长度的方差之和,

其大小均小于 10^{-5}, 验证了得到的结果的准确性.

4.4 问题四: 视频分析影子变化

4.4.1 问题分析

针对此题, 我们发现第四题实际上是基于二、三问的变形:

(1) 影子变换的数据不再以数字的形式给出, 而是给出了一段视频, 因此我们需要根据相关的透视原理和几何知识将视频中的数据转化为如前两题附件给出的可用数据;

(2) 如果我们能够根据视频得到其影子端点的坐标变换, 相对于第二题而言, 第四题实际多出了直杆高度为 2m 这一条件, 因此我们应该考虑在此基础上如何充分利用此条件;

(3) 第四问又提出了未知视频拍摄日期的情形下如何求解, 实际上这个问题是第三问的变形, 相比也是多出了直杆高度为 2m 的条件.

4.4.2 利用透视原理获得视频数据

视频的每一帧实际上是一幅图像, 由图像我们可以提取出每个时刻的数据, 但由于视角的变化, 图像中不同位置物体的实际大小是不定的, 因此在缺乏通用参照物的情况下无法测出物体的长度.

在这种情况下, 我们可以利用图像中相互平行的直线映射为平面图像上的相交直线, 而两条平行线在一张平面图像上的交点则为无穷远的地方, 根据透视原理被称作消隐点(vanish point), 而若得到两组消隐点, 根据通过两个定点有且仅有一条直线的原理, 其连线就是图像中确定而唯一的消隐线, 或者说地平线. 而从这条线上同一点引出的直线都相互平行(图 11). 具体理论可以参照剑桥大学的《计算机视觉中的多视图几何学》及牛津大学的单视图度量学论文获得证明[4-5].

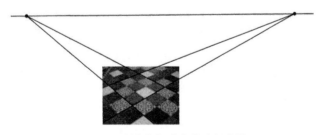

图 11 消隐点与消隐线的得出[5]

而针对附件四中视频, 找到了两对相互平行的线, 即直杆的底座为矩形, 因此底座的两对底边相互平行. 我们得到两对直线 a, c 和 b, d, 其相交点即为消隐点, 分别为 G, H, 再连接点 G, H 得到的直线 e 即为地平线(消隐线, 见图 12).

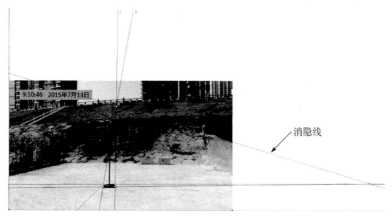

图 12　本题消隐线与消隐点的得出

　　然而, 直杆和其影子是相交的, 但是从消隐线引出的两条线仅有通过相互平行的直线的时候才能按比例测量出其长度(图 13).

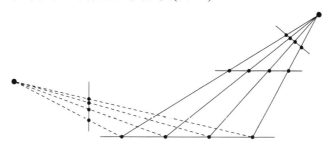

图 13　由消隐线与消隐点得出的平行线的长度比例[5]

　　由图 12 我们可以观察到, 在此视频的中间偏右的部分有两个箱子, 按照常识来说一个箱子的形状是长方体, 且平放在地面上的时候与地面相交的棱与地面垂直. 因此由消隐线引出一条与箱子底点 J 和直杆底端的连线(图 14) f, 并从此点引出一条与箱子顶点 I 的连线 g, 这条线 g 与直杆的交点为 O, 直杆的底点为 L, 则根据透视原理, 线段 LO 与线段 JI 的长度实际上是相等的, 我们又可以计算出直杆的 LO 部分与整体长度的比例, 因此可以计算出 LO 的长度, 进而得到 JI 的长度:

$$\left|\overrightarrow{JI}\right| = \left|\overrightarrow{LO}\right| = \frac{LO}{LN}h$$

其中:

$\left|\overrightarrow{JI}\right|$ 为箱子侧边的实际长度;

$|\overrightarrow{LO}|$ 为箱子侧边根据透视原理映射到直杆上的实际长度;

LO 为箱子侧边根据透视原理映射到直杆上的图上长度;

LN 为直杆图上长度;

h 为直杆实际长度.

图 14   由透视原理获得线段长度比例

设箱子底边为 JK, 且从图中可以观察出箱子的 IJK 面与拍摄面是平行的, 因此按比例可以求出底边 JK 的实际长度:

$$|\overrightarrow{JK}| = \frac{JK}{JI}|\overrightarrow{JI}|$$

由此可以同理求得影子线段 LP 映射到与 JK 平行的直线 LR 上的长度, 并按比例求得 LR 的实际长度 x, 由于 Y 轴上没有可以直接参考的对象, 因此我们只能求得与 JK 垂直的带参数的 PR 长度 y_i, 并且

$$x_i = |\overrightarrow{LR}| = \frac{LR}{LQ}|\overrightarrow{JK}|$$

因此联立上式并化简得出

$$\begin{cases} x_i = \dfrac{LR}{LQ}\dfrac{JK}{JI}\dfrac{LO}{LN}h \\ y_i = PR = mR_i \end{cases}$$

其中, PR 与第二、三题中的 h 类似, 可以划归为如上图的带参数的值.

至此, 此题就划归为与题目二已知参数数量一致的问题, 则利用第二题的方法可以灵活得出结果.

4.4.3   目标函数的重新整理与求解

由上述推理, 我们利用 GeoGebra 软件对上述模型进行重建(图 15), 并利用相应公式, 对视频每三分钟截取一张图像进行分析, 得出了相应的数据, 由于 y 轴上虽然没有参考物体, 但其位置与 x 轴相近, 我们利用相同的公式可以得出 y 轴的估计值, 从而得到影子的长度, 如表 4 所示.

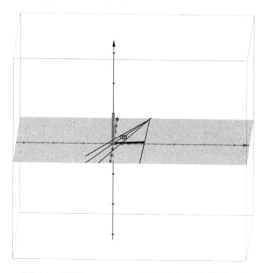

图 15　利用 GeoGebra 还原的本题实物模型

表 4　由透视原理获得附件四中影子坐标变化的结果

时间	x 轴/m	y 轴带参数/m	y 轴估算/m	影子估算长度/m
8:55	2.343055303	0.086566446	0.085418507	2.344611796
8:58	2.298077226	0.078949609	0.077902675	2.299397261
9:01	2.255128382	0.074039526	0.073057704	2.256311469
9:04	2.210766125	0.069871844	0.068945289	2.211840933
9:07	2.168950903	0.064844601	0.063984711	2.169894482
9:10	2.125920285	0.060573626	0.059770373	2.126760343
9:13	2.085499012	0.05320708	0.052501513	2.086159758
9:16	2.05334798	0.048597091	0.047952656	2.053907833
9:19	2.000290191	0.045436815	0.044834287	2.000792584
9:22	1.963285564	0.041618984	0.041067084	1.963715028
9:25	1.928349043	0.038359861	0.03785118	1.928720494
9:28	1.885469446	0.033012369	0.032574599	1.885750815
9:31	1.845162757	0.032660901	0.032227792	1.845444183
9:34	1.82086606	0.027400144	0.027036796	1.821066775

注: 经过仔细观察, 图像本身的稳定度有值得质疑的地方(例如视频在 9 时 33 分 58 秒时出现了较为明显的抖动), 且图像分辨率有限, 因此图像度量过程出现一定误差是不可避免的.

由上述过程, 我们针对表 4 中由附件四获得的数据, 借助第二问的方法得出的结果如表 5 所示.

表 5　附件四中分析数据后拟合所得结果

经度	纬度
111.2172°E	40.6356°N
54.5964°W	7.3181°N

我们在 Google 地图上查询了上述地点的实际位置, 如图 16 所示.

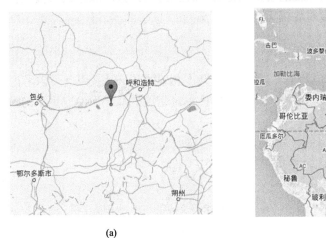

(a)
(b)

图 16　附件四可能地点实际位置

4.4.4　解决未知日期的问题

针对此题, 与之前不同的仅有日期变量由已知常量变为未知量, 因此我们仍然可以利用上述模型进行计算, 并得到以下结果, 如表 6 所示.

表 6　在日期未知的情况下附件四中分析数据所得结果

经度	纬度	日序
110.2352°E	41.0880°N	173
54.5505°W	6.1663°N	172

我们从表 6 中可以看出, 得到的经纬度与此问之前得到的结果较为相近, 因此具体地点就不再描述, 而日序相对于实际 7 月 13 日当天的第 193 日也较为接近, 是较为理想的结果.

另外, 我们计算了所得数据情形下影子长度与题目所给影子长度的方差之和,

其大小均小于 10^{-3}, 验证了得到的结果的准确性.

至此, 题目提出的四个问题均已解决.

五、模型改进和推广

5.1 针对太阳光折射(蒙气差)的讨论

虽然太阳光经过大气层的折射几乎是可以忽略不计的, 但是由于不同地区的天气状况和大气层, 太阳光线的折射情形较为复杂, 因此讨论此因素对模型在不同情形下的应用和适应性有着极大的实际意义.

5.2 智能算法的可行性讨论

对于本题的第三问和第四问, 其时间复杂度相对来说较大, 因此可以考虑使用蚁群算法、遗传算法等元启发式算法在牺牲一定精度的情况下换取更小的时间复杂度.

六、参 考 文 献

[1] 贺晓雷, 于贺军, 李建英, 等. 太阳方位角的公式求解及其应用[J]. 太阳能学报, 2008, 29 (01): 69-73.

[2] 费云霞, 工春顺. 对太阳高度角的了解及其计算方法[J]. 中小企业管理与科技(上半月), 2008, (01): 116-117.

[3] 刘砚刚. 四季与赤纬角和时角[J]. 太阳能, 1991, (03): 21-22.

[4] Criminisi A, Reid I, Zisserman A. Single view metrology[J]. International Journal of Computer Vision, 2000, 40(2): 123-148.

[5] Hartley R, Zisserman A. Multiple View Geometry in Computer Vision[M]. London: Cambridge University Press, 2003.

七、附 　 录

附录 1 第一题获得影子长度具体数据

时间	9	9.05	9.1	9.15	9.2	9.25
长度	7.238863	7.078487	6.925323	6.778921	6.638871	6.504795

时间	9.3	9.35	9.4	9.45	9.5	9.55
长度	6.376348	6.253212	6.135095	6.021726	5.912858	5.80826

续表

时间	9.6	9.65	9.7	9.75	9.8	9.85
长度	5.707719	5.611038	5.518034	5.428538	5.342391	5.259447
时间	9.9	9.95	10	10.05	10.1	10.15
长度	5.17957	5.102631	5.028512	4.957103	4.8883	4.822006
时间	10.2	10.25	10.3	10.35	10.4	10.45
长度	4.758132	4.696592	4.637308	4.580206	4.525218	4.472277
时间	10.5	10.55	10.6	10.65	10.7	10.75
长度	4.421324	4.372301	4.325157	4.27984	4.236304	4.194506
时间	10.8	10.85	10.9	10.95	11	11.05
长度	4.154405	4.115962	4.079142	4.043911	4.010239	3.978094
时间	11.1	11.15	11.2	11.25	11.3	11.35
长度	3.947451	3.918285	3.89057	3.864285	3.83941	3.815926
时间	11.4	11.45	11.5	11.55	11.6	11.65
长度	3.793815	3.77306	3.753647	3.735561	3.718791	3.703323
时间	11.7	11.75	11.8	11.85	11.9	11.95
长度	3.689149	3.676258	3.664642	3.654292	3.645203	3.637368
时间	12	12.05	12.1	12.15	12.2	12.25
长度	3.630783	3.625443	3.621345	3.618486	3.616865	3.616479
时间	12.3	12.35	12.4	12.45	12.5	12.55
长度	3.617331	3.619419	3.622744	3.627311	3.63312	3.640175
时间	12.6	12.65	12.7	12.75	12.8	12.85
长度	3.648482	3.658046	3.668872	3.680968	3.694342	3.709003
时间	12.9	12.95	13	13.05	13.1	13.15
长度	3.72496	3.742225	3.76081	3.780727	3.801991	3.824618
时间	13.2	13.25	13.3	13.35	13.4	13.45
长度	3.848625	3.874029	3.90085	3.92911	3.95883	3.990036
时间	13.5	13.55	13.6	13.65	13.7	13.75
长度	4.022753	4.05701	4.092836	4.130264	4.169328	4.210064
时间	13.8	13.85	13.9	13.95	14	14.05
长度	4.252512	4.296714	4.342715	4.390561	4.440305	4.492001

续表

时间	14.1	14.15	14.2	14.25	14.3	14.35
长度	4.545706	4.601484	4.6594	4.719526	4.781936	4.846713
时间	14.4	14.45	14.5	14.55	14.6	14.65
长度	4.913941	4.983716	5.056134	5.131302	5.209335	5.290353
时间	14.7	14.75	14.8	14.85	14.9	14.95
长度	5.374488	5.46188	5.552679	5.647049	5.745163	5.847209
时间	15					
长度	5.953392					

注: 附录 2 至附录 5 的程序均由 MATLAB 实现.

附录 2　问题一: 画出影子长度和一天时间变化的曲线图

```
clear;
clc;
x=[39.907222  116.391389 165];
%a=[9:0.05:15];
p=[];
[m,n]=size(a);
for i=1:1:n
      c=[x a(i)];
      q=B2015_01gd(c);
      p=[p q];
end
%pp=p(2:1:121)-p(1:1:120);
plot(0,0);
hold on
%plot(a,p);
%aa=a(1:1:120);
%plot(aa,pp);
%axis([9,15,2 8]);
hold off

function f= B2015_01cw(x)
b=2*pi*(x-1)/365;
qqq=(0.006918-0.399912*cos(b)+0.070257*sin(b)-0.006758*cos(2*b)+
0.000907*sin(2*b)-0.002697*cos(3*b)+0.00148*sin(3*b))*(180/pi);

%f=qqq;
```

```
q1=23.45*sind(360/365*(x+284));
q2=asind(0.39795*cos(0.98563*(x-173)/180*pi));
the=(x+0.226)*2*pi/365.2422;
f=qqq;

function f= B2015_01gd(x) %x1=weidu39.907222  x2=jingdu116.391389
x3=riqi 294 x4=shijian
wd= B2015_01cw(x(3));
t=(120-x(2))/15;
%t=15*(t+x(4)-12);
t=15*(t-x(4)-12);
%a=cosd(x(1))*cosd(wd)*cosd(t)
a=sind(x(1))*sind(wd)+cosd(x(1))*cosd(wd)*cosd(t);
jd=asin(a)  ;%hudu
f=3/tan(jd);
%f=2.018*cot(jd);
%f=jd; %!!
```

附录3　问题二：用最小二乘法拟合求解附录1坐标

```
clear
clc
x=[50 100]; %   16.7148   122.1893    0.1359
x=[-10 100];   %-5.3358  113.4799
opt=optimset('tolx',1e-10,'tolfun',1e-10);
[xx,resnorm]=lsqnonlin(@B2015_02gd,x,[],[],opt);
xx
%xx=[18.3326  109.7394]
Resnorm

function f=B2015_02cw(x)
b=2*pi*(x-1)/365;
f=(0.006918-0.399912*cos(b)+0.070257*sin(b)-0.006758*cos(2*b)+0.
000907*sin(2*b)-0.002697*cos(3*b)+0.00148*sin(3*b))*(180/pi);

function f= B2015_02gd(x) %x1=weidu39.907222  x2=jingdu116.391389
x3=h, y=shijian
%z1=x z2=y
a=[14.7:0.05:15.7];
y=a;
wd= B2015_01cw(108);
```

```
t=(120-x(2))/15;
tz=15*(t-y-12);
a=(sind(x(1))*sind(wd)+cosd(x(1))*cosd(wd)*cosd(tz));
fm=a;
jd=asin(a); %hudu
cd=3./tan(jd);
cc=abs(cd(1:1:20)./cd(2:1:21));%

fwa=asin(cosd(wd)*sind(tz)./cos(jd));
pp=abs(fwa(1:1:20)-fwa(2:1:21));

z1=[1.0365 1.0699 1.1038 1.1383 1.1732 1.2087 1.2448 1.2815 1.3189
1.3568 1.3955 1.4349 1.4751 1.516 1.5577 1.6003 1.6438 1.6882 1.7337
1.7801 1.8277];
z2=[0.4973 0.5029 0.5085 0.5142 0.5198 0.5255 0.5311 0.5368 0.5426
0.5483 0.5541 0.5598 0.5657 0.5715 0.5774 0.5833 0.5892 0.5952 0.6013
0.6074 0.6135];
bb=atan(z2./z1);
zz=abs(bb(1:1:20)-bb(2:1:21));

s1=sqrt(z1.^2+z2.^2);
s2=abs(s1(1:1:20)./s1(2:1:21));
f(2)=sum((s2-cc).^2);
f(1)=sum(((zz-pp)./pi.*180).^2);
```

用搜索选取初始值

```
for x1=-90:1:90 % 14-28
    for x2=-180:1:180  % 105 -145
        x=[x1 x2];
        c=sum(B2015_02gd(x))/2;
        if c<0.01
            aa=[aa c];
            bb=[bb x1];
            cc=[cc x2];
        end
    end
end
scatter3(bb,cc,aa);
```

求杆子长度函数

```
function f= B2015_02gdxxxx(x,y) %x1=weidu39.907222  x2=jingdu116.
391389 x3=riqi 294 y=shijian
wd= B2015_01cw(108);%riqi=108
t=(120-x(2))/15;
tz=15*(t+y-12);
a=(sind(x(1))*sind(wd)+cosd(x(1))*cosd(wd)*cosd(tz));
jd=asin(a); %hudu
l=3./tan(jd);
f=l;
```

另一种最小二乘法拟合目标函数

```
clear
clc
a=[14.7:0.05:15.7];
z1=[1.0365 1.0699 1.1038 1.1383 1.1732 1.2087 1.2448 1.2815 1.3189
1.3568 1.3955 1.4349 1.4751 1.516 1.5577 1.6003 1.6438 1.6882 1.7337
1.7801 1.8277];
z2=[0.4973 0.5029 0.5085 0.5142 0.5198 0.5255 0.5311 0.5368 0.5426
0.5483 0.5541 0.5598 0.5657 0.5715 0.5774 0.5833 0.5892 0.5952 0.6013
0.6074 0.6135];
bb=sqrt(z1.^2+z2.^2);
zz=bb;
[xx,resnorm]=lsqcurvefit(@B2015_02xgd,x,a,zz);
resnorm

function f=B2015_02xgd(x,y)%x3=h  x1=weidu x2=jingdu
wd= B2015_01cw(108);%riqi=108
t=(120-x(2))/15;
tz=15*(t-y-12);
fm=sind(x(1))*sind(wd)+cosd(x(1))*cosd(wd)*cosd(tz);
f=sqrt(x(3)^2./(fm.^2)-x(3)^2);
clear
clc
x=[39.907222  116.391389 ];%x1,x2
a=[12.7:0.05:13.7];
z1=[1.0365 1.0699 1.1038 1.1383 1.1732 1.2087 1.2448 1.2815 1.3189
1.3568 1.3955 1.4349 1.4751 1.516 1.5577 1.6003 1.6438 1.6882 1.7337
1.7801 1.8277];
z2=[0.4973 0.5029 0.5085 0.5142 0.5198 0.5255 0.5311 0.5368 0.5426
0.5483 0.5541 0.5598 0.5657 0.5715 0.5774 0.5833 0.5892 0.5952 0.6013
```

```
0.6074 0.6135];
   C=1;bb=sqrt(z1.^2+z2.^2);
   zz=bb;
   lsqcurvefit(@B2015_02gdxxxx,x,a,zz);
```

附录4　求解问题三(1)，解得附录2坐标

```
clear
clc
a=[12.68:0.05:13.68];
z1=[-1.2352 -1.2081 -1.1813 -1.1546 -1.1281 -1.1018 -1.0756 -1.0496
-1.0237 -0.998 -0.9724 -0.947 -0.9217 -0.8965 -0.8714 -0.8464 -0.8215
-0.7967 -0.7719 -0.7473 -0.7227];
z2=[0.173 0.189 0.2048 0.2203 0.2356 0.2505 0.2653 0.2798 0.294 0.308
0.3218 0.3354 0.3488 0.3619 0.3748 0.3876 0.4001 0.4124 0.4246 0.4366
0.4484];
ss=sqrt(z1.^2+z2.^2);
xx=[-30];
yy=[80];
zz=[12];
     qq=[xx yy 1 zz ];
[xx,resnorm]= lsqcurvefit(@B2015_03_01gdx,qq,a,ss);
Resnorm

function  f=  B2015_03_01gd(x)  %x1=weidu39.907222   x2=jingdu116.
391389 x3=riqi 294 y=shijian
u=x(3);
a=[12.68:0.05:13.68];
y=a;
wd= B2015_01cw(u);%riqi=108
t=(120-x(2))/15;
tz=15*(t-y-12);
a=(sind(x(1))*sind(wd)+cosd(x(1))*cosd(wd)*cosd(tz));
jd=asin(a); %hudu
cd=3./tan(jd);
cc=abs(cd(1:1:20)./cd(2:1:21));%

fwa=asin(cosd(wd)*sind(tz)./cos(jd));
pp=abs(fwa(1:1:20)-fwa(2:1:21));
```

```
    z1=[-1.2352 -1.2081 -1.1813 -1.1546 -1.1281 -1.1018 -1.0756 -1.0496
-1.0237 -0.998 -0.9724 -0.947 -0.9217 -0.8965 -0.8714 -0.8464 -0.8215
-0.7967 -0.7719 -0.7473 -0.7227];
    z2=[0.173 0.189 0.2048 0.2203 0.2356 0.2505 0.2653 0.2798 0.294 0.308
0.3218 0.3354 0.3488 0.3619 0.3748 0.3876 0.4001 0.4124 0.4246 0.4366
0.4484];
    bb=atan(z2./z1);
    zz=abs(bb(1:1:20)-bb(2:1:21));
    s1=sqrt(z1.^2+z2.^2);
    s2=abs(s1(1:1:20)./s1(2:1:21));
    f(2)=sum((s2-cc).^2);
    f(1)=sum(((zz-pp)./pi.*180).^2);

function f= B2015_03_01gdx(x,y)
wd= B2015_01cw(x(4));
t=(120-x(2))/15;
tz=15*(t-y-12);
fm=sind(x(1))*sind(wd)+cosd(x(1))*cosd(wd)*cosd(tz);
f=sqrt(x(3)^2./(fm.^2)-x(3)^2);
end
```

求解问题三(2),解得附录 3 坐标

```
clear
clc
a=[13.15:0.05:14.15];
    z1=[1.1637 1.2212 1.2791 1.3373 1.396 1.4552 1.5148 1.575 1.6357
1.697 1.7589 1.8215 1.8848 1.9488 2.0136 2.0792 2.1457 2.2131 2.2815
2.3508 2.4213 ];
    z2=[3.336 3.3299 3.3242 3.3188 3.3137 3.3091 3.3048 3.3007 3.2971
3.2937 3.2907 3.2881 3.2859 3.284 3.2824  3.2813 3.2805 3.2801 3.2801
3.2804 3.2812];
    ss=sqrt(z1.^2+z2.^2);
    xx=[30];
    yy=[110];
    zz=[150];
        qq=[xx yy 1 zz ];
    [xx,resnorm]= lsqcurvefit(@B2015_03_02gdx,qq,a,ss);
    Resnorm

function f= B2015_03_02gd(x)  %x1=weidu39.907222  x2=jingdu116.391389
```

```
x3=riqi 294 y=shijian
    u=x(3);
    a=[13.15:0.05:14.15];
    y=a;
    wd= B2015_01cw(u);
    t=(120-x(2))/15;
    tz=15*(t-y-12);
    a=(sind(x(1))*sind(wd)+cosd(x(1))*cosd(wd)*cosd(tz));
    jd=asin(a); %hudu
    cd=3./tan(jd);
    cc=abs(cd(1:1:20)./cd(2:1:21));%
    l=sqrt(x(4)^2./(a.^2)-x(4)^2);
    fwa=asin(cosd(wd)*sind(tz)./cos(jd));
    pp=abs(fwa(1:1:20)-fwa(2:1:21));
    z1=[1.1637 1.2212 1.2791 1.3373 1.396 1.4552 1.5148 1.575 1.6357
1.697 1.7589 1.8215 1.8848 1.9488 2.0136 2.0792 2.1457 2.2131 2.2815
2.3508 2.4213 ];
    z2=[3.336 3.3299 3.3242 3.3188 3.3137 3.3091 3.3048 3.3007 3.2971
3.2937 3.2907 3.2881 3.2859 3.284 3.2824  3.2813 3.2805 3.2801 3.2801
3.2804 3.2812];
    bb=atan(z2./z1);
    zz=abs(bb(1:1:20)-bb(2:1:21));
    s1=sqrt(z1.^2+z2.^2);
    s2=abs(s1(1:1:20)./s1(2:1:21));
    f=sum((l-s1).^2);

    function f= B2015_03_02gdx(x,y)
    wd= B2015_01cw(x(4));
    t=(120-x(2))/15;
    tz=15*(t-y-12);
    fm=sind(x(1))*sind(wd)+cosd(x(1))*cosd(wd)*cosd(tz);
    f=sqrt(x(3)^2./(fm.^2)-x(3)^2);
    end
```

附录 5 求解问题四(1)

```
    clear
    clc
    a=[8.92:0.05:9.57];
    z1=[2.343055303 2.298077226 2.255128382 2.210766125 2.168950903
2.125920285 2.085499012 2.05334798 2.000290191 1.963285564 1.928349043
```

1.885469446 1.845162757 1.82086606];

```
    z2=[0.085418507 0.077902675 0.073057704 0.068945289 0.063984711
0.059770373 0.052501513 0.047952656 0.044834287 0.041067084 0.03785118
0.032574599 0.032227792 0.027036796 ];
    ss=sqrt(z1.^2+z2.^2);
    xx=[18];yy=[-90];qq=[xx yy];
     [xx,resnorm]= lsqcurvefit(@B2015_04_01gdx,qq,a,ss);
     Resnorm

    function f =B2015_04_01gdx(x,y)
    wd= B2015_01cw(193);
    t=(120-x(2))/15;
    tz=15*(t-y-12);
    fm=sind(x(1))*sind(wd)+cosd(x(1))*cosd(wd)*cosd(tz);
    f=sqrt(4./(fm.^2)-4);
    end
```

求解问题四(2)

```
clear
clc
a=[8.92:0.05:9.57];
    z1=[2.343055303 2.298077226 2.255128382 2.210766125 2.168950903
2.125920285 2.085499012 2.05334798 2.000290191 1.963285564 1.928349043
1.885469446 1.845162757 1.82086606];
    z2=[0.085418507 0.077902675 0.073057704 0.068945289 0.063984711
0.059770373 0.052501513 0.047952656 0.044834287 0.041067084 0.03785118
0.032574599 0.032227792 0.027036796 ];
    ss=sqrt(z1.^2+z2.^2);

    xx=[6];yy=[-50];zz=[175];
    qq=[xx yy  zz ];
    [xx,resnorm]= lsqcurvefit(@B2015_04_02gdx,qq,a,ss);
    Resnorm

    function f =B2015_04_02gdx(x,y)
    wd= B2015_01cw(x(3));
    t=(120-x(2))/15;
    tz=15*(t-y-12);
    fm=sind(x(1))*sind(wd)+cosd(x(1))*cosd(wd)*cosd(tz);
    f=sqrt(4./(fm.^2)-4);
    End
```

太阳影子定位研究模型

(学生: 唐文强 何霜宁 邓玉洁 指导老师: 瞿 萌 国家二等奖)

摘 要

本文针对太阳影子定位问题, 通过非线性最小二乘拟合模型、最优化问题、CAD 软件制图、零点函数等建立数学模型, 综合分析求解固定杆的经纬度定位和视频拍摄地点及日期等问题.

针对问题一, 利用地理学中的太阳高度角公式和几何学知识, 建立影子长度变化规律的数学模型, 分析影子长度的影响参数有太阳赤纬、地理经纬度和时角, 考虑天安门广场当地时间和北京时间的时差, 天安门广场正午时刻的北京时间为 12.24 时, 利用此模型画出 2015 年 10 月 22 日北京时间 9:00—15:00 天安门广场 3 米高的直杆的太阳影子长度的变化曲线.

针对问题二, 预处理附件一中的坐标数据, 计算出不同时间下的影子长度, 利用 lsqcurvefit 函数计算出当地时差, 再使用经度公式计算得到当地的经度; 非线性拟合影子长度关于纬度、杆长和赤纬三个参数的曲线, 将问题转化为最优化问题, 利用 lsqcurvefit 函数算出纬度、杆长和赤纬, 位置在北纬 19.2858 度, 东经 108.7215 度(海南省).

针对问题三, 经度和纬度的计算方法与问题二中的一致, 利用赤纬计算公式, 由赤纬值和零点函数求得日期, 得到附件二的测量地位置为新疆维吾尔自治区, 经纬度坐标是北纬 39.8951 度, 东经 79.7490 度, 测量日期为 2015 年 6 月 20 日或 2015 年 4 月 25 日; 附件三测量地位置为湖北省, 经度坐标是北纬 32.8472 度, 东经 110.2455 度, 测量日期为 2015 年 10 月 23 日或 2015 年 2 月 6 日.

针对问题四, 通过每两分钟截取一次视频, 得到了 21 张杆子影子图片. 使用 CAD 制图软件分别测量图片中杆子影子的长度, 借助比例公式求出实际影子的长度, 得到影子长度随时间变化数据; 使用问题三中所建立的数学模型对数据进行处理, 算出拍摄点的经纬度, 位置约在东经 111.0135 度, 北纬 42.0732 度(内蒙古自治区).

针对问题五, 由问题四计算得到的杆子的影长随时间变化数据, 使用问题二中建立的数学模型, 得到了两个拍摄地点经纬度, 由于太阳直射点在春分—秋分做周期运动, 对于一个地理坐标可以得到两个日期. 从而在拍摄日期未知时, 仍然可以根据视频确定出拍摄地点与日期. 得出位置经纬度为北纬41.9462度, 东经112.8705度(内蒙古自治区), 拍摄日期为6月21日或4月25日.

关键词: 太阳高度角公式　最小二乘拟合　CAD软件制图　零点函数

一、问 题 重 述

1.1　问题背景

影子是由于物体遮住了光线的传播, 不能穿过不透明物体而形成的较暗区域, 就是我们常说的影子, 它是一种光学现象. 影子长度与季节、当日时间、物体高度和地理位置等有关, 如何确定视频的拍摄地点和拍摄日期是视频数据分析的重要方面, 太阳影子定位技术就是通过分析视频中物体的太阳影子变化, 确定视频拍摄的地点和日期的一种方法.

1.2　要解决的问题

(1) 建立影子长度变化的数学模型, 分析影子长度关于各个参数的变化规律, 并应用建立的模型画出2015年10月22日北京时间9:00—15:00天安门广场(北纬39度54分26秒, 39.907222东经116度23分29秒)3米高的直杆的太阳影子长度的变化曲线.

(2) 根据某固定直杆在水平地面上的太阳影子顶点坐标数据, 建立数学模型确定直杆所处的地点. 将模型应用于附件一的影子顶点坐标数据, 给出若干个可能的地点.

(3) 根据某固定直杆在水平地面上的太阳影子顶点坐标数据, 建立数学模型确定直杆所处的地点和日期. 将模型分别应用于附件二和附件三的影子顶点坐标数据, 给出若干个可能的地点与日期.

(4) 附件四为一根直杆在太阳下的影子变化的视频, 并且已通过某种方式估计出直杆的高度为 2 米. 请建立确定视频拍摄地点的数学模型, 并应用模型给出若干个可能的拍摄地点.

(5) 如果拍摄日期未知, 根据视频确定出拍摄地点与日期.

二、问 题 分 析

2.1　问题的总体分析

本题主要通过影子长度的变化和时间确定拍摄地点和日期. 建立影子长度随时间的变化曲线, 分析曲线最低点, 确定时差, 从而求出经度; 根据影子长度和时间的多组数据, 拟合影长关于物体长度、赤纬和纬度的曲线, 确定物体长度、赤纬和纬度. 而赤纬和日期有关系, 通过赤纬可求得日期. 通过实际和视频中的影长和物体长度的比例相等的关系, 计算出实际物体影长, 继而按照上述分析确定拍摄地点的经纬度和拍摄日期.

2.2　具体问题分析

(1) 针对问题一, 利用天文学知识将太阳光线的照射情况转化为几何知识, 建立影子长度变化规律模型, 分析影子长度的影响因素, 建立影子长度和北京时间的函数关系, 用 MATLAB 画出 2015 年 10 月 22 日北京时间 9:00—15:00 天安门广场 3 米高的直杆的太阳影子长度的变化曲线.

(2) 针对问题二, 根据附件一中影子长度和北京时间的数据, 对影子长度和时间进行拟合, 计算出正午时刻的北京时间, 算出经度, 通过拟合影子长度关于纬度的曲线, 从而计算出纬度.

(3) 针对问题三, 问题三比问题二少一个已知量日期, 通过非线性拟合影子长度关于纬度和赤纬的曲线, 计算出经纬度和赤纬, 通过日期和赤纬的关系, 求出日期.

(4) 针对问题四, 问题四的难点在于实际影长的确定, 通过 CAD 制图软件计算出视频中影长和物体长度的比例, 利用实际中和视频中的影长和物体长度的比例相等的关系, 实际物体长度已知, 求出各时间下的影长. 利用分析(3)中相同方法, 确定拍摄地点.

(5) 针对问题五, 在未知拍摄时间下, 还是可以求出实际影长和时间, 通过非线性拟合影长和赤纬和经纬度, 确定拍摄地点.

三、模 型 假 设

(1) 假设模型中均已修正大气折射等因素.
(2) 假设量取视频中的长度误差很小, 可以忽略.
(3) 忽略平闰年的影响.
(4) 忽略天气对影子长度的影响.

四、符 号 说 明

符号	意义
t_1	日角
δ	太阳赤纬

续表

符号	意义
φ	地理纬度
γ	地理经度
t	时角
β	纬度差
h	太阳高度角
z	影子长度
d	距离
Δt	时差
a,b,c	系数
f	零点函数

五、模型的建立与求解

5.1 问题一: 画出影子长度变化曲线

5.1.1 模型建立

利用地理天文学知识, 将太阳光照射地面的情况转化为几何图形, 见图 1.

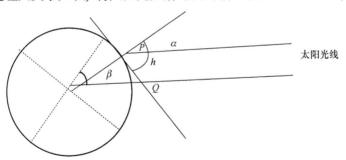

图 1 太阳高度角

对于地球上的某个地点 P, 太阳高度角是指太阳光的入射方向和地平面之间的夹角, 记为 h, 地点 P 的纬度和赤纬的差值记为 β, 记太阳赤纬为 δ, 地点 P 的地理纬度为 φ, 地理经度为 γ, 根据物理中光线的平行性和几何学中平行、垂直性质, 有

$$\beta = \alpha$$

$$\alpha + h = \frac{\pi}{2}$$

$$\beta = \varphi - \delta$$

推出太阳高度角

$$\sin h = \cos \delta \cos \varphi + \sin \delta \sin \varphi$$

考虑到当日具体时间的变化,同理可导出准确太阳高度角公式

$$\sin h = \sin \delta \sin \varphi + \cos \delta \cos \varphi \cos \theta(t)$$

太阳高度角

$$h = \arcsin\left[\sin \delta \sin \varphi + \cos \delta \cos \varphi \cos \theta(t)\right]$$

其中 t 为北京时间(单位: h), $\theta(t)$ 表示当地时角, 它与当地经度、时差有关, 时角以小时来计量($1\mathrm{HA} = 15°$), 当地正午时(12 时)的时角为 0, 可由以下公式计算出当地时角公式:

$$\theta(t) = \frac{15\left(t - \dfrac{\gamma - 120}{15}\right) - 180}{360} \times 2\pi$$

太阳赤纬可由公式获取, 太阳赤纬计算公式为

$$\mathrm{ED} = 0.3723 + 23.2567\sin t_1 + 0.1149\sin 2t_1 - 0.1712\sin 3t_1 - 0.758\cos t_1$$
$$+ 0.3656\cos 2t_1 + 0.0201\cos 3t_1$$

其中 t_1 称日角, $t_1 = \dfrac{2\pi x}{365.2422}$. 这里 x 由两部分组成, 即 $x = N - N_0$. 式中 N 为积日, 积日即为日期在年内的顺序号.

$$N_0 = 79.6764 + 0.2422 \times (\text{年份} - 1985) - \mathrm{INT}(\text{年份} - 1985) / 4$$

式中 INT 表示进行取整运算.

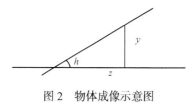

图 2　物体成像示意图

物体成像示意图见图 2, h 为太阳高度角, y 为物体高度, z 为影子长度.

根据三角函数求得影子长度

$$z = y \cot h$$

将求得的太阳高度角公式代入上式, 得出影子长度与北京时间的 z-t 函数

$$z = y \cot \arcsin\left[\sin \delta \sin \varphi + \cos \delta \cos \varphi \cos \theta(t)\right]$$

5.1.2　模型求解

北京时间经度为东经 120 度, 天安门广场经纬度为北纬 39 度 54 分 26 秒, 东经 116 度 23 分 29 秒, 即纬度 39.907222 度、经度 116.39133 度.

利用太阳赤纬公式

$$ED = 0.3723 + 23.2567\sin t_1 + 0.1149\sin 2t_1 - 0.1712\sin 3t_1 - 0.758\cos t_1$$
$$+ 0.3656\cos 2t_1 + 0.0201\cos 3t_1$$

计算出天安门广场 2015 年 10 月 22 日的太阳赤纬 $\delta = -10.8627$ 度，程序见附录 1.

利用时角公式

$$\theta(t) = \frac{15\left(t - \dfrac{\gamma - 120}{15}\right) - 180}{360} \times 2\pi$$

计算出表达式

$$\theta(t) = \frac{15(t + 0.2406) - 180}{360} \times 2\pi$$

代入模型的 z-t 函数得出

$$z = 3\cot\arcsin\left[\sin(-10.8627°)\sin 39.907222°\right.$$
$$\left. + \cos(-10.8627°)\cos 39.907222°\cos\frac{15(t + 0.2406) - 180}{360} \times 2\pi\right]$$

利用 MATLAB 画出 2015 年 10 月 22 日北京时间 9:00—15:00 天安门广场 3 米高的直杆的太阳影子长度的变化曲线，见图 3.

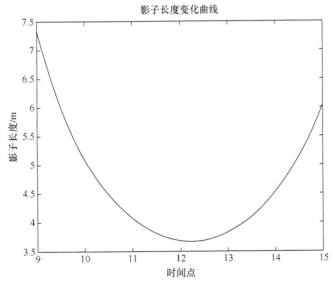

图 3　天安门广场杆子的影子长度随时间变化图

5.2 问题二：根据影子顶点坐标确定直杆地点

5.2.1 模型建立

(1) 数据预处理.

根据给出的时间和影子顶点坐标 (x_i, y_i)，将时间全部转化为小时，利用原点到某点的距离公式 $d = \sqrt{x_i^2 + y_i^2}$，算出不同时间下的影子长度.

北京时间	x 坐标/米	y 坐标/米	北京时间/时	杆子影长/米
a 点 b 分	x_i	y_i	$a + b/60$	$\sqrt{x_i^2 + y_i^2}$

(2) 经度计算，先使用经度公式

$$\gamma = 120 - 15(t_m - 12)$$

计算出经度，再用时角公式：

$$\theta(t) = \frac{15\left(t - \dfrac{\gamma - 120}{15}\right) - 180}{360} \times 2\pi$$

(3) 纬度计算，使用赤纬计算公式

$$\begin{aligned} \mathrm{ED} = {} & 0.3723 + 23.2567\sin t_1 + 0.1149\sin 2t_1 - 0.1712\sin 3t_1 - 0.758\cos t_1 \\ & + 0.3656\cos 2t_1 + 0.0201\cos 3t_1 \end{aligned}$$

计算出 2015 年 4 月 18 日该地点的太阳赤纬为 10.6305 度.

根据已求的经度，预处理北京时间，利用时角公式

$$\theta(t) = \frac{15\left(t - \dfrac{\gamma - 120}{15}\right) - 180}{360} \times 2\pi$$

可计算出当地的时角.

利用非线性曲线拟合，拟合影长关于纬度和杆长的曲线

$$z = y \cot \arcsin\left[\sin\delta\sin\varphi + \cos\delta\cos\varphi\cos\theta(t)\right]$$

则将问题转化为最优化问题：

$$\min F(y, \varphi) = \sum_{i=1}^{21} \left\{ y \cot \arcsin\left[\sin\delta\sin\varphi_i + \cos\delta\cos\varphi_i\cos\theta(t_i)\right] - z_i \right\}^2$$

使用 lsqcurvefit 函数，求出纬度 φ 和杆长 y，程序见附录 5、附录 6;

(4) 综上，可计算出直杆地点的经纬度，实现定位.

5.2.2 模型求解

(1) 对附件一数据进行预处理, 计算出时间和影长, 见表 1.

表 1 预处理影长和时间数据表格

北京时间	x 坐标/米	y 坐标/米	北京时间/时	杆子的影长
14:42	1.0365	0.4973	14.7	1.149626
14:45	1.0699	0.5029	14.75	1.182199
14:48	1.1038	0.5085	14.8	1.215297
14:51	1.1383	0.5142	14.85	1.249051
14:54	1.1732	0.5198	14.9	1.283195
14:57	1.2087	0.5255	14.95	1.317993
15:00	1.2448	0.5311	15	1.353364
15:03	1.2815	0.5368	15.05	1.389387
15:06	1.3189	0.5426	15.1	1.426153
15:09	1.3568	0.5483	15.15	1.463400
15:12	1.3955	0.5541	15.2	1.501482
15:15	1.4349	0.5598	15.25	1.540232
15:18	1.4751	0.5657	15.3	1.579853
15:21	1.516	0.5715	15.35	1.620145
15:24	1.5577	0.5774	15.4	1.661271
15:27	1.6003	0.5833	15.45	1.703291
15:30	1.6438	0.5892	15.5	1.746206
15:33	1.6882	0.5952	15.55	1.790051
15:36	1.7337	0.6013	15.6	1.835014
15:39	1.7801	0.6074	15.65	1.880875
15:42	1.8277	0.6135	15.7	1.927918

(2) 利用解最优化约束问题最优解的方法, 使用 lsqcurvefit 函数, 解出了纬度 φ、时差 t_m 和杆长 y, 分别为

$$\varphi = 19.2858°, \quad y = 2.0336, \quad t_m = 0.6755$$

程序见附录 5、附录 6;

(3) 经度计算

$$\gamma_0 = 120 - 15(t_m - 12) = 108.7215$$

程序见附录 3、附录 4;

(4) 综上, 杆子位置在北纬 19.2858 度, 东经 108.7215 度即位置在: 海南省.

5.3 问题三: 根据影子顶点坐标确立直杆日期与地点模型

5.3.1 模型建立

(1) 数据预处理.

根据给出的时间和影子顶点坐标 (x_i, y_i) (表2), 将时间全部转化为以小时为单位, 利用原点到某点的距离公式 $d = \sqrt{x_i^2 + y_i^2}$, 算出不同时间下的影子长度.

北京时间	x 坐标/米	y 坐标/米	北京时间/时	杆子影长/米
a 点 b 分	x_i	y_i	$a + b/60$	$\sqrt{x_i^2 + y_i^2}$

(2) 经度计算.

据此可算出时差 $\Delta t = (t_m - 12)$, 从而计算出经度差 $\Delta E = 15 \times \Delta t$, 经度公式

$$\gamma = 120 - 15(t_m - 12)$$

单位为: 度.

(3) 纬度、赤纬和杆长的计算.

拟合影长关于纬度、杆长和赤纬的曲线

$$z = y \cot \arcsin\left[\sin\delta\sin\varphi + \cos\delta\cos\varphi\cos\theta(t)\right]$$

则将问题转化为最优化问题:

$$\min F(y, \varphi, \delta, t_m) = \sum_{i=1}^{21}\left\{ y \cot\arcsin\left[\sin\delta_i\sin\varphi_i + \cos\delta_i\cos\varphi_i\cos\theta(t_i)\right] - z_i \right\}^2$$

使用 lsqcurvefit 函数, 求出纬度 φ、赤度 δ 和杆长 y.

(4) 日期的确定.

太阳赤纬计算公式:

$$\begin{aligned} \mathrm{ED}(t_1) = {} &0.3723 + 23.2567\sin t_1 + 0.1149\sin 2t_1 - 0.1712\sin 3t_1 - 0.758\cos t_1 \\ &+ 0.3656\cos 2t_1 + 0.0201\cos 3t_1 \end{aligned}$$

用赤纬与日期的关系, 由赤纬反求日期. 利用函数零点求出 t_1(积日).

令赤纬-时间函数

$$\begin{aligned} f(t_1) = {} &\mathrm{ED}(t_1) - [0.3723 + 23.2567\sin t_1 + 0.1149\sin 2t_1 - 0.1712\sin 3t_1 - 0.758\cos t_1 \\ &+ 0.3656\cos 2t_1 + 0.0201\cos 3t_1] = 0 \end{aligned}$$

代入赤纬 $\mathrm{ED}(t_1)$, 通过求函数 $f(t_1)$ 的零点, 求出 t_1 确定日期.

(5) 综上, 可计算出直杆地点的经纬度和日期.

5.3.2　模型求解

5.3.2.1　对附件二求解

(1) 对附件二数据进行预处理, 计算出时间和影长, 如表 2.

表 2　预处理影长和时间数据表格(附件二)

北京时间	x 坐标/米	y 坐标/米	北京时间/时	杆子的影长/米
12:41	−1.2352	0.173	12.683	1.247256
12:44	−1.2081	0.189	12.733	1.222795
12:47	−1.1813	0.2048	12.783	1.198921
12:50	−1.1546	0.2203	12.833	1.175429
12:53	−1.1281	0.2356	12.883	1.152440
12:56	−1.1018	0.2505	12.933	1.129917
12:59	−1.0756	0.2653	12.983	1.107835
13:02	−1.0496	0.2798	13.033	1.086254
13:05	−1.0237	0.294	13.083	1.065081
13:08	−0.998	0.308	13.133	1.044446
13:11	−0.9724	0.3218	13.183	1.024264
13:14	−0.947	0.3354	13.233	1.004640
13:17	−0.9217	0.3488	13.283	0.985491
13:20	−0.8965	0.3619	13.333	0.966790
13:23	−0.8714	0.3748	13.383	0.948585
13:26	−0.8464	0.3876	13.433	0.930928
13:29	−0.8215	0.4001	13.483	0.913752
13:32	−0.7967	0.4124	13.533	0.897109
13:35	−0.7719	0.4246	13.583	0.880974
13:38	−0.7473	0.4366	13.633	0.865492
13:41	−0.7227	0.4484	13.683	0.850504

(2) 利用解最优化约束问题最优解的方法, 使用 lsqcurvefit 函数, 程序运行结果如下(见附录 7、附录 8).

运行结果

x =

0.6414　2.0008　0.3545　2.6834

则有

纬度为 $\varphi_2 = \arcsin(0.6414)/2\pi \times 360 = 39.8951°$.

经度为 $\gamma = 120 - 15(t_m - 12) = 79.7490$.

杆长 $y_2 = 2.0008$ 米.

赤纬为 $\delta_2 = \arcsin(0.3545)/2\pi \times 360 = 20.7640°$.

经纬位置在东经 71.960 度, 北纬 30.9168 度, 大概位置.

(3) 将已求的赤纬值代入赤纬-日期零点函数, 得出日期.

$$f(t_1) = ED(t_1) - [0.3723 + 23.2567\sin t_1 + 0.1149\sin 2t_1 - 0.1712\sin 3t_1 - 0.758\cos t_1$$
$$+ 0.3656\cos 2t_1 + 0.0201\cos 3t_1] = 0$$

先假设年份为 2015 年,

$$x = N - N_0$$

$$N_0 = 79.9424$$

代入零点公式, 运行下列程序:

```
fzero('6.7151-(0.3723+23.2567*sin(2*pi*x/365.2422-1.3752)+0.1149
*sin(2*(2*pi*x/365.2422-1.3752))-0.1712*sin(3*(2*pi*x/365.2422-1.375
2))-0.758*cos(2*pi*x/365.2422-1.3752)+0.3656*cos(2*(2*pi*x/365.2422-
1.3752))+0.0201*cos(3*(2*pi*x/365.2422-1.3752)))',180)% 求零点值
```

当赋初值为 180 时, 即当天的积日为 201, 日期为 6 月 20 日;

当赋初值为 150 时, 即积日为 145, 日期为 4 月 25 日.

(4) 综上得到附件二给出的地点为东经 79.7490 度, 北纬 39.8951 度, 位置为新疆维吾尔白治区, 日期为 6 月 20 日或日期为 4 月 25 日.

5.3.2.2 对附件三求解

(1) 对附件三数据进行预处理, 计算出时间和影长, 如表 3.

表 3 预处理影长和时间数据表格(附件三)

北京时间	x 坐标/米	y 坐标/米	北京时间/时	杆子的影长/米
13:09	1.1637	3.336	13.15	3.533142184
13:12	1.2212	3.3299	13.2	3.546768029
13:15	1.2791	3.3242	13.25	3.561797643
13:18	1.3373	3.3188	13.3	3.578100715
13:21	1.396	3.3137	13.35	3.595750783
13:24	1.4552	3.3091	13.4	3.61493428
13:27	1.5148	3.3048	13.45	3.635425983
13:30	1.575	3.3007	13.5	3.657218272
13:33	1.6357	3.2971	13.55	3.680541115
13:36	1.697	3.2937	13.6	3.705167836

续表

北京时间	x 坐标/米	y 坐标/米	北京时间/时	杆子的影长/米
13:39	1.7589	3.2907	13.65	3.731278025
13:42	1.8215	3.2881	13.7	3.758917911
13:45	1.8848	3.2859	13.75	3.788087888
13:48	1.9488	3.284	13.8	3.818701015
13:51	2.0136	3.2824	13.85	3.850809619
13:54	2.0792	3.2813	13.9	3.88458522
13:57	2.1457	3.2805	13.95	3.919911828
14:00	2.2131	3.2801	14	3.956875992
14:03	2.2815	3.2801	14.05	3.99553479
14:06	2.3508	3.2804	14.1	4.035750835
14:09	2.4213	3.2812	14.15	4.077863059

(2) 利用解最优化约束问题最优解的方法, 使用 lsqcurvefit 函数, 通过运行 M 文件和主程序得到结果为

```
x =
0.5424    3.0356   -0.2750    0.6503
```

则有

纬度为 $\varphi_2 = \arcsin(0.5424)/2\pi \times 360 = 32.8472°$.

经度为 $\gamma = 120 - 15(t_m - 12) = 110.2455$.

杆长 $y_2 = 3.0356$ 米.

赤纬为 $\delta_2 = \arcsin(-0.2750)/2\pi \times 360 = -15.9620$.

经纬度坐标位置为湖北省十堰市.

(3) 将已求的赤纬值代入赤纬-日期零点函数, 得出日期.

$$f(t_1) = \mathrm{ED}(t_1) - [0.3723 + 23.2567\sin t_1 + 0.1149\sin 2t_1 - 0.1712\sin 3t_1 - 0.758\cos t_1$$
$$+ 0.3656\cos 2t_1 + 0.0201\cos 3t_1] = 0$$

先假设年份为 2015 年

```
fzero('-15.9620-(0.3723+23.2567*sin(2*pi*x/365.2422-1.3752)+0.11
49*sin(2*(2*pi*x/365.2422-1.3752))-0.1712*sin(3*(2*pi*x/365.2422-1.3
752))-0.758*cos(2*pi*x/365.2422-1.3752)+0.3656*cos(2*(2*pi*x/365.242
2-1.3752))+0.0201*cos(3*(2*pi*x/365.2422-1.3752)))',180)% 求零点值
```

运行结果:

当赋初值为 50 时, 结果为 37, 日期为 2 月 6 日;

当赋初值为 200 时, 结果为 311, 日期为 10 月 23 日.

(4) 得到附件三的地点为东经 110.2455 度, 北纬 32.8472 度, 日期为 2 月 6 日或 10 月 23 日.

5.4 问题四: 根据视频预测若干个可能的拍摄地点

5.4.1 模型建立

(1) 赤纬计算.

根据问题一中的模型, 赤纬与日期的关系式

$$ED = 0.3723 + 23.2567\sin t_1 + 0.1149\sin 2t_1 - 0.1712\sin 3t_1 - 0.758\cos t_1$$
$$+ 0.3656\cos 2t_1 + 0.0201\cos 3t_1$$

由视频中的日期可以计算出拍摄地点的赤纬.

(2) 实际影长.

利用 CAD 制图软件测量得出从视频中截取的 21 张图像中的杆长和影长的长度.

记视频中的杆长和影长分别为 y', l', 实际的杆长和影长分别为 y, l, 其中 $y = 2$, 根据放射性质, 有

$$\frac{y}{l} = \frac{y'}{l'}$$

则实际影长 $l = \frac{yl'}{y'} = 2\frac{l'}{y'}$.

(3) 纬度的计算.

拟合影长关于纬度曲线

$$z = 2\cot\arcsin\left[\sin\delta\sin\varphi + \cos\delta\cos\varphi\cos\theta(t)\right]$$

则将问题转化为最优化问题:

$$\min F(\varphi, t_m) = \sum_{i=1}^{21}\left\{2\cot\arcsin\left[\sin\delta\sin\varphi_i + \cos\delta\cos\varphi_i\cos\theta(t_i)\right] - z_i\right\}^2$$

使用 lsqcurvefit 函数, 求出纬度 φ 和时差 t_m .

5.4.2 模型求解

(1) 赤纬计算公式.

$$ED = 0.3723 + 23.2567\sin t_1 + 0.1149\sin 2t_1 - 0.1712\sin 3t_1 - 0.758\cos t_1$$
$$+ 0.3656\cos 2t_1 + 0.0201\cos 3t_1$$

2015 年 7 月 13 日积日为 184, 代入赤纬计算公式, 计算出赤纬 $\delta_4 = 23.0049$ 度.
(2) 利用 CAD 制图软件, 计算视频中的杆长和影长, 如图 4 所示.

图 4　CAD 测量的影长和杆长

使用实际影长 $l = \dfrac{yl'}{y'} = 2\dfrac{l'}{y'}$ 公式, 算出各时间点的实际影长, 见表 4.

表 4　利用杆长与影长的比例算出各时间点的实际影长

时间	图片中的影长/毫米	图片中的杆长/毫米	实际杆长/米	实际影长/米
8:54:10	109.19	93.63	2	2.332372
8:56:10	108.2	93.63	2	2.311225
8:58:10	106.23	93.63	2	2.269145
9:00:10	104.91	93.63	2	2.240948
9:02:10	103.93	93.63	2	2.220015
9:04:10	102.61	93.63	2	2.191819
9:06:10	101.95	93.63	2	2.177721
9:08:10	99.65	93.63	2	2.128591
9:10:10	99.32	93.63	2	2.121542
9:12:10	97.68	93.63	2	2.086511
9:14:10	96.36	93.63	2	2.058315
9:16:10	95.7	93.63	2	2.044217
9:18:10	93.73	93.63	2	2.002136
9:20:10	93.07	93.63	2	1.988038
9:22:10	91.43	93.63	2	1.953007
9:24:10	90.44	93.63	2	1.931859
9:26:10	88.47	93.63	2	1.889779

时间	图片中的影长/毫米	图片中的杆长/毫米	实际杆长/米	实际影长/米
9:28:10	87.48	93.63	2	1.868632
9:30:10	86.82	93.63	2	1.854534
9:32:10	83.54	93.63	2	1.784471
9:34:10	81.86	93.63	2	1.748585

(3) 利用解最优化约束问题最优解的方法, 使用 lsqcurvefit 函数, 算得

x =

    0.6701   0.5991

纬度为 $\varphi_4 = \arcsin(0.6701) / 2\pi \times 360 = 42.0723°$.

经度为 $\gamma = 120 - 15(t_m - 12) = 111.0135°$.

综上, 拍摄地点的经纬度为东经111.0135度, 北纬42.0732度(内蒙古).

5.5 问题五: 在时间未知下, 根据视频推断若干个可能的拍摄地点

在视频拍摄日期未知的情况下, 我们可以从视频显示屏上知道拍摄的时间, 即时角. 直杆高度没变, 仍是 2 米. 可以使用问题四中方法截取视频中图片, 测量得到图片中直杆影子长度与直杆长度, 根据公式计算出实际的直杆影子长度. 再用最小二乘拟合求出影子长度最小值时间, 即正午时间, 计算出观测点的经度. 再使用最优化约束问题求出纬度.

下面由最小二乘拟合法求出纬度和赤纬的最优解:

利用问题二的模型得出

当赋初值为(40, 30, 0.6)时, 得出纬度为41.4602度, 经度为112.8705度, 赤纬为20.7444度, 利用赤纬与积日的关系得出日期,

$$ED = 0.3723 + 23.2567\sin t_1 + 0.1149\sin 2t_1 - 0.1712\sin 3t_1 - 0.758\cos t_1$$
$$+ 0.3656\cos 2t_1 + 0.0201\cos 3t_1$$

日期为 6 月 21 日或 4 月 25 日.

六、模 型 评 价

6.1 模型缺点

(1) 问题二—问题五中, 本文使用了非线性最小二乘拟合求出了时差、经度和

纬度，无法计算或者估计经度误差，无法确定拟合精度是否精确.

(2) 问题四中，由于所有 MATLAB 版本是 R2009a，版本较低，因此读取视频函数无法使用，例如 mmread,VideoReader 函数. 因此，本文采用了对附件视频进行截屏的方式来获得每个时刻 t 变动的图像，这里 t 取的值为 2 分钟，共取到了 21 组数据. 这样截取的缺点是截取得到的图片大小不一定一样，而使用 MATLAB 处理得到的帧的大小相同，这样会测量更多次数的杆长和影长顶点坐标，使得过程更加复杂.

(3) 由模型算出第五问视频拍摄时间为 6 月 21 日，而由第四问视频可知真正拍摄时间为 7 月 13 日，因此模型存在一定误差.

6.2　模型优点

(1) 问题一中，在利用时差计算太阳高度角时，进行了时差修正，根据天安门广场的经度计算出天安门广场和北京时间的时间差，得到了天安门广场的正午时间为 12 点 26 分，使得天安门广场直杆影子随时间变化曲线更准确.

(2) 问题四中，无法利用 MATLAB 函数编程来求得图中的影子和影子的长度，且杆子影子是立体三维空间图，而在图中得到的影子顶点和杆子顶点以杆子和影子顶点交点坐标是平面坐标，运用欧氏距离计算出长度会造成测量误差. 我们使用了 CAD 制图软件，建立三维立体空间来测量杆长、影长，误差更小.

七、参 考 文 献

[1] 王国安, 米洪涛, 邓天宏, 等. 太阳高度角和日出日落时刻太阳方位角一年变化范围的计算. 气象与环境科学, 2007, 30: 161-164.

[2] 刘魁敏. 计算机绘图. 北京: 机械工业出版社, 2008.

[3] 赵静, 但琦. 数学建模与数学实验. 北京: 高等教育出版社, 2003.

[4] 郑鹏飞, 林大钧, 刘小羊, 等. 基于影子轨迹线反求采光效果的技术研究. 华东理工大学学报, 2010, 36: 458-463.

[5] 肖智勇, 刘宇翔. 一种新的纬度测量方法. 大学物理, 2010, 29: 51-54.

八、附　　录

附录 1

```
%计算出天安门广场的太阳赤纬
n=295；%10 月 22 日在 2015 年内的顺序号
no=79.6764+0.2422*(2015-1985)-7;%7 为 (年份-1985)/4 取整后得到的值
x=n-no;
```

```
t=2*pi*x/365.2422;
ED=0.3723+23.2567*sin(t)+0.1149*sin(2*t)-0.1712*sin(3*t)-0.758*c
os(t)+0.3656*cos(2*t)+0.0201*cos(3*t)
```

附录 2

```
t=9:0.01:15;
h=sin(39.907222/360*2*pi)*sin(-10.8627/360*2*pi)+cos(39.907222/3
60*2*pi)*cos(-10.8627/360*2*pi)*cos((180-15*(t-0.2406))./360*2*pi)
%计算太阳高度角的正弦值
h1=asin(h)%求出太阳高度角
y=3./(tan(h1))%计算影子长度
plot(t,y)%画出影子长度变化曲线
xlabel('时间');ylabel('影子长度');
title('影子长度变化曲线')
```

附录 3

```
%第二问求经度
function f=ff(x,tdata)
f=2*(1./(x(1)*(0.3908)+((1-(x(1)^2))^(1/2))*(0.9205)*cos((180-15
.*(tdata-x(2)))./360.*2.*pi)).^2-1).^(1/2);%其中x(1)为太阳高度角的正弦值
```

附录 4

```
tdata=[8.903
8.936
8.969
9.002
9.035
9.068
9.101
9.134
9.167
9.2
9.233
9.266
9.299
9.332
9.365
9.398
9.431
```

```
9.464
9.497
9.53
9.563]'
ydata=[2.332372103
2.311225035
2.269144505
2.240948414
2.220014952
2.191818861
2.177720816
2.128591263
2.121542241
2.086510734
2.058314643
2.044216597
2.002136067
1.988038022
1.953006515
1.931859447
1.889778917
1.868631849
1.854533803
1.784470789
1.748584855
]'
x0=[39/360*2*pi,0.5];
x=lsqcurvefit('ff',x0,tdata,ydata)
```

附录 5

```
%第二问求纬度的 M 文件
%建立 ff.m 文件
%建立影长关于纬度和杆长的函数
function f=ff(x,tdata)
f=x(2)*(1./(x(1)*0.1845+(1-(x(1)^2))^(1/2)*0.9828*cos((180-15.*(
tdata-0.59))./360.*2.*pi)).^2-1).^(1/2);%其中 x(1)为太阳高度角的正弦值,
x(2)为杆的实际长度, t-0.59 为当地北京时间的标准值
```

附录 6

```
%第二问求纬度的程序
```

```
gtext('t=12.5987,y=0.4929')
tdata=[14.7
14.75
14.8
14.85
14.9
14.95
15
15.05
15.1
15.15
15.2
15.25
15.3
15.35
15.4
15.45
15.5
15.55
15.6
15.65
15.7]'
ydata=[1.149625826
1.182198976
1.215296955
1.249051052
1.283195340
1.317993149
1.353364049
1.389387091
1.426152856
1.463399853
1.501481622
1.540231817
1.579853316
1.620144515
1.661270613
1.703290633
1.746205910
1.790050915
```

```
1.835014272
1.880875001
1.927918447]'
x0=[39/360*2*pi,1];%设置初始值
x=lsqcurvefit('ff',x0,tdata,ydata)%求解x(1),x(2),即为纬度和杆长
```

附录7

%第三问求附件二纬度的M文件

```
function f=ff(x,tdata)
f=x(2)*(1./(x(1)*x(3)+((1-(x(1)^2))^(1/2))*((1-(x(3)^2))^(1/2))*
cos((180-15.*(tdata-x(4)))./360.*2.*pi)).^2-1).^(1/2);%其中x(1)为太阳
高度角的正弦值,x(2)为杆的实际长度,x(3)为太阳赤纬,t-0.59为当地北京时间的标
准值
```

附录8

%第三问求附件二纬度的程序

```
tdata=[12.683
12.733
12.783
12.833
12.883
12.933
12.983
13.033
13.083
13.133
13.183
13.233
13.283
13.333
13.383
13.433
13.483
13.533
13.583
13.633
13.683
]'
ydata=[1.247256205
1.22279459
```

```
1.198921486
1.175428964
1.152439573
1.12991747
1.10783548
1.086254206
1.065081072
1.044446265
1.024264126
1.004640314
0.985490908
0.966790494
0.948584735
0.930927881
0.91375175
0.897109051
0.880973762
0.865492259
0.850504468
]'
x0=[39/360*2*pi,1,10/360*2*pi,0.5];
x=lsqcurvefit('ff',x0,tdata,ydata)
```

附录 9

%第三问求附件三纬度的 m 文件

```
function f=ff(x,tdata)
f=x(2)*(1./(x(1)*x(3)+((1-(x(1)^2))^(1/2))*((1-(x(3)^2))^(1/2))*
cos((180-15.*(tdata-x(4)))./360.*2.*pi)).^2-1).^(1/2);%其中 x(1) 为太阳
高度角的正弦值，x(2) 为杆的实际长度，x(3) 为太阳赤纬，t-0.59 为当地北京时间的标
准值
```

附录 10

%第三问求附件三纬度的程序

```
tdata=[13.15
13.2
13.25
13.3
13.35
13.4
```

```
13.45
13.5
13.55
13.6
13.65
13.7
13.75
13.8
13.85
13.9
13.95
14
14.05
14.1
14.15]'
ydata=[3.533142184
3.546768029
3.561797643
3.578100715
3.595750783
3.61493428
3.635425983
3.657218272
3.680541115
3.705167836
3.731278025
3.758917911
3.788087888
3.818701015
3.850809619
3.88458522
3.919911828
3.956875992
3.99553479
4.035750835
4.077863059]'
x0=[30/360*2*pi,1,20/360*2*pi,0.5];
x=lsqcurvefit('ff',x0,tdata,ydata)
```

葡萄酒的评价

(学生: 程琳惠 丁凯琳 封 彬 指导教师: 张 琼 国家一等奖)

摘 要

确定葡萄酒质量时一般是通过聘请一批有资质的评酒员进行品评, 同时酿酒葡萄的好坏与所酿葡萄酒的质量有直接的关系, 葡萄酒和酿酒葡萄检测的理化指标会在一定程度上反映葡萄酒和葡萄的质量.

本题第一问是关于评酒员评价结果的检验, 我们对两组酒的评价结果和评酒员的资质进行比较分析, 先确定了两组红、白葡萄酒各酒样品的平均得分作为样本数据, 并利用 SPSS 对四组数据进行了正态分析, 发现四组样本都符合正态分布, 从而采用 SAS 软件进行 T 检验. 我们分别对酒的整体质量、外观、口感、香气和平衡/整体评分进行了差异性检验, 发现两组酒外观分析上的评价有显著性差异. 为了进一步验证评价结果, 我们以品酒员为样本, 即将一个品酒员打的 55 个酒样品分数加总作为一个样本数据, 用同样的方法得出两组数据并无显著性差异. 为了确定哪组的结果具有更高的可信度, 我们采用了方差分析和变异系数法两种方法, 均表明第二组的结果更有可信度.

关于葡萄的分级, 葡萄本身的理化指标对其肯定有影响, 同时有些国家以酒的品质来衡量酿酒葡萄的等级, 因此我们结合了两个方面确定葡萄的等级. 首先用 K 均值聚类分别将红、白葡萄的 30 个理化指标聚类进行降维, 此时数据的 KMO 值较大, 故又用主成分分析提取了类别中的主成分, 并算得理化指标的总得分. 依据理化指标的总得分和葡萄酒的质量得分运用 Ward 法做聚类分析, 对聚类出的几个类别做差异性分析发现, 不同类别的理化指标和质量均有显著差异, 依据分值最终分别将红、白葡萄分为 5 级和 4 级.

第三问沿用第二问中葡萄酒的 9 个理化指标, 先将酿酒葡萄的理化指标降成 9 维, 将整理后的酿酒葡萄指标与已知的 9 种葡萄酒理化指标进行典型相关分析, 确定葡萄与葡萄酒的典型变量, 然后做典型冗余分析得出用酿酒葡萄的理化指标解释葡萄酒的理化指标更合理. 在用 SPSS 确定具体的关系对应后, 最后用 MATLAB 做拟合确定了葡萄与葡萄酒理化指标的具体函数关系.

第四问是关于理化指标对质量影响的分析, 我们先采用回归模型, 发现理化指标对于酒的质量影响显著. 为了确定理化指标能否评价酒的质量, 使用了 Ramsey 方法验证模型是否存在遗漏重要的解释变量, 发现红葡萄酒的质量可以用理化指标评价, 但白葡萄就不能只用理化指标评价. 又通过 SPSS 的显著相关性分析, 我们发现白葡萄的芳香指标与酒的质量显著相关. 且对白葡萄酒的回归模型进行的 Ramsey 方法检验发现存在遗漏变量, 加入白葡萄的芳香指标后, 分析发现不再产生遗漏重要变量的情况.

关键词: 系统聚类 主成分分析 典型相关分析 多元回归 Ramsey 方法

一、问 题 重 述

确定葡萄酒质量时一般是通过聘请一批有资质的评酒员进行品评. 每个评酒员在对葡萄酒进行品尝后对其分类指标打分, 然后求和得到其总分, 从而确定葡萄酒的质量. 酿酒葡萄的好坏与所酿葡萄酒的质量有直接的关系, 葡萄酒和酿酒葡萄检测的理化指标会在一定程度上反映葡萄酒和葡萄的质量. 附件 1 给出了某一年份一些葡萄酒的评价结果, 附件 2 和附件 3 分别给出了该年份这些葡萄酒和酿酒葡萄的成分数据. 请尝试建立数学模型讨论下列问题:

(1) 分析附件 1 中两组评酒员的评价结果有无显著性差异, 哪一组结果更可信?

(2) 根据酿酒葡萄的理化指标和葡萄酒的质量对这些酿酒葡萄进行分级.

(3) 分析酿酒葡萄与葡萄酒的理化指标之间的联系.

(4) 分析酿酒葡萄和葡萄酒的理化指标对葡萄酒质量的影响, 并论证能否用葡萄和葡萄酒的理化指标来评价葡萄酒的质量?

二、问 题 假 设

假设每个品酒员的评分对酒样品整体评分的影响权重都是相等的.

三、符 号 说 明

$x_1, x_2, \cdots, x_n$——计算中所用的各个数据组;

$y_1, y_2, \cdots, y_n$——计算中所用的各个数据组;

$z_1, z_2, \cdots, z_n$——计算中所用的各个数据组;

P——T 检验输出结果;

F——F 检验输出结果;

σ_1^2, σ_2^2——各组方差;

μ_1, μ_2——各组均值.

四、模型建立及求解

4.1　第一问

4.1.1　整体质量的比较

(1) 数据处理.

为了比较两组品酒员的评价差异, 由附件 1 看出, 每组 10 个品酒员, 每个品酒员分别品尝红、白葡萄酒样品共 55 个, 从 4 个方面打分. 因此我们首先考虑用每组 10 个品酒员对一个酒样品打分的总分的平均值作为一个样本数据, 再做两组之间的比较, 不妨把它称为"纵向比较", 即分别将两组红、白葡萄酒各酒样品的平均得分作为样本数据(表 1).

表 1　两组葡萄酒整体质量的评分

样品	第一组	第二组	样品	第一组	第二组
红葡萄酒 1	62.7	68.1	白葡萄酒 1	82	77.9
红葡萄酒 2	80.3	74	白葡萄酒 2	74.2	75.8
红葡萄酒 3	80.4	74.6	白葡萄酒 3	85.3	75.6
红葡萄酒 4	68.6	71.2	白葡萄酒 4	79.4	76.9
红葡萄酒 5	73.3	72.1	白葡萄酒 5	71	81.5
红葡萄酒 6	72.2	66.3	白葡萄酒 6	68.4	75.5
红葡萄酒 7	71.5	65.3	白葡萄酒 7	77.5	74.2
红葡萄酒 8	72.3	66	白葡萄酒 8	71.4	72.3
红葡萄酒 9	81.5	78.2	白葡萄酒 9	72.9	80.4
红葡萄酒 10	74.2	68.8	白葡萄酒 10	74.3	79.8
红葡萄酒 11	70.1	61.6	白葡萄酒 11	72.3	71.4
红葡萄酒 12	53.9	68.3	白葡萄酒 12	63.3	72.4
红葡萄酒 13	74.6	68.8	白葡萄酒 13	65.9	73.9
红葡萄酒 14	73	72.6	白葡萄酒 14	72	77.1
红葡萄酒 15	58.7	65.7	白葡萄酒 15	72.4	78.4
红葡萄酒 16	74.9	69.9	白葡萄酒 16	74	67.3

续表

样品	第一组	第二组	样品	第一组	第二组
红葡萄酒 17	79.3	74.5	白葡萄酒 17	78.8	80.3
红葡萄酒 18	59.9	65.4	白葡萄酒 18	73.1	76.7
红葡萄酒 19	78.6	72.6	白葡萄酒 19	72.2	76.4
红葡萄酒 20	78.6	75.8	白葡萄酒 20	77.8	76.6
红葡萄酒 21	77.1	72.2	白葡萄酒 21	76.4	79.2
红葡萄酒 22	77.2	71.6	白葡萄酒 22	71	79.4
红葡萄酒 23	85.6	77.1	白葡萄酒 23	75.9	77.4
红葡萄酒 24	78	71.5	白葡萄酒 24	73.3	76.1
红葡萄酒 25	69.2	68.2	白葡萄酒 25	77.1	79.5
红葡萄酒 26	73.8	72	白葡萄酒 26	81.3	74.3
红葡萄酒 27	73	71.5	白葡萄酒 27	64.8	77
			白葡萄酒 28	81.3	79.6

(2) 正态分析.

要进行显著性检验, 其中最常用的方法是 T 检验. 而能进行 T 检验的样本必须服从正态分布, 因此我们先需要对表 1 的样本数据做正态检验, 以下是利用 SPSS 软件进行的正态检验.

先对第一组红葡萄酒进行正态检验, 做出正态 P-P 图(图 1).

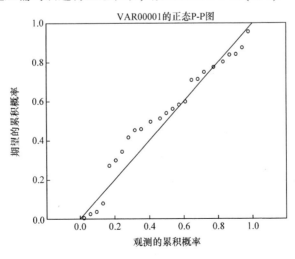

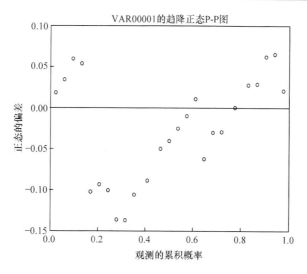

图 1　第一组红葡萄酒样本 P-P 图

由正态 P-P 图近似为一条直线可知，第一组红葡萄酒的样本数据基本服从正态分布，故可以用 T 检验对数据进行操作.

用相同方法对纵向比较的第一组白葡萄酒数据进行正态性检验，做出 P-P 图(图 2).

由正态 P-P 图近似为一条直线可知，第二组白葡萄酒的样本数据服从正态分布，故可以用 T 检验，对数据进行操作.

同样，分别对第二组红、白葡萄酒做与上述相同的分析，得到两组数据也都服从正态分布.

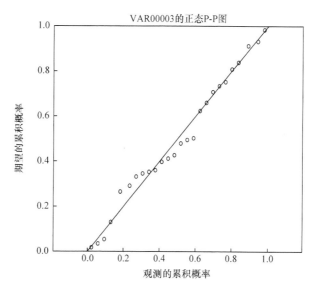

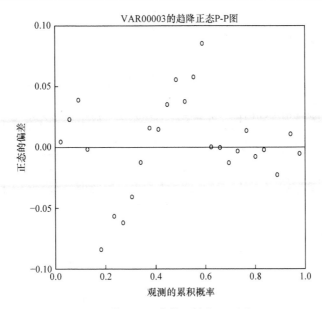

图 2　第二组红葡萄酒样本 P-P 图

(3) 显著性检验.

用 SAS 软件对样本数据进行 T 检验[1]. 在此之前, 需要分别对 $\sigma = 0.05$ 和 $\sigma = 0.1$ 用 F 检验分别确定两组数据的 σ^2 是否相等, 再做 T 检验, 结果见表 2.

表 2　纵向比较的 T 检验结果

$\sigma = 0.05$				
第一组红葡萄酒: 第二组红葡萄酒	$F = 0.0026 < 0.05$	$\sigma_1^2 \neq \sigma_2^2$	$P = 0.1218 > 0.05$	$\mu_1 = \mu_2$	无显著性差异
第一组白葡萄酒: 第二组白葡萄酒	$F = 0.0125 < 0.05$	$\sigma_1^2 \neq \sigma_2^2$	$P = 0.0547 > 0.05$	$\mu_1 = \mu_2$	无显著性差异
$\sigma = 0.1$				
第一组红葡萄酒: 第二组红葡萄酒	$F = 0.0026 < 0.1$	$\sigma_1^2 \neq \sigma_2^2$	$P = 0.1218 > 0.1$	$\mu_1 = \mu_2$	无显著性差异
第一组白葡萄酒: 第二组白葡萄酒	$F = 0.0125 < 0.1$	$\sigma_1^2 \neq \sigma_2^2$	$P = 0.0547 < 0.1$	$\mu_1 \neq \mu_2$	有显著性差异

根据初等模型求出的结果, 发现除了当 $\sigma = 0.1$ 时, 两组的白葡萄酒的评价结果有显著性差异之外, 其他情况均无显著性差异.

4.1.2　酒的四大指标差异性分析

4.1.1 小节的模型呈现了不同的结果, 我们分析一下出现这种不一致的原因. 由于品酒员在评分时, 对酒样品的每个单项(外观分析、口感分析、香气分析和平衡/整体评分)都进行打分, 因此差异很可能出现在某些单项结果上. 同样的对数据进行正态分析后, 发现可用 T 检验做差异性分析. 我们具体分析了品酒员的评分细则, 即分别针对外观分析、口感分析、香气分析和平衡/整体评分用相同的方法做了显著检验, 结果见表 3.

表 3　四大指标的 T 检验结果

		$\sigma = 0.05$			
外观分析	$F = 0.0318 < 0.05$	$\sigma_1^2 \neq \sigma_2^2$	$P = 0.0925 > 0.05$	$\mu_1 = \mu_2$	无显著性差异
香气分析	$F = 0.0196 < 0.05$	$\sigma_1^2 \neq \sigma_2^2$	$P = 0.1374 > 0.05$	$\mu_1 = \mu_2$	无显著性差异
口感分析	$F = 0.0013 < 0.05$	$\sigma_1^2 \neq \sigma_2^2$	$P = 0.2735 > 0.05$	$\mu_1 = \mu_2$	无显著性差异
平衡/整体评分	$F = 0.0022 < 0.05$	$\sigma_1^2 \neq \sigma_2^2$	$P = 0.7563 > 0.05$	$\mu_1 = \mu_2$	无显著性差异
		$\sigma = 0.1$			
外观分析	$F = 0.0318 < 0.1$	$\sigma_1^2 \neq \sigma_2^2$	$P = 0.0925 < 0.1$	$\mu_1 \neq \mu_2$	有显著性差异
香气分析	$F = 0.0196 < 0.1$	$\sigma_1^2 \neq \sigma_2^2$	$P = 0.1374 > 0.1$	$\mu_1 = \mu_2$	无显著性差异
口感分析	$F = 0.0013 < 0.1$	$\sigma_1^2 \neq \sigma_2^2$	$P = 0.2735 > 0.1$	$\mu_1 = \mu_2$	无显著性差异
平衡/整体评分	$F = 0.0022 < 0.1$	$\sigma_1^2 \neq \sigma_2^2$	$P = 0.7563 > 0.1$	$\mu_1 = \mu_2$	无显著性差异

从表 3 可以得出当 $\sigma = 0.1$ 时, 两组品酒员在外观分析的评价上有显著性差异.

4.1.3　品酒员资质的差异性检验

(1) 数据处理.

这样不一致的结果显然并不令人满意, 因此, 我们换一种思路, 考虑以品酒员为单位, 将一个品酒员打的 55 个酒样品分数加总作为一个数据样本. 事实上, 品酒员对 55 个酒样品的打分是平等的, 故上述分数的加总是合理的. 再在两组品酒员之间比较, 不妨把这种称为 "横向比较", 即将 10 个品酒员作为样本, 样本数据见表 4.

表 4　品酒员品酒的数据

品酒员数据的横向比较		
品酒员	第一组	第二组
品酒员 1	3927	4108
品酒员 2	3532	4041
品酒员 3	4236	4262
品酒员 4	3516	3972
品酒员 5	4082	3870
品酒员 6	3926	4252

续表

品酒品	第一组	第二组
品酒员 7	4148	4188
品酒员 8	3864	3730
品酒员 9	4327	3975
品酒员 10	4174	4070

表头：品酒员数据的横向比较

(2) 正态分析.

沿用 4.1.1 小节的方法, 用 SPSS 对横向数据进行正态检验.

第一组检验得出的 P-P 图, 见图 3.

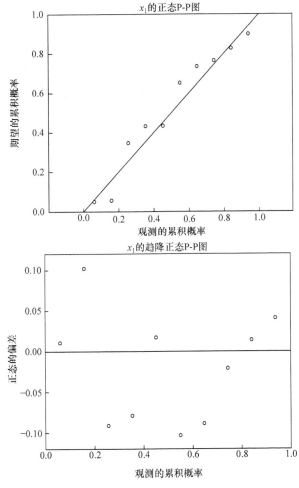

图 3　横向比较第一组品酒员样本 P-P 图

由正态 P-P 图近似为一条直线可知, 第一组的 10 个数据基本服从正态分布, 故可以用 T 检验, 对数据进行操作.

第二组检验得到的 P-P 图, 见图 4.

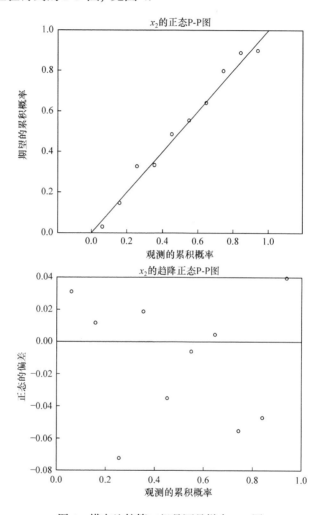

图 4　横向比较第二组品酒员样本 P-P 图

由正态 P-P 图近似为一条直线可知, 第二组的 10 个数据基本服从正态分布, 故可以用 T 检验, 对数据进行操作.

(3) 显著性检验.

与 4.1.1 小节的方法相同, 得到的结果见表 5.

表 5 T检验结果

$\sigma = 0.05$	$F = 0.1504 > 0.05$	$\sigma_1 = \sigma_2$	$P=0.4834>0.05$	$\mu_1 = \mu_2$	无显著性差异
$\sigma = 0.1$	$F = 0.1504 > 0.1$	$\sigma_1 = \sigma_2$	$P=0.4834>0.1$	$\mu_1 = \mu_2$	无显著性差异

从表 5 的结果可以看出, 两组品酒员的资质并没有显著差异.

4.1.4 可信度分析

(1) 方差分析.

为了分析出哪个组的结果更有可信度, 首先考虑求出样本的组间方差, 组间方差越小, 说明这组品酒员的评分越一致, 可信度也越高.

用 MATLAB 求出以上所给各组数据的方差, 所求结果如下:

1) 纵向比较.

第一组红葡萄酒组间方差: 3172.5;

第一组白葡萄酒组间方差: 18023.9;

第二组红葡萄酒组间方差: 3060.8;

第二组白葡萄酒组间方差: 6725.1.

由于红葡萄酒组间方差第一组大于第二组, 故针对红葡萄酒打分第二组品酒员较为可信.

综上所述红葡萄酒分数第二组较为可信.

2) 横向比较.

第一组组间方差: 696927.6;

第二组组间方差: 255043.6;

第二组方差小于第一组方差, 故第二组更可信.

综上所述, 横向比较的结果与纵向比较的结果一致, 即第二组更可信.

(2) 变异系数法.

其次, 为了验证上述结论, 我们又考虑计算样本组的变异系数, 变异系数越小说明数据越稳定, 可信度也越高. 用 MATLAB 实现, 结果如下.

1) 纵向比较.

第一组红葡萄酒的变异系数: 0.1005;

第一组白葡萄酒的变异系数: 0.0700;

第二组红葡萄酒的变异系数: 0.0594;

第二组白葡萄酒的变异系数: 0.0466.

综上比较第二组红葡萄酒和白葡萄酒的变异系数都比第一组小, 故第二组更为稳定更可信.

2) 横向比较.

第一组的变异系数: 0.0700;

第二组的变异系数: 0.0416;

第二组的变异系数小于第一组.

故综上所述, 横向比较与纵向比较结果相同, 都是第二组较为可信.

两种方法都验证了第二组较可信.

4.2 第二问

4.2.1 数据处理

原题目附表中蓝色为一级指标, 红色为二级指标; 一个项目下有几列数据, 表示该项目测试几次. 由于数据较多故暂将数据简化, 将红色二级指标省去, 只考虑一级指标. 将多次测量值取平均数, 得到新的酿酒葡萄与葡萄酒之间的理化指标, 即酿酒葡萄有 30 个理化指标, 酒有 9 个理化指标. 又因为白葡萄酒无花色苷指标, 且其他理化指标差异较大; 酿酒葡萄中花色苷、褐变度、总酚、单宁、白藜芦醇、黄酮醇、总糖、色泽红白葡萄的差异性较大, 故决定将红白葡萄酒及其对应理化指标分开讨论. 通过观察酿酒葡萄理化指标中的果皮颜色因素, 可知当颜色指标 a^* 越大时颜色越红, 数值越小颜色越绿. 颜色指标 b^* 越大时颜色越黄, 数值越小颜色越蓝. 此处的三次测量应该是平行测量酿酒葡萄中果皮颜色的不同因素, 它们之间差异较大, 因此不能用均值代替. 故将此处果皮颜色的3种指标同时保留, 作为 3 个平行指标处理.

4.2.2 模型建立

4.2.2.1 首先对红葡萄进行分级

(1) 考虑到酿酒葡萄中理化指标过多, 故先将酿酒葡萄的理化指标用 SPSS 软件做因子分析[2], 然而 KMO 值没有通过, 但由此给我们启迪将指标分为 8 类较为合理.

(2) 通过 SPSS 软件将指标转置, 再对变量指标进行 K 均值聚类分析得表 6.

表 6　红葡萄理化指标的聚类结果

分类	一类	二类	三类	四类	五类	六类	七类	八类
指标	x_1	x_2	$x_3, x_5, x_6, x_7,$ $x_8, x_{10}, x_{11}, x_{12},$ $x_{13}, x_{14}, x_{15}, x_{16},$ $x_{19}, x_{20}, x_{21}, x_{22},$ $x_{25}, x_{26}, x_{27}, x_{28},$ x_{29}, x_{30}	x_4	x_{24}	x_{23}	x_9	x_{17}, x_{18}

(3) 由于第三类所拥有指标太多, 故单独对第三类指标进行主成分分析, 此时 KMO 值为 0.75, 因此用主成分分析的方法提取主成分并求出得分[2].

(4) 由主成分分析法知应该提取 7 个主成分, 相应的特征值为: $\lambda_1 = 5.478$, $\lambda_2 = 3.430$, $\lambda_3 = 2.760$, $\lambda_4 = 2.143$, $\lambda_5 = 1.689$, $\lambda_6 = 1.382$, $\lambda_7 = 1.057$, $\sum \lambda_i = 17.939$

令

$$Y = \sum \left(\lambda_i / \sum \lambda_i \right) \times X(i)$$

用 MATLAB 软件编程求出 Y 的综合得分为

$y_3 =$ 0.6314   0.4677   0.5558   −0.4083   −0.0570   −0.3374   −0.4163
0.5419   0.9039   −0.2516   0.5297   −0.4512   −0.0799   0.2937   −0.1847   0.0182
−0.0776   −0.4556   −0.0873   −0.3622   0.2085   −0.0511   0.7104   −0.1501
−0.5229   −0.4423   −0.5202
用 Y 的综合得分代替第三类 22 个指标的总数据.

(5) 用同样方法处理第八类分类中的两组指标, 得到代替两组指标数值的总得分, 但由于一共只有两组, 选去一个主成分方差贡献率太低, 因此调整初始特征值为 0.7, 保证两组指标都可以被取到, 从而得到

$y_8 =$ 0.2685   0.0774   1.1317   0.2399   −0.7105   −0.0206   1.7575   −0.6576
−0.7354   −1.5277   0.2519   0.8722   −0.3413   0.6273   −0.4012   −0.8610
1.0545   0.9085   −0.1416   0.0102   0.7440   0.0229   −0.3266   0.3935   −1.6324
−0.6898   −0.3143

(6) 通过以上运算将影响酿酒红葡萄的指标从 30 个降为 8 个, 再对上述整合过的数据进行主成分分析, 见表 7.

表 7   主成分分析的结果

KMO 和 Bartlett 的检验		
取样足够多的 Kaiser-Meyer-Olkin 度量		0.663
Bartlett 的球形度检验	近似卡方	85.784
	df	28
	Sig.	0.000

KMO 值一位小数取近似为 0.7, 可以用主成分分析, 较合理.

用主成分分析法提取后得到累计方差贡献率达 75.992%, 取三种主成分, 求出总得分 z_1 如下:

$z_1 =1.2473$　　0.8975　　0.8530　　-0.1168　　-0.8233　　-0.1868　　0.3637　　0.7783

0.4368　　-0.3591　　0.1567　　-0.1626　　-0.1235　　0.6354　　-0.1366　　0.2810

-0.6595　　-0.2293　　0.0157　　-0.9521　　0.4719　　0.4108　　0.0922　　-0.6055

-0.8045　　-1.3831　　-0.0978

其中 z_1 代表酿酒葡萄理化指标的综合得分.

令葡萄酒的质量为 z_2, 其度量标准取较为可信的第二组评酒员的平均打分, 故

$z_2 = 68.1$　　74　　74.6　　71.2　　72.1　　66.3　　65.3　　66　　78.2　　68.8　　61.6　　68.3

68.8　　72.6　　65.7　　69.9　　74.5　　65.4　　72.6　　75.8　　72.2　　71.6　　77.1　　71.5　　68.2

72　　71.5

(7) 将 z_1, z_2 分别作为两因素, 利用 SPSS 软件对酿酒葡萄进行分级.

1) 用 Ward 方法得到的分级结果见表 8.

表 8　Ward 法的分级结果

级别	一类	二类	三类	四类	五类
葡萄编号	1, 7, 8, 11	2, 3, 9, 23	4, 14, 16, 19, 21, 22, 27	5, 17, 20, 24, 25, 26	6, 10, 12, 13, 15, 18

2) 对所分等级再次进行差异性检验, 得到表 9.

表 9　差异性检验的结果

ANOVA 表			平方和	df	均方	F	显著性
z_1 * Ward 方法	组间	(组合)	8.080	4	2.020	21.249	0.000
	组内		2.091	22	0.095		
	总计		10.171	26			
z_2 * Ward 方法	组间	(组合)	324.736	4	81.184	20.601	0.000
	组内		86.698	22	3.941		
	总计		411.434	26			

续表

	报告		
Ward 方法		z_1	z_2
1	均值	0.6365000	65.2500000
	N	4	4
	标准差	0.48229029	2.70862819
2	均值	0.5698750	75.9750000
	N	4	4
	标准差	0.38007906	2.00062490
3	均值	0.2286000	71.6571429
	N	7	7
	标准差	0.29771022	0.94843229
4	均值	-0.8713333	72.3500000
	N	6	6
	标准差	0.27955071	2.63267924
5	均值	-0.1996500	67.2166667
	N	6	6
	标准差	0.08673566	1.58923462
总计	均值	-0.0000074	70.5148148
	N	27	27
	标准差	0.62545967	3.97798787

由表 10 分析可得葡萄酒的质量和理化指标均差异明显, 依据酒的质量所得的分级如表 10 所示.

表 10　红葡萄分级表

分级	红葡萄编号
优	2, 3, 9, 23
良	5, 17, 20, 24, 25, 26
中	4, 14, 16, 19, 21, 22, 27
差	6, 10, 12, 13, 15, 18
极差	1, 7, 8, 11

4.2.2.2 再对白葡萄酒进行分级, 方法与对红葡萄进行分级的方法相同.

(1) 类似红葡萄的做法将指标分为 10 类.

(2) 利用 SPSS 软件将白葡萄相关数据转置, 并用 K 均值聚类将指标分为 10 类, 见表 11.

表 11   白葡萄理化指标的聚类结果

分类	一类	二类	三类	四类	五类	六类	七类	八类	九类	十类
指标	x_1	x_2	$x_3, x_4, x_5, x_6, x_7,$ $x_8, x_{10}, x_{12}, x_{13},$ $x_{14}, x_{15}, x_{19}, x_{20},$ $x_{22}, x_{25}, x_{27}, x_{29}, x_{30}$	$x_{16}, x_{18},$	x_{23}	x_{17}	x_{24}	x_{21}, x_{26}, x_{28}	x_9	x_{11}

(3) 再将第三类、第四类、第八类分别做主成分分析提取主成分, 并求出总得分.

(4) 对整理后的 10 个指标进行主成分分析, 求出白葡萄酒理化指标总得分.

(5) 处理好这些数据后, 我们将 z_1, z_2 分别作为两因素, 利用 SPSS 软件对酿酒葡萄进行分级, 如下.

1) 系统聚类. 用系统聚类法, 经观察分析, 将白葡萄酒等级分为 4 级比较合适.

2) 直接用 Ward 方法通过系统聚类将样本聚为 4 类, 见表 12.

表 12   白葡萄的分类结果

	第一类	第二类	第三类	第四类
样本编号	1, 2, 3, 4, 6, 7, 14, 18, 20, 26	5, 9, 17, 19, 22, 28	8, 11, 12, 13, 16	10, 15, 21, 23, 24, 25, 27

3) 类似与红葡萄的做法, 对所分等级进行差异性检验, 并得到白葡萄的分级见表 13.

表 13   白葡萄分级结表

分级	白葡萄编号
极优	5, 9, 17, 19, 22, 28
优	10, 15, 21, 23, 24, 25, 27
良	1, 2, 3, 4, 6, 7, 14, 18, 20, 26
中	8, 11, 12, 13, 16

4.3 第三问

4.3.1 数据处理

要分析酿酒葡萄与葡萄酒的理化指标之间的联系,考虑到酿酒葡萄的某些理化成分与葡萄酒的理化成分必然会有联系,也就是葡萄酒的理化指标与酿酒葡萄的理化指标之间存在某种函数关系. 为了确定这些函数关系,我们沿用第二问对酿酒葡萄理化指标的处理,即将其简化为 9 个指标,用 SPSS 软件对酿酒葡萄的理化指标进行因子分析,将 30 维指标降为 9 维,如表 14.

表 14   酿酒葡萄理化指标的降维

红葡萄	一类	二类	三类	四类	五类	六类	七类	八类	九类
指标	x_1	x_2	$x_3, x_5, x_6, x_7, x_8, x_{10}, x_{11}, x_{12},$ $x_{13}, x_{14}, x_{16}, x_{19}, x_{20}, x_{21}, x_{22},$ $x_{25}, x_{27}, x_{28}, x_{29}, x_{30}$	x_4	x_{17}, x_{18}	x_{15}, x_{26}	x_{24}	x_{23}	x_9
白葡萄	一类	二类	三类	四类	五类	六类	七类	八类	九类
指标	x_1	x_2	$x_3, x_4, x_5, x_6, x_7, x_8, x_{10}, x_{12},$ $x_{13}, x_{14}, x_{15}, x_{19}, x_{20}, x_{22}, x_{25},$ x_{27}, x_{29}, x_{30}	x_{11}	$x_{16}, x_{17},$ x_{18}	x_{23}	x_{24}	$x_{21}, x_{26},$ x_{28}	x_9

用主成分分析提取各个类别的主成分,并用总得分代替各类别数据,得到整理后的酿酒葡萄指标数据.

4.3.2 典型相关分析

将整理后的酿酒葡萄指标与已知的 9 种葡萄酒理化指标进行典型相关分析.
典型相关系数

0.9602   0.8573   0.8194   0.5455   0.5246   0.3737   0.1558   0.0919   0.0290
由此可知: 第一典型相关系数达 0.9602, 第二典型相关系数达 0.8573, 第三典型相关系数达 0.8194.

4.3.3 典型相关系数的显著性检验

再利用 SPSS 给出典型相关的显著性检验,得出在 0.05 的显著性水平下,9 对典型变量中,只有前 3 对典型相关变量是显著的. 由于我们并不能确定葡萄酒理化指标与酿酒葡萄理化指标之间的解释与被解释关系,因此分成两种情况讨论.

(1) 若用葡萄酒的理化指标解释酿酒葡萄的理化指标,则得到两组典型变量的标准化系数(表 15).

表 15　标准化正则系数表

	1	2	3	4	5	6	7	8	9
y_1	−0.498	−0.388	0.659	−0.243	0.392	−0.112	−0.481	−0.382	0.042
y_2	0.524	−0.941	0.287	−0.244	−0.183	−0.039	−0.235	−0.316	0.162
y_3	0.237	0.619	0.309	−0.649	−0.195	−0.094	−0.299	0.083	0.357
y_4	−0.047	−0.157	0.337	−0.352	−0.083	0.215	0.718	0.470	0.273
y_5	0.026	0.237	0.093	0.223	0.328	−0.152	−0.059	0.302	0.986
y_6	0.002	0.084	−0.004	0.300	−0.371	−0.104	−0.400	0.901	−0.109
y_7	−0.008	0.102	0.206	0.257	−0.588	0.605	−0.116	−0.403	0.286
y_8	0.143	0.425	0.524	0.294	0.872	0.273	0.108	0.069	−0.161
y_9	−0.009	0.097	0.168	0.546	−0.169	−0.774	0.379	−0.269	0.023

由表 15 可以看出, 来自酿酒葡萄的理化指标中,

第一组典型变量: $V_1 = -0.498y_1 + 0.524y_2 + 0.237y_3 - 0.047y_4 + 0.026y_5 + 0.002y_6 - 0.008y_7 + 0.143y_8 - 0.009y_9$;

第二组典型变量: $V_2 = -0.388y_1 - 0.941y_2 + 0.619y_3 - 0.157y_4 + 0.237y_5 + 0.084y_6 + 0.102y_7 + 0.425y_8 + 0.097y_9$;

第三组典型变量: $V_3 = 0.659y_1 + 0.287y_2 + 0.309y_3 + 0.337y_4 + 0.093y_5 - 0.004y_6 + 0.206y_7 + 0.524y_8 + 0.168y_9$.

(2) 若用酿酒葡萄的理化指标解释葡萄酒的理化指标, 用同样的方法得到两组典型变量的标准化系数.

第一组典型变量: $U_1 = -0.760z_1 + 0.553z_2 + 0.150z_3 - 0.027z_4 + 0.120z_5 - 0.098z_6 - 0.362z_7 - 0.052z_8 + 0.072z_9$;

第二组典型变量: $U_2 = 2.552z_1 + 1.807z_2 - 1.932z_3 - 0.815z_4 + 0.543z_5 - 0.282z_6 + 3.895z_7 + 0.615z_8 + 2.258z_9$;

第三组典型变量: $U_3 = 0.407z_1 + 1.892z_2 - 3.119z_3 + 0.012z_4 + 1.005z_5 - 0.571z_6 - 1.692Z_7 - 2.023Z_8 + 0.467Z_9$.

4.3.4　典型冗余分析

接着我们需要确定 4.3.3 小节中所讨论的两种情况中, 哪种情况是更合理的, 为此又进行了典型冗余分析. 结果如表 16 所示.

表 16　典型变量解释的方差比例

	Prop Var
CV2-1	0.185
CV2-2	0.059

	Prop Var
CV2-3	0.099
CV2-4	0.030
CV2-5	0.024
CV2-6	0.014
CV2-7	0.002
CV2-8	0.001
CV2-9	0.000

得到酿酒葡萄理化指标被葡萄酒理化指标的典型变量解释的方差比例总和达到 0.343.

用同样的方法, 得到葡萄酒理化指标被酿酒葡萄理化指标的典型变量解释的方差比例总和: 0.718.

综上可知, 酿酒葡萄的理化指标与葡萄酒的理化指标显著相关, 且用酿酒葡萄的理化指标解释葡萄酒的理化指标更合理.

4.3.5 检验相关关系

确定用酿酒葡萄的理化指标解释葡萄酒的理化指标后, 用 SPSS 做酿酒葡萄第一个理化指标和葡萄酒理化指标的显著性检验, 再用相同的方法操作其余 8 个酿酒葡萄的指标.

我们默认当 Pearson 相关系数高于 0.5 时, 取该指标解释变量, 如表 17 所示.

表 17 Pearson 相关性

Pearson 相关性	z_1	z_2	z_3	z_4	z_5	z_6	z_7	z_8	z_9
y_1	−0.561	−0.717	−0.728	−0.608	−0.571	−0.547	0.796	−0.831	−0.783
y_2	0.746	0.794	0.826	0.85	0.57	0.292	−0.733	0.44	0.391
y_3	0.216	0.373	0.306	0.273	0.195	0.209	−0.245	0.129	0.397
y_4	0.256	−0.222	−0.229	−0.121	−0.24	−0.277	−0.276	−0.403	−0.301
y_5	−0.067	−0.06	−0.042	−0.083	0.02	0.007	0.008	0.102	0.018
y_6	0.184	0.014	0.021	0.067	−0.105	−0.145	0.004	−0.178	−0.162
y_7	0.111	−0.108	−0.118	−0.082	−0.149	−0.47	0.041	−0.153	−0.114
y_8	0.529	0.529	0.455	0.405	0.289	0.162	−0.483	0.266	0.304
y_9	0.241	0.096	0.086	0.051	−0.122	−0.124	−0.038	−0.187	−0.71

分析表 14 可得: z_1 由 y_1, y_6, y_9 解释, z_2 由 y_1, y_2, y_8 解释, z_3 由 y_1, y_2 解释, z_4 由 y_1, y_2 解释, z_5 由 y_1, y_2 解释, z_6 由 y_1 解释, z_7 由 y_1, y_2 解释, z_8 由 y_1 解释, z_9 由 y_1, y_9 解释.

4.3.6　拟合

最后用 MATLAB 软件, 对 z_1—z_9 进行拟合, 得函数如下:

$$z_1 = -38.0587y_1 + 39.4895y_6 + 371.3714y_9$$
$$z_2 = -0.4380y_1 + 2.2761y_2 + 0.4242y_8$$
$$z_3 = -0.4010y_1 + 2.3765y_2$$
$$z_4 = -0.2483y_1 + 2.5516y_2$$
$$z_5 = -0.3005y_1 + 1.3059y_2$$
$$z_6 = -0.1564y_1$$
$$z_7 = 5.7851y_1 - 20.5657y_2$$
$$z_8 = -6.5156y_1$$
$$z_9 = -2.4258y_9$$

4.3.7　结论

(1) 将酿酒葡萄的理化指标通过聚类分析中的 Ward 分为 9 类, 定为 $y_1, y_2, y_3, y_4, y_5, y_6, y_7, y_8, y_9$.

原始分类数据见表 18.

表 18　原始分类数据

红葡萄	一类 (y_1)	二类 (y_2)	三类 (y_3)		四类 (y_4)	五类 (y_5)	六类 (y_6)	七类 (y_7)	八类 (y_8)	九类 (y_9)
指标	x_1	x_2	$x_3, x_5, x_6, x_7, x_8, x_{10}, x_{11}, x_{12}, x_{13}, x_{14}, x_{16}, x_{19}, x_{20}, x_{21}, x_{22}, x_{25}, x_{27}, x_{28}, x_{29}, x_{30}$		x_4	x_{17}, x_{18}	x_{15}, x_{26}	x_{24}	x_{23}	x_9
白葡萄	一类 (y_1)	二类 (y_2)	三类 (y_3)		四类 (y_4)	五类 (y_5)	六类 (y_6)	七类 (y_7)	八类 (y_8)	九类 (y_9)
指标	x_1	x_2	$x_3, x_4, x_5, x_6, x_7, x_8, x_{10}, x_{12}, x_{13}, x_{14}, x_{15}, x_{19}, x_{20}, x_{22}, x_{25}, x_{27}, x_{29}, x_{30}$		x_{11}	x_{16}, x_{17}, x_{18}	x_{23}	x_{24}	x_{21}, x_{26}, x_{28}	x_9

(2) 由典型性相关分析可得, 葡萄酒的 9 项理化指标可由酿酒葡萄的理化指标很好地解释. 从而可以得到葡萄酒理化指标和酿酒葡萄理化指标之间的定性关系.

(3) 用 Pearson 相关性检验, 得出两两之间的相关性, 去除相关性在 0.5 以下项目, 得到葡萄酒理化指标影响因素的主要相关因素, 见表 19.

表 19　结论

葡萄酒理化指标	z_1	z_2	z_3	z_4	z_5	z_6	z_7	z_8	z_9
酿酒葡萄的理化指标	y_1, y_6, y_9	y_1, y_2, y_8	y_1, y_2	y_1, y_2	y_1, y_2	y_1	y_1, y_2	y_1	y_9

通过主要相关因素, 对葡萄酒的 9 项指标进行拟合. 得到如下函数:

$$z_1 = -38.0587y_1 + 39.4895y_6 + 371.3714y_9$$
$$z_2 = -0.4380y_1 + 2.2761y_2 + 0.4242y_8$$
$$z_3 = -0.4010y_1 + 2.3765y_2$$
$$z_4 = -0.2483y_1 + 2.5516y_2$$
$$z_5 = -0.3005y_1 + 1.3059y_2$$
$$z_6 = -0.1564y_1$$
$$z_7 = 5.7851y_1 - 20.5657y_2$$
$$z_8 = -6.5156y_1$$
$$z_9 = -2.4258y_9$$

从而得到酿酒葡萄的理化指标与葡萄酒理化指标之间的定量关系.

4.4 第四问

为分析理化指标对葡萄酒的质量影响, 我们根据二、三两问的分组进行计算.

4.4.1 芳香因子的显著性检验

对于红、白葡萄酒及葡萄的芳香因子, 我们将颜色划分为红白两组, (红葡萄酒的芳香因子与红葡萄的芳香因子有很弱正相关性, 且不显著), 运用 SPSS 进行了显著相关分析.

在输入显著性水平值 $\alpha = 0.05$ 的情况下, 得到如表 20 所示的结果.

表 20　红葡萄酒和红葡萄的芳香因子的显著相关性检验结果

Correlations		红葡萄酒香	红葡萄香	红葡萄酒质量
红葡萄酒香	Pearson Correlation	1	0.062	0.154
	Sig. (1-tailed)		0.379	0.221
	N	27	27	27
红葡萄香	Pearson Correlation	0.062	1	−0.074
	Sig. (1-tailed)	0.379		0.356
	N	27	27	27
红葡萄酒质量	Pearson Correlation	0.154	−0.074	1
	Sig. (1-tailed)	0.221	0.356	
	N	27	27	27

根据表格数据可以看出红葡萄芳香指标与红酒质量间显著性水平为 0.356 > 0.05, 红葡萄酒芳香指标与质量间显著性水平为 0.221 > 0.05, 则红葡萄酒质量与红酒及红葡萄芳香指标间无显著的相关性.

同理, 对白葡萄酒和白葡萄的芳香因子做显著相关性检验, 结果见表 21.

表 21　白葡萄酒和白葡萄的芳香因子做显著相关性检验结果

Correlations		白葡萄酒质量	白葡萄香	白葡萄酒香
白葡萄酒质量	Pearson Correlation	1	−0.369*	0.255
	Sig. (1-tailed)		0.026	0.096
	N	28	28	28
白葡萄香	Pearson Correlation	−0.369*	1	−0.095
	Sig. (1-tailed)	0.026		0.315
	N	28	28	28
白葡萄酒香	Pearson Correlation	0.255	−0.095	1
	Sig. (1-tailed)	0.096	0.315	
	N	28	28	28

*. Correlation is significant at the 0.05 level (1-tailed).

前问计算结果表明, 葡萄理化指标与葡萄酒的著性水平为 0.096 > 0.05, 则白葡萄酒质量与红葡萄酒芳香指标间无显著的相关性, 与白葡萄的芳香指标显著相关.

4.4.2　回归分析

前问计算结果表明, 葡萄理化指标与葡萄酒的理化指标的典型性相关是显著的, 所以我们关于红葡萄酒理化指标对质量的影响, 通过 STATA 软件消除异方差, 求得回归方程.

根据上述计算可以看出, 葡萄酒的理化指标整体上对于酒的质量有影响, 根据 $\alpha = 0.05$ 对 T 值进行判断, 只有部分理化指标有显著影响.

则回归方程为

$$y = -8438519 - 0.0199808x_1 - 0.6747797x_2 + 0.3680002x_3 - 0.1221917x_4$$
$$+ 0.6780637x_5 + 0.4930135x_6 - 0.1950776x_7 - 0.046335x_8$$

同时由 STATA 回归的结果可以看出, 葡萄酒的理化指标整体上对于酒的质量有显著影响, 但只有部分理化指标有显著影响.

进一步, 我们使用 Ramsey 方法对上述的回归方程作检验(表 22).

表 22 Ramsey 方法对回归方程的初步检验结果

. estat ovtest				
Ramsey RESET test using powers of the fitted values of wine				
H₀: model has no omitted variables				
$F(3, 15) = 0.80$				
Prob $> F = 0.5136$				

P 值为 0.5136, 由此可以看出没有遗漏重要的解释变量, 从而红葡萄酒的理化指标可以反映出酒的质量.

4.4.3 对于白葡萄酒理化指标对于质量的影响

我们关于白葡萄酒理化指标对质量的影响, 通过 STATA 软件消除异方差, 求得回归方程:

$$y = 90.78506 + 0.000449x_1 - 0.0152948x_2 + 2.046229x_3 + 0.0323231x_4$$
$$- 0.0147923x_5 - 0.0274866x_6 + 0.0117291x_7 + 1.123813x_8 + 0.0296618x_9$$
$$- 0.0832498x_{10}$$

进一步, 使用 Ramsey 方法对上述的回归方程做检验如表 23 所示.

表 23 Ramsey 方法对回归方程的再次检验结果

. estat ovtest				
Ramsey RESET test using powers of the fitted values of wine				
H₀: model has no omitted variables				
$F(3, 14) = 3.09$				
Prob $> F = 0.0614$				

经计算, P 值为 0.0614, 存在遗漏变量, 从而白葡萄的理化指标不可以准确反映出酒的质量.

则加入 4.4.1 小节判断出的白葡萄酒芳香指标(x_{11}), 通过 STATA 软件消除异方差, 求得回归方程.

进一步, 我们使用 Ramsey 方法对上述的回归方程作检验如表 24 所示.

表 24　Ramsey 方法对回归方程的进一步检验结果

Ramsey RESET test using powers of the fitted values of wine

H₀: model has no omitted variables		
$F(3, 13) = 1.06$		
Prob > $F = 0.3990$		

经计算, P 值为 0.3990, 没有遗漏重要的解释变量, 从而白葡萄的理化指标加入芳香指标后可以准确反映出酒的质量.

则回归方程为

$$y = 85.20896 - 0.0000285x_1 - 0.012576x_2 + 1.770624x_3 + 0.0251251x_4$$
$$- 0.0142584x_5 - 0.0143328x_6 + 0.01387x_7 + 1.169938x_8 + 0.0325771x_9$$
$$- 0.0954722x_{10} + 0.004149x_{11}$$

由 STATA 回归的结果可以看出, 葡萄酒的理化指标添加白葡萄的芳香指标整体上对于酒的质量有显著影响, 但只有部分理化指标有显著影响.

五、参 考 文 献

[1] 蝉弟. SAS T 检验与非参数检验比较(T 检验). http://blog.163.com/justkeepsmile@yeah/blog/static/115468463201241883729222/, 2012-9-8.

[2] 朱建平. 应用多元统计分析. 2 版. 北京: 科学出版社, 2012: 103-106, 110-113, 162.

[3] 于静, 李景明, 吴继红, 等. 葡萄酒芳香物质研究进展. 中外葡萄与葡萄酒, 2005, 3: 48-51.

基于改进的多目标规划、模拟退火思想的折叠桌问题

(学生: 虞　威　石蓉荣　朱小萍　指导教师: 张　琼　国家一等奖)

摘　要

本文基于改进的多目标规划模型和模拟退火思想对于折叠桌进行了设计.

问题一中, 对于给定的参数, 我们建立三维坐标系并给出了桌脚边缘轨迹算法. 首先, 在长方形平板尺寸和桌面高度已知的情况下, 可以计算出桌面木条的长度和桌腿的长度, 由于连接木条的钢筋的位置已定, 且在初始状态下, 钢筋到达每根桌腿底端的距离相同. 因此, 可以计算出桌腿木条底端的坐标(见表 3), 从而可以得到给定参数下桌脚边缘线的轨迹曲线函数; 然后, 利用桌面高度的渐变性和桌腿与坐标系 z 轴之间的夹角的渐变关系, 可以得出折叠桌面的动态变化过程(图 17).

对于问题二, 首先, 针对稳固性、加工方便性和用材量这三个指标各自进行单目标优化, 分别得出了相应的最优加工参数; 然后, 以稳固性为主目标, 建立了基于主要目标法的改进的多目标优化模型, 并求出了同时满足这三个指标的加工参数, 其中钢筋距离桌腿末端的长度为 30.516 cm, 最短桌腿对应的开槽的长度为 28.908 cm, 平板的面积为 11186.392 cm. 最后利用单目标优化得出的数值作为参数的最优判断依据, 对模型进行了检验, 得出了此设计符合最优性.

问题三中, 客户的要求不同导致折叠桌的形状以及桌脚边缘线都发生了改变, 针对这一情况, 提出了基于模拟退火思想的逼近算法.

关于桌面形状, 首先, 桌面可以为三边形、四边形、五边形、六边形和圆形等, 一般桌面超过六边形时用户基本上会选择圆形桌面, 所以我们将该题简化为求这五种桌面的情形. 在不考虑脚边缘线形状也发生改变的情况下, 这五种桌面都可以用函数来唯一表示出桌脚与脚边缘线之间的关系, 类似于问题二的做法可以得出各个参数. 其次, 考虑正多边形桌面和椭圆桌面, 如果用户要求为非正多边形桌面, 则可以采用模拟退火的思想在正多边形的基础上逐步逼近用户要求的形状, 从而可以满足用户要求.

同样依据模拟退火算法, 可以求解出桌脚边缘形状任意的情形. 最后, 本文给出了椭圆和正多边形折叠桌的动态变化过程(图 23 和图 24).

关键词: 桌脚边缘轨迹算法　改进的多目标规划　模拟退火思想　逼近

一、问题重述

某公司生产一种可折叠的桌子, 桌面呈圆形, 桌腿随着铰链的活动可以平摊成一张平板. 桌腿由若干根木条组成, 分成两组, 每组各用一根钢筋将木条连接, 钢筋两端分别固定在桌腿各组最外侧的两根木条上, 并且沿木条有空槽以保证滑动的自由度. 桌子外形由直纹曲面构成. 需回答下列问题:

(1) 建立模型, 描述尺寸为 120 cm×50 cm×3 cm 的长方形平板的动态变化过程, 其中每根木条宽 2.5 cm, 桌面高度为 53 cm, 钢筋固定在桌腿最外侧木条的中心位置上, 在此基础上给出此折叠桌的设计加工参数(桌腿木条的槽长)和桌脚边缘线的数学描述.

(2) 对于任意给定的折叠桌高度和圆形桌面直径的设计要求, 讨论长方形平板材料和折叠桌的最优设计加工参数. 对于桌高 70 cm、桌面直径 80 cm 的情形, 确定最优设计加工参数.

(3) 根据客户任意设定的折叠桌高度、桌面边缘线的形状大小和桌脚边缘线的大致形状, 给出所需平板材料的形状尺寸和切实可行的最优设计加工参数, 建立数学模型, 并根据所建立的模型设计几种创意平板折叠桌, 给出相应的设计加工参数, 并画出 8 张动态变化过程的示意图.

二、问题分析

问题一中给出了长方形木板的尺寸, 以及折叠后的桌高, 从而求长方形木板的动态变化过程. 由于钢筋固定在桌腿外侧木条的中心位置, 所以它的 y 轴和 z 轴是不变的(图 1). 因此可以根据已知的桌面宽度和每根木条的宽度建立几何关系式, 计算桌子每根木条的长度. 再以桌子最外侧的四根木条所组成的平面为 xOy 面, 桌子的垂直高度方向为 z 轴建立空间几何, 根据钢筋的位置不变这一条件可以计算出各个桌脚的坐标以及桌脚边缘线的变化轨迹, 从而可以计算出桌脚的槽长.

对于问题二, 关键是通过考虑当折叠桌满足稳固性好、加工方便、用材少这三个条件综合达到最佳程度时, 折叠桌的一些加工参数会满足一些角和长度的关系式, 通过这些关系式可以列出一些约束条件, 最终通过确定合适的优化目标函数, 求出相应的参数.

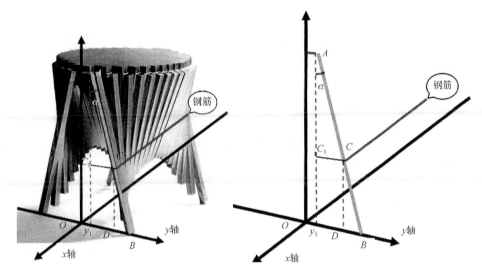

图 1　问题一示意图

三、问 题 假 设

(1) 假设桌子在平板状态时，每根木条紧密连接，缝隙距离可以忽略不计;
(2) 假设钢筋的稳固性良好，折叠过程中总是直的，忽略微小改变;
(3) 圆形桌面在 xOy 轴的投影可以当作一个圆形来计算;
(4) 第一问中求桌腿槽长时可以假设当桌高为 50 cm 时，桌子达到稳定状态.

四、符 号 说 明

length: 折叠桌未折叠时平板的长度.

width: 折叠桌的宽度.

ply: 平板的厚度.

height: 折叠桌折叠过程中桌子的高度.

flength(i): 每条桌腿的长度($i=1,2,\cdots,n$)，且 n 为有限数.

fwidth: 每根木条的宽度.

r: 圆桌面的半径.

rlength(i): 桌面上每根木条的长度($i=1,2,\cdots,n$)，且 n 为有限数.

x_i: 第 i 根木条顶端的 x 坐标.

y_i: 第 i 根木条顶端的 y 坐标.

z_i: 第 i 根木条顶端的 z 坐标.

x_{ie}: 第 i 根木条底端的 x 坐标.

y_{ie}: 第 i 根木条底端的 y 坐标.

z_{ie}: 第 i 根木条底端的 z 坐标.

clength(i): 每根木条的槽长 ($i = 1, 2, \cdots, n$), 且 n 为有限数.

五、模型的建立

5.1　模型一的建立

问题一中给定折叠板的长 length、宽 width、厚度 ply, 折叠后桌子的高度 height, 木条的宽度 fwidth, 以及钢筋固定的位置. 由于桌面宽度由等宽的木条组成, 由此可以根据已知的桌面宽度和每根木条的宽度建立几何关系式, 计算桌子每根木条的长度. 再以桌子最外侧的四根木条所组成的平面为 xOy 面, 桌子的垂直高度方向为 z 轴建立空间几何, 从而计算每根木条的变化轨迹.

5.1.1　求解桌面上每根木条的长度

已知该折叠板为长方形平板, 所以平板的宽度 width 即圆桌面的半径 r, 建立平面坐标系, 如图 2 所示.

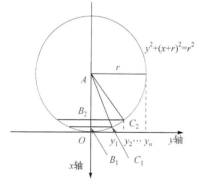

图 2　模型一坐标图

其中, OB_1 是坐标原点到第一块木条中点的距离, $B_1 B_2 =$ fwidth (即木条的宽度), 所以, B_i 的横坐标 x_i 满足

$$
\begin{aligned}
x_1 &= -OB_1 \\
x_2 &= -OB_2 = -(OB_1 + B_1 B_2) = x_1 - \text{fwidth} \\
x_3 &= -OB_3 = -(OB_1 + B_1 B_3) = x_2 - \text{fwidth} \\
&\vdots \\
x_i &= -OB_i = -(OB_1 + B_1 B_i) = x_{i-1} - \text{fwidth}
\end{aligned}
\tag{1}
$$

又因为桌面边缘线满足方程 $y^2 + (x+r)^2 = r^2$, 所以, 桌面边缘上木条的横坐标 y_i 满足

$$
y_i = \sqrt{r^2 - (x_i + r)^2}
\tag{2}
$$

其中 y_i 只考虑 y 轴正半轴的部分, 由于折叠桌的对称性, 另一边相应的桌面边缘点的坐标应为 $(x_i, -y_i)$, 由此可知桌面上每根木条的长度:

$$
\text{rlength}(i) = 2 y_i
\tag{3}
$$

又因为长方形木板的总长度一定, 所以, 该折叠桌桌腿上每根木条的长度

$$\text{flength}(i) = \frac{\text{length} - \text{rlength}(i)}{2} \quad (\text{length 表示长方形平板的总长度}) \quad (4)$$

5.1.2 求解桌脚边缘点的坐标

根据 5.1.1 小节的过程, 我们可以求出折叠桌桌腿上每根木条的长度, 为了确立每根木条的动态变化轨迹, 我们以桌子最外侧的四根木条所组成的平面为 xOy 面, 桌子的垂直高度方向为 z 轴建立空间三维坐标系, 见图 3.

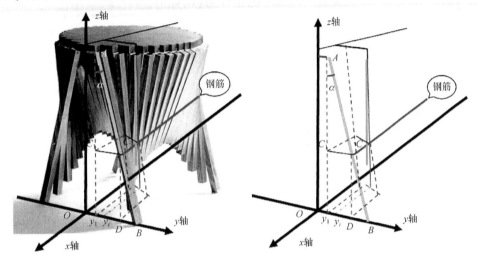

图 3 图 1 添加辅助线后示意图

图中, z 轴过桌面最外侧木条的中心点, 浅灰色线条表示桌腿上的木条, 过桌腿最外侧木条的顶点和中心点作平行于 z 轴的线段, 分别交 y 轴于 y_1, D 两点, 则

$$Ay_1 = \text{height} - \text{ply}, \quad AC_1 = C_1 y_1 = \frac{Ay_1}{2} = \frac{\text{height} - \text{ply}}{2} \quad (5)$$

则

$$y_1 D = C_1 C = \sqrt{AC^2 - AC_1^2} = \sqrt{\left(\frac{\text{flength}}{2}\right)^2 - \left(\frac{\text{height} - \text{ply}}{2}\right)^2} \quad (6)$$

其中 height 为桌面高度, ply 为桌面厚度, flength 为桌腿的长度, 在此考虑桌面底部距地面的距离.

由于圆桌面具有对称性, 不妨考虑 y 轴正向的动态变化过程即可, 对图 1 添加辅助线如图 3 所示.

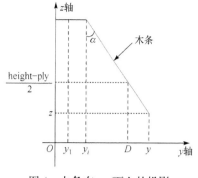

图 4　木条在 yz 面上的投影

由于钢筋不会产生弯度，且平行于 x 轴，所以在任意时刻各木条与钢筋的交点的纵坐标 y 均相等. 作任意一根木条在 yOz 面上的投影，如图 4 所示.

图中直线模拟木条的形态，过第 i 根木条顶端作平行于 z 轴的直线，由 5.1.1 小节的求解过程可知，该直线与 xOy 面的交点的坐标为 $(x_i, y_i, 0)$，其与线段 Ay_1 在 y 轴上的距离为

$$\Delta y_i = y_i - y_1 = \mathrm{rlength}(i) - \mathrm{rlength}(1) \quad (y_i > y_1) \tag{7}$$

$\mathrm{rlength}(i)$ 表示桌面上每根木条的长度.

所以该直线与钢筋在 y 轴上的距离差为

$$d_i = y_1 D - \Delta y_i \tag{8}$$

所以该木条与 z 轴正方向的夹角

$$\alpha = \arctan t \dfrac{d_i}{\dfrac{\mathrm{height} - \mathrm{ply}}{2}} \tag{9}$$

所以该木条底端的点在 y 轴上的坐标

$$y_{ie} = y_i + \mathrm{flength}(i) \times \sin\alpha \tag{10}$$

在 z 轴上的坐标

$$z_{ie} = (\mathrm{height} - \mathrm{ply}) - \mathrm{flength}(i) \times \cos\alpha \tag{11}$$

其中 $0 \leqslant \alpha < \dfrac{\pi}{2}$.

5.1.3　凹槽的长度的求解

折叠桌中凹槽的作用是使桌腿上的木条可以在一定范围内移动，同时也起到稳定桌子的作用. 为确保产品设计的最优化，凹槽的长度应尽可能地等于每根木条可以移动的距离.

由图 5 可知，当长方形平板处于平展状态时，每根木条的凹槽顶端应与钢筋吻合，假设槽长 $\mathrm{clength}(i) = bc$，ab 为槽底端到木条底端的距离，l 为钢筋固定位置到桌腿最外侧木条底端的距离，则

$$l = cb + ba = \mathrm{clength}(i) + ba \tag{12}$$

当木条沿着钢筋滑动时，最外侧的木条相对钢筋不动，内侧木条逐渐沿着钢

筋移动, 在移动过程中, l 的长度不变, 且本题中钢筋位于最外侧木条的中心位置. 所以

$$l = \frac{\text{flength}(1)}{2} \quad (\text{flength}(1) \text{ 表示最外侧桌腿的长度}) \tag{13}$$

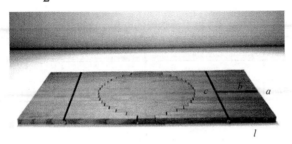

图 5　在折叠过程中木条运动示意图

如图 5、图 6 所示, 在折叠过程中, 木条的凹槽由最初的凹槽顶端靠近钢筋, 逐渐移动到凹槽底端靠近钢筋, 且为使折叠桌稳定, 当折叠达到最大角度 α 时, 每根木条的凹槽底端应均靠近钢筋.

根据 5.1.1 小节和 5.1.2 小节, 可以知道 a 的坐标为 (y_{ie}, z_{ie}), b 的坐标为 $(y_1 + y_1 D, z)$, 其中

$$y_1 D = C_1 C = \sqrt{AC^2 - AC_1^2} = \sqrt{\left(\frac{\text{flength}}{2}\right)^2 - \left(\frac{\text{height} - \text{ply}}{2}\right)^2} \tag{14}$$

$$z = \frac{\text{height} - \text{ply}}{2} \tag{15}$$

从而得到

$$ab = (z - z_{ie}) \times \arccos \alpha \tag{16}$$

联系式(12)和式(13), 可知

$$cb = l - ab = \frac{\text{flength}(1)}{2} - (z - z_{ie}) \times \arccos \alpha \tag{17}$$

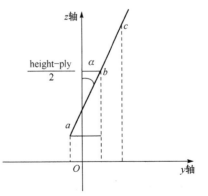

其中, cb 表示槽长, z 表示钢筋在移动过程中在 z 轴上的坐标, z_{ie} 表示第 i 根桌脚底端在 z 轴上的坐标, α 为折叠桌达到最大高度时, 桌脚与 z 轴正向的夹角, 此时, 凹槽的底端刚好与钢筋接触.

图 6　在折叠过程中木条运动坐标图

5.1.4　模型的求解

问题一中给定折叠板的长 length = 120 cm、宽 width = 50 cm、厚度 ply = 3 cm,

折叠后桌子的高度 height = 53 cm，木条的宽度 fwidth = 2.5 cm，以及钢筋固定的位置为最外侧木条的中心位置，利用 MATLAB 软件编写程序(代码见附录 1)，首先将参数代入 5.1.1 小节中，得到桌面上每根木条的长度，以及桌面边缘处木条顶点的坐标如表 1 所示．

表 1　圆桌面边缘的点在 y 轴的坐标

点	坐标	点	坐标
1	7.8062	11	24.9687
2	13.1696	12	24.7171
3	16.5359	13	24.2061
4	18.9984	14	23.4187
5	20.8791	15	22.3257
6	22.3257	16	20.8791
7	23.4187	17	18.9984
8	24.2061	18	16.5359
9	24.7171	19	13.1696
10	24.9687	20	7.8062

　　由圆的对称性可知，圆桌面上另一半的木条的长度与表 1 一一对应相等．
　　将以上数据代入 5.1.1 小节中的式(3) $\text{rlength}(i) = 2y_i$ 和式(4) $\text{flength}(i) = \dfrac{\text{length} - \text{rlength}(i)}{2}$ 可以得出桌脚的长度如表 2 所示，桌面边缘处木条顶点的坐标如表 3 所示．

表 2　每根桌脚的长度

桌脚	长度/cm	桌脚	长度/cm
1	52.1938	11	35.0313
2	46.8304	12	35.2829
3	43.4641	13	35.7939
4	41.0016	14	36.5813
5	39.1209	15	37.6743
6	37.6743	16	39.1209
7	36.5813	17	41.0016
8	35.7939	18	43.4641
9	35.2829	19	46.8304
10	35.0313	20	52.1938

表3 当高为50 cm 时脚边缘线各点的坐标

桌腿的条数	桌腿边缘线的坐标
1	(−1.25, 36.3903, 6.3292)
2	(−3.75, 32.03, 7.1354)
3	(−6.25, 29.229, 8.4306)
4	(−8.75, 27.3037, 9.8483)
5	(−11.25, 25.9841, 11.2136)
6	(−13.75, 25.0968, 12.4278)
7	(−16.25, 24.5169, 13.4352)
8	(−18.75, 24.1538, 14.2062)
9	(−21.25, 23.9445, 14.7256)
10	(−23.75, 23.8495, 14.9866)
11	(−26.25, 23.8495, 14.9866)
12	(−28.75, 23.9445, 14.7256)
13	(−31.25, 24.1538, 14.2062)
14	(−33.75, 24.5169, 13.4352)
15	(−36.25, 25.0968, 12.4278)
16	(−38.75, 25.9841, 11.2136)
17	(−41.25, 27.3037, 9.8483)
18	(−43.75, 29.229, 8.4306)
19	(−46.25, 32.03, 7.1354)
20	(−48.75, 36.3903, 6.3292)

将对5.1.1小节和5.1.2小节的求解过程得到的该折叠桌的相关参数代入5.1.3小节中, 可以得到每根木条的凹槽的长度如表4所示.

表4 桌脚对应的凹槽长度

桌脚	长度/cm	桌脚	长度/cm
1	0.0753	7	15.8326
2	4.4162	8	16.8719
3	7.7131	9	17.5575
4	10.4103	10	17.8983
5	12.6290	11	17.8983
6	14.4254	12	17.5575

续表

桌脚	长度/cm	桌脚	长度/cm
13	16.8719	17	10.4103
14	15.8326	18	7.7131
15	14.4254	19	4.4162
16	12.6290	20	0.0753

将表 1 中的数据代入 5.1.2 小节中, 编写程序, 随着桌脚与 z 轴正向之间的夹角 α 的变化, 生成桌脚边缘线的动态变化如图 7 和图 8(程序见附录 1)所示.

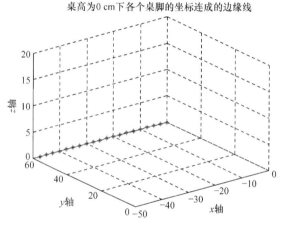

图 7　长方形平板未折叠时, 桌脚边缘线的轨迹立体图

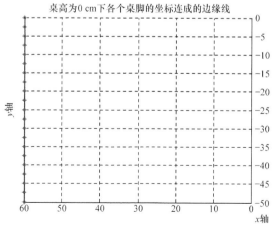

图 8　长方形平板未折叠时, 桌脚边缘线的轨迹平面图

图 9—图 11 为折叠桌高度为 50cm 时, 不同角度下桌脚边缘线的轨迹的立体图.

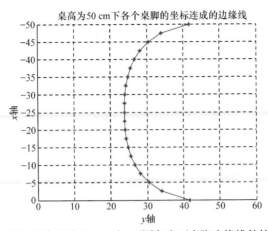

图 9　折叠桌高度为 50cm 时，不同角度下桌脚边缘线的轨迹(1)

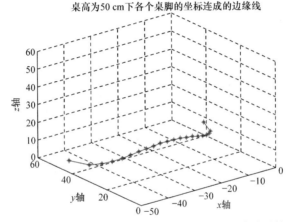

图 10　折叠桌高度为 50cm 时，不同角度下桌脚边缘线的轨迹(2)

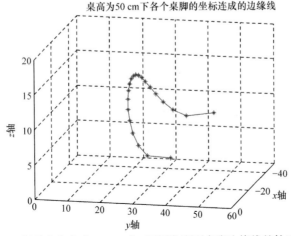

图 11　折叠桌高度为 50cm 时，不同角度下桌脚边缘线的轨迹(3)

图 12 和图 13 为不同的折叠角度上各个桌脚的坐标连成的边缘线. 具体作图程序见附录 2.

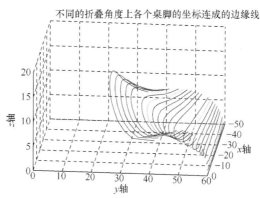

图 12   不同折叠角度上各个桌脚的坐标连成线(1)

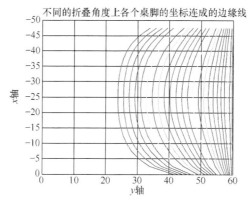

图 13   不同折叠角度上各个桌脚的坐标连成线(2)

利用 MATLAB 软件模拟折叠桌的变化过程如图 14—图 16 所示. 作图程序主体见附录 3.

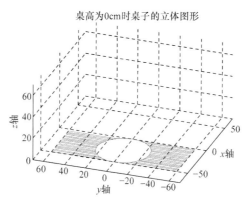

桌高为10 cm时桌子的立体图形

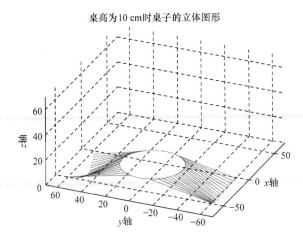

图 14　桌面高度为 0 cm 和 10 cm 时折叠桌的立体图

桌高为20 cm时桌子的立体图形

桌高为30 cm时桌子的立体图形

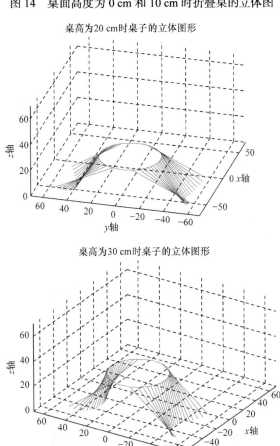

图 15　桌面高度为 20 cm 和 30 cm 时折叠桌的立体图

桌高为40 cm时桌子的立体图形

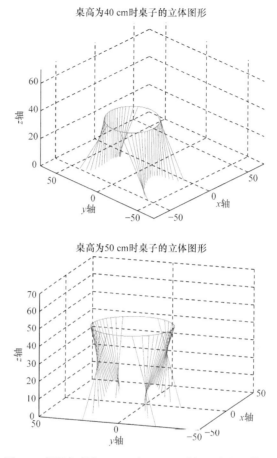

图 16　桌面高度为 40 cm 和 50 cm 时折叠桌的立体图

　　为了更加直观地显示折叠桌的变化过程, 我们利用 3DMax 软件制作长方形平板折叠桌的过程图如图 17 所示.

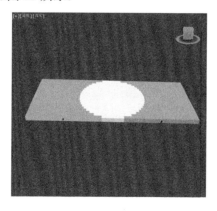

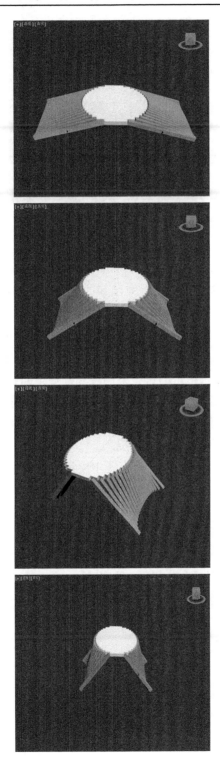

图 17　长方形平板折叠桌动态变化的总过程

5.2　模型二的建立

相对于问题一的求解, 问题二中已知的参数只有桌高 height 和桌面直径 r, 而且要求同时满足折叠椅的稳固性好、加工方便、用材最少这三个因素来达到一个最优的条件, 求出对应的设计加工参数. 这里我们利用折叠桌上的多个角和长度的关系, 列出尽可能多的约束条件, 并求得满足目标函数的最优值.

首先, 对于题中任意给定的折叠桌高度和圆形桌面直径, 求接触满足要求的最优的设计加工各个参数, 由于在折叠桌高度和圆形桌桌面直径给定时, 求解的思路完全一样, 因此我们只考虑了桌高 70 cm、桌面直径 80 cm 这一种情形, 足以代表其他任意给定的桌高和直径的情况.

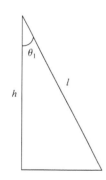

图 18　桌高和外腿构
成三角形图

其次, 因为题中给定的已知条件太少, 所以我们根据问题一, 假定每根木条长度为 2.5 cm, 又因为长方形材料的厚度对本题的求解没有实质性的影响, 所以我们在此忽略厚度这一因素.

首先, 桌子高度和最外面桌腿之间构成直角三角形, 如图 18 所示. 易知

$$\theta_1 = \arctan \frac{\sqrt{(\text{flength}_1)^2 - (\text{height})^2}}{\text{height}} \quad (\theta_1 \in [0, 15°]).$$

根据中间任意第 i 根桌腿与法线形成的角度以及长方形材料的平面图(图 19)和长度关系图(图 20), 可得

$$\theta_i = \arccos \frac{\text{height}(1-a)}{\text{flength}_i - a\text{flength}_1 + b_i} \quad (i = 2, 3, \cdots, 32)$$

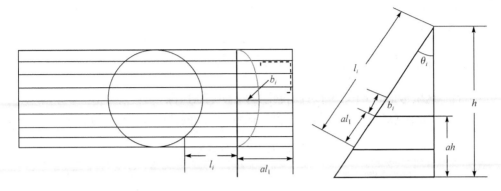

图 19 长方形材料平面图   图 20 桌高和第 i 根桌腿构成的
三角形图

从而推导出

$$\text{flength}_i = \frac{x}{2} - \sqrt{\left(\frac{\text{width} - \text{fwidth}}{2}\right)^2 - \left(\frac{\text{width} - \text{fwidth}}{2} - \text{fwidth}(i-1)\right)^2}$$

通过上面参数之间的关系式, 我们逐个考虑折叠桌的稳固性、用材量、加工方便性这三个因素指标.

1. 稳固性分析

经过参考设计原理方面的知识, 我们可以将折叠桌的稳固性归纳为受到三个因素的影响:

(1) 最外部四条桌腿与底面的接触面积(面积越大, 稳固性越好);

(2) 折叠桌的重心高度(高度越低, 稳固性越好);

(3) 折叠桌的桌腿之间形成的几何形状(三角形具有良好的稳定性).

本题中折叠桌的高度已经设为定值(70 cm), 故重心的高度已经确定; 折叠桌的桌腿之间可以全部近似看成三角形的形状, 故几何形状也呈固定状态. 经过以上分析, 折叠桌的稳固性在此可以通过考虑最外部四条桌腿与底面的接触面积大小来描述.

根据接触面积的计算公式, 我们很容易得到稳固性目标函数, 如下:

$$\max Q$$

$$= 2\text{width}\left(\sqrt{\text{flength}_1^2 - \text{height}^2} + \sqrt{\left(\frac{\text{width} - \text{fwidth}}{2}\right)^2 - \left(\frac{\text{width} - \text{fwidth}}{2} - \frac{\text{fwidth}}{2}\right)^2}\right)$$

$$
\text{s.t.}\begin{cases}
150 \leqslant x \\
70 \leqslant \mathrm{rlength}_i \leqslant 70.14 \\
\mathrm{rlength}_i = \dfrac{\mathrm{length}}{2} - \sqrt{\left(\dfrac{\mathrm{height}-2.5}{2}\right)^2 - \left(\dfrac{\mathrm{height}-2.5}{2} - \dfrac{2.5}{2}\right)^2}
\end{cases}
$$

注: 这里考虑 $\theta_1 \in [0,15°]$ 可以转化为 $l \in [70,70.14]$).

通过 Lingo 软件解出在约束范围内, 接触面积(即稳固性)最大时的最优解(表 5).

表 5 稳定性最优解表

l (最外桌腿的长度)/cm	70.14000
x (平板总长度)/cm	159.8056
$\max Q$(最大接触面积)/cm²	2270.754

2. 用材量分析

长方形平板的体积直接决定用材量, 但由于这里不考虑长方形平板的厚度因素, 用材量问题就可转化为长方形平板的平面面积大小问题, 即平面面积越小用材量越小.

根据长方形面积计算公式, 我们得到用材量目标函数如下:

$$\min s = \mathrm{width} \times \mathrm{length}$$

$$
\text{s.t.}\begin{cases}
150 \leqslant x \\
70 \leqslant \mathrm{rlength}_i \leqslant 70.14 \\
\mathrm{rlength}_i = \dfrac{\mathrm{length}}{2} - \sqrt{\left(\dfrac{\mathrm{height}-2.5}{2}\right)^2 - \left(\dfrac{\mathrm{height}-2.5}{2} - \dfrac{2.5}{2}\right)^2}
\end{cases}
$$

通过 Lingo 软件解出在约束范围内用材量最小时的解, 如表 6 所示.

表 6 用材量最优解表

l (最外桌腿的长度)/cm	70.000
x (平板总长度)/cm	159.5256
$\min s$ (最小平面面积)/cm²	12762.05

3. 加工方便性分析

因为开槽的长度越小, 制作桌子的过程越简单, 从而加工越方便. 故以所有桌腿中最长的开槽长度作为影响加工方便性的衡量因素, 即最中间的开槽长度作为影响因素. 虽然木条的根数也直接影响到加工的方便性, 但因初始假设中已经设为定值, 故在此不加以考虑了.

根据开槽长度的大小, 得到加工方便性的目标函数如下:

$$\min b_{12} = \frac{(1-a)\text{height}}{\cos\theta_i} + a\sqrt{\left(\frac{\text{width} - \text{fwidth}}{2}\right)^2 - \left[\frac{\text{width} - \text{fwidth}}{2} - \text{fwidth}\left(16 - \frac{1}{2}\right)\right]^2}$$

$$\text{s.t.} \begin{cases} 150 \leqslant x \\ 70 \leqslant \text{rlength}_i \leqslant 70.14 \\ \text{rlength}_i = \frac{\text{length}}{2} - \sqrt{\left(\frac{\text{height} - 2.5}{2}\right)^2 - \left(\frac{\text{height} - 2.5}{2} - \frac{2.5}{2}\right)^2} \end{cases}$$

通过 Lingo 软件解出在约束范围内最短槽长(加工方便最优)解, 如表 7 所示.

表 7   加工方便性最优解表

l (最外桌腿的长度)/cm	70.14
x (平板总长度)/cm	159.8056
$\min b$(最小平面面积)/cm²	19.47975

通过上面三个指标各自的单目标优化, 我们最终需要在不远离这些最优值的基础上构建出多目标函数的优化方法. 通过试用多种多目标优化方法得出的结果, 并且进一步考虑在稳固性、用材量和加工方便这三个因素中, 必须先满足折叠桌已经稳定的前提才可以去考虑用材量最少和加工方便的优化, 所以我们最终确定利用基于改进的主要目标法的多目标优化模型来进行优化.

主要目标法的介绍:

将最重要的指标因素的函数作为目标函数, 其他指标因素构成的函数转化为约束条件.

本题中显然稳固性和其他两因素相比, 重要系数最高, 故将其作为目标函数, 其他两因素变为约束条件考虑, 我们在原始的主要目标法多目标优化模型的基础上通过公式计算, 可以得到更加具体的约束条件.

此题我们的优化函数如下所示:

$$\max Q$$
$$= 2\text{width}\left(\sqrt{\text{flength}_1^2 - \text{height}^2} + \sqrt{\left(\frac{\text{width} - \text{fwidth}}{2}\right)^2 - \left(\frac{\text{width} - \text{fwidth}}{2} - \frac{\text{fwidth}}{2}\right)^2}\right)$$

$$\text{s.t.} \begin{cases} \text{rlength}_{0.5n} = \dfrac{\text{length}}{2} - \sqrt{\left(\dfrac{\text{width}-2.5}{2}\right)^2 - \left(\dfrac{\text{width}-2.5}{2} - 2.5\left(\dfrac{n}{2}-0.5\right)\right)^2} \\[4mm] b = \dfrac{(1-a)\text{height}}{\cos(\theta_{0.5n})} + al - \text{rlength}_{0.5n} \\[4mm] l = \dfrac{\text{length}}{2} - \sqrt{\left(\dfrac{\text{width}-2.5}{2}\right)^2 - \left(\dfrac{\text{width}-2.5}{2} - \dfrac{2.5}{2}\right)^2} \\[4mm] 0 < b < al \\ 150 \leqslant \text{length} < 300 \\ 70 \leqslant l < 70.14 \\ 0 < \theta_{0.5n} < 15° \\ 0.35 < a < 0.6 \end{cases}$$

本题的最优结果如表 8 所示. 求解的程序主体见附录 4.

表 8　多目标优化模型的最优解

x (平板总长度)/cm	159.8056
l /cm	70.14000
$l_{\min}$ (最短桌腿长度)/cm	41.15281
$b_{\min}$ (最大槽长的最小值)/cm	28.90813
a	0.4349952
$\theta_{0.5n}$ (最短桌腿与法线的角度)	0.1457089E−02
$Q_{\max}$ /cm^2	13919.83

即:

钢筋距离桌腿末端的长度为: $al = 0.4349952 \times 70.14 = 30.5105633(\text{cm})$;

平板的面积为: $s = x\text{width} = 159.8056 \times 70 = 11186.392(\text{cm})$;

最短桌腿对应的开槽的长度为: $b = 28.90813(\text{cm})$.

5.3　模型三的建立

5.3.1　模型的准备

问题三要求我们在客户任意给定的折叠桌高度、桌面边缘线形状大小以及桌脚边缘线大致形状的前提下,利用问题二中建立的模型,求解出最优设计加工参数,生产出最接近客户期望的折叠桌.

由题意可知,折叠桌的形状是由客户来确定的,因此,我们可以假定折叠桌的边的条数作为数学模型的一个参数. 但是由图 21 可知,一般桌面可能为三边形、四边形、五边形、六边形等, 而一般情况下桌面超过六边形的情况很少, 因为这时候用户基本上会选择圆桌. 基于这个因素, 桌面可能为无数条的情况就被整理成存在三边形、四边形、五边形、六边形以及圆形这五种情况.

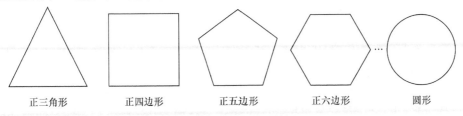

| 正三角形 | 正四边形 | 正五边形 | 正六边形 | 圆形 |

图 21　折叠桌可能的情况

在具体的设计过程中, 即使我们知道了桌面的边数, 但是由于每条边的边长是未知的, 因此, 在折叠桌的设计过程中, 仍然存在着一定的困难. 本题的处理方法为知道桌面的边数后, 可以先假设桌面为正多边形, 这样我们结合第二题就可以设计出折叠桌的尺寸等, 然后采用模拟退火法将桌面向用户所描述的形状逼近.

5.3.2　模型的建立

模拟退火法的出发点是基于物理中固体物质的退火过程与一般组合优化问题之间的相似性. 模拟退火法是一种通用的优化算法, 其物理退火过程由三部分组成:

加温过程. 其目的是增强粒子的热运动, 使其偏离平衡位置. 当温度足够高时, 固体将融为液体, 从而消除系统存在的非均匀状态.

等温过程. 对于与周围环境交换热量而温度不变的封闭系统, 系统状态的变化总是朝着自由能减少的方向进行的, 当自由能达到最小时, 达到平衡状态.

冷却过程. 使粒子热运动减弱, 系统能量下降, 得到晶体结构.

模拟退火法其实是一种贪心算法, 但是它的搜索过程引入了随机因素. 模拟退火法以一定的概率来接受一个比当前要差的解, 因此有可能跳出这个局部的最优解从而达到全局的最佳解.

模拟退火法概述:

(1) 若 $J(Y(i+1)) \geqslant J(Y(i))$, 移动后得到更优解, 所以总是接受该移动;

(2) 若 $J(Y(i+1)) < J(Y(i))$, 移动后的解比当前的解要差, 所以总是以一定的概率接受移动, 并且这个概率随着时间的推移逐渐降低.

根据热力学的原理, 在温度为 T 时, 出现能量差为 $k\,\mathrm{DE}$ 的降温的概率为 $P(\mathrm{DE})$, 表示为

$$P(\mathrm{DE}) = \exp(\mathrm{DE}\,/\,(kT))$$

其中 k 是一个常数, exp 表示自然指数, 且 $\mathrm{DE} < 0$. 这条公式说白了就是: 温度越

高，出现一次能量差为 DE 的降温的概率就越大；温度越低，则出现降温的概率就越小. 又由于 DE 总是小于 0(否则就不叫退火了)，因此 $\text{DE}/kT < 0$，所以 $P(\text{DE})$ 的函数取值范围是 $(0,1)$.

随着温度 T 的降低，$P(\text{DE})$ 会逐渐降低.

模拟退火算法的基本步骤： /*

```
// J(y)：在状态 y 时的评价函数值
// Y(i)：表示当前状态
// Y(i+1)：表示新的状态
// r：  用于控制降温的快慢
// T：  系统的温度，系统初始应该要处于一个高温的状态
// T_min：温度的下限，若温度 T 达到 T_min，则停止搜索
//
while(T > T_min)
{
    dE = J(Y(i+1))  J(Y(i)) ;
    if (dE >=0) //表达移动后得到更优解，则总是接受移动
     Y(i+1) = Y(i); //接受从 Y(i) 到 Y(i+1) 的移动
    else{
    // 函数 exp(dE/T) 的取值范围是 (0,1) ，dE/T 越大，则 exp(dE/T) 也
      if (exp(dE/T) > random(0,1))
        Y(i+1) = Y(i); //接受从 Y(i) 到 Y(i+1) 的移动
    }
    T = r * T; //降温退火，0<r<1. r 越大，降温越慢；r 越小，降温越快
    /*
    若 r 过大，则搜索到全局最优解的可能会较高，但搜索的过程也就较长. 若 r 过小，
则搜索的过程会很快，但最终可能会达到一个局部最优值
    */
    i ++ ;
}
```

因为前面我们将多种桌面为正多边形的折叠桌简化成了桌面为正三边形、正四边形、正五边形、正六边形和圆形五种情况，而这五种情况我们都可以用函数关系式唯一地表示出来(本章后面演示了桌面为椭圆和正六边形两种折叠桌的动态变化情况，如图 23 和图 24 所示). 但是，不是每个用户都喜欢正多边形的桌子，所以本章针对非正多边形折叠桌的情况进行了仔细考虑，结合上面所说的模拟退火法，我们采用了模拟退火的思想让正多边形的折叠桌一步步地逼近用户要求的非正多边形的情况. 这里我们将用户的非正多边形的要求随机模拟为钢筋偏离原来位置的距离. 由于桌脚边缘线也有可能改变，因此我们也将采用模拟退火的思想结合问题二中建立的模型一步步地去逼近用户的要求. 从而达到用户的预期情

况. 具体的过程如下面的流程图 22 所示. 求解程序见附录 5—附录 7.

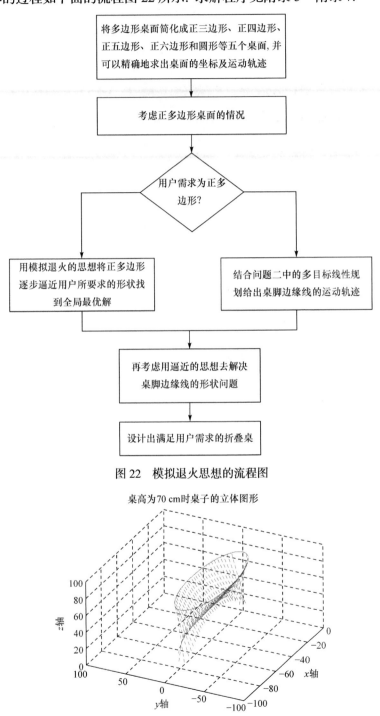

图 22　模拟退火思想的流程图

桌高为60 cm时桌子的立体图形

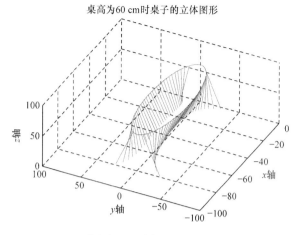

桌高为50 cm时桌子的立体图形

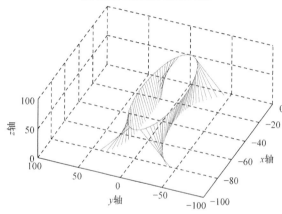

桌高为40 cm时桌子的立体图形

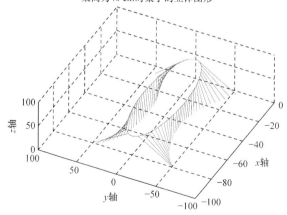

桌高为30 cm时桌子的立体图形

桌高为20 cm时桌子的立体图形

桌高为10 cm时桌子的立体图形

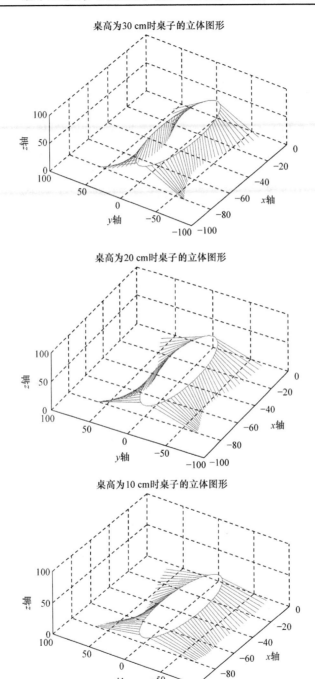

桌高为 0 cm 时桌子的立体图形

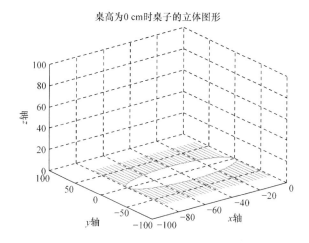

图 23　不同桌高的圆桌立体变化图

桌高为 70 cm 时桌子的立体图形

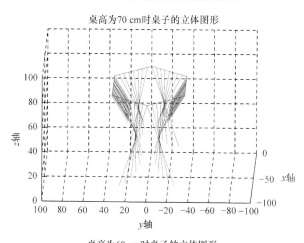

桌高为 60 cm 时桌子的立体图形

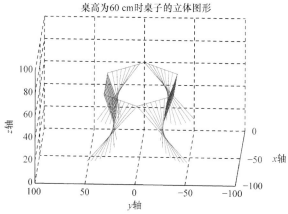

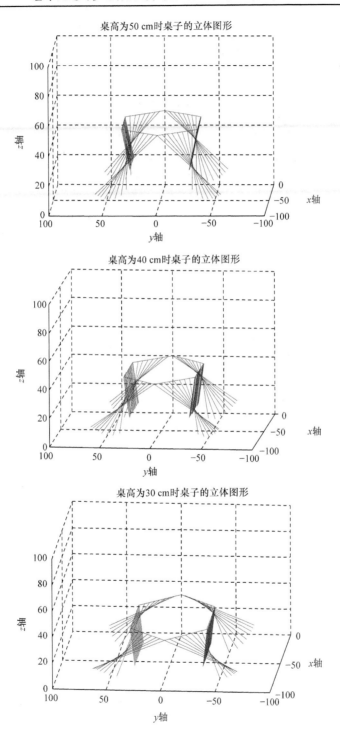

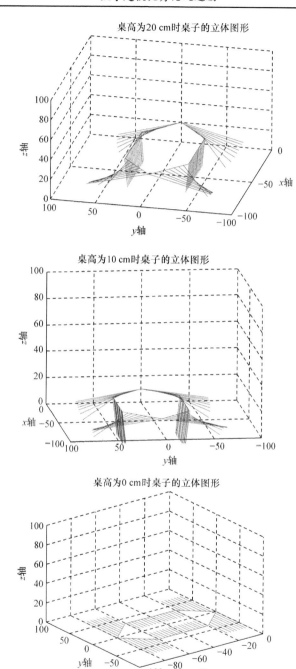

图 24 不同桌高的正六边形桌子的立体变化图

六、模型的优缺点

优点:

(1) 在研究桌脚边缘线的运动轨迹的过程中采用不同高度、不同角度的多组数据对折叠桌的桌脚运动轨迹进行模拟, 使结果更加真实可靠.

(2) 对于问题二, 我们利用主要目标法进行多目标优化, 不仅简单易行, 而且通过和单目标的结果作比较可知, 其计算结果非常逼近各自指标的最优值, 故建立的此模型是非常有效可行的. 并且该方法也适用于其他的多目标优化问题, 有实用背景, 具有广泛的应用性.

缺点:

(1) 由于时间的关系, 我们在对问题一建模的过程中, 把每根木条都看作一条直线, 由于木条具有一定的宽度和厚度, 因此在计算过程中可能会产生一些微小误差.

(2) 对于问题二, 在已知量太少的情况下, 我们直接将小木条的宽度看作已知量, 这在考虑加工方便性时, 会造成一点点的偏差.

七、参　考　文　献

[1] 周建兴. MATLAB 从入门到精通. 北京: 人民邮电出版社, 2008.

[2] 张建国, 苏多, 刘英卫. 机械产品可靠性分析与优化. 北京: 电子工业出版社, 2008.

[3] 姜启源, 谢金星, 叶俊. 数学模型. 北京: 高等教育出版社, 2008.

[4] 周品, 赵新芬. 数学建模与仿真. 北京: 国防工业出版社, 2009.

[5] 陈务军, 关富玲. 索杆可展结构体系分析. 空间结构, 1997, 3(4): 28-33.

[6] 苍梧. 大白话解析模拟退火算法. [2014-09-14]. http://www.cnblogs.com/heaad/archive/2010/12/20/1911614. html#2183428.

[7] Williamson C. Rising Side Table By Robert Van Embricqs. [2014-09-12]. http://new.rushi.net/Home/Works/detail/id/12731.html.

八、附　　录

附录 1　桌高为 0 的时候桌脚坐标连成的边缘线(这里的指代高度的变量为 height, 可以将其分别改为 30 cm, 50 cm, 然后再求出桌脚边缘线)

```
clear;
firstStickLength = 52.3; %第一根木棒考虑误差后的长度
```

```
height = 0; %桌子的高度
hemiHeight = height / 2;
x = 0:-2.5:-50; %圆的区间为[-1.25, 48.75]
%x = -50 : 2.5 : 0;
[length,width] = size(x);
banjing = 25;
bb = banjing^2;
y = sqrt(bb - (x + 25) .* (x + 25)); %半径为23.75
detx = 60 - y;
% plot(y,x,'*-r');
%最外面一根脚的x轴坐标
lastFootx = sqrt(firstStickLength ^ 2 - height ^ 2);
midFootx = lastFootx / 2;
for i = 1 : width
% delta = atan(abs((midFootx + x(i)) / 2) / (height / 2)); %求每根
柱子的夹角
%if midFootx - detx(i) > 0
% midFootx - y(i)
delta = atan((midFootx + 16.5 - y(i)) / hemiHeight);
%
z(i) = cos(delta) * detx(i);
z(i) = height - z(i);
cursorY(i) = sin(delta) * detx(i);
y(i) = cursorY(i) + y(i);
[x(i),y(i),z(i)]
end
% for i = 1 : 20
% cursorX(i) = cursorX(i) + x(i);
% end
plot3(x,y,z,'*-b');
%axis equal;
axis([-50,0,0,60,0,20]);
% set(gca,'FontName','Times New Roman','FontSize',14)
xlabel('x轴');
ylabel('y轴');
zlabel('z轴');
grid on;
title('桌高为0cm下各个桌脚的坐标连成的边缘线');
```

附录2　以高度为50 cm时为最小角度，最大角度为π/2(也就是桌子折叠成一块长方形木板的时候的边缘线的集合)

```
clear;
firstStickLength = 52.3; %第一根木棒考虑误差后的长度
biggestDelta = acos(50 / firstStickLength);
%j = biggestDelta;
% while j <= pi / 2
% height(j) = 60 * cos(j);
% j = j + 0.05;
% end
count = 1;
for j = biggestDelta : 0.05 : pi / 2
height(count) = firstStickLength * cos(j);
count = count + 1;
end
[heightLength,heightWidth] = size(height);
% height = 53; %桌子的高度
for j = 1 : heightWidth
x = 0:-2.5:-47.5;
[length,width] = size(x);
y = sqrt(625 - (x + 25) .* (x + 25));
detx = 60 - y;
% plot(y,x,'*-r');
%最外面一根脚的 x 轴坐标
color =
['-r','-b','-y','-g','-r','-b','-y','-g','-r','-b','-y','-g','-r','-b
','-y','-g','-r','-b','-y','-g'];

lastFootx = sqrt(firstStickLength ^ 2 - height(j) ^ 2);
midFootx = lastFootx / 2;
for i = 1 : width
delta = atan((midFootx - y(i) + 16.5) / (height(j) / 2)); %求每根
柱子的夹角
z(i) = cos(delta) * detx(i);
z(i) = height(j) - z(i);
cursorX(i) = sin(delta) * detx(i);
y(i) = cursorX(i) + y(i);
```

```
[x(i),y(i),z(i)]
end
% if j == 1
% plot3(y,x,cursorZ,'*r');
% end
%plot3(x,y,z,color(j));
plot3(x,y,z,color(j));

% if j == 20
% plot3(y,x,cursorZ,'*r');
% end
hold on
end
axis([-50,0,0,60,0,20]);
% set(gca,'FontName','Times New Roman','FontSize',14)
xlabel('x轴');
ylabel('y轴');
zlabel('z轴');
grid on;
title('不同的折叠角度上各个脚的坐标连成的边缘线');
hold off;
```

附录3　在坐标中描述桌子立体形状的程序

```
clear;
firstStickLength = 52.2; %第一根木棒考虑误差后的长度
height = 50; %桌子的高度
hemiHeight = height / 2;
x = -1.25:-2.5:-48.75; %圆的区间为[-1.25, 48.75]
[length,width] = size(x);
banjing = 25;
bb = 25^2;
y = sqrt(625 - (x + 25) .* (x + 25)); %半径为 23.75
detx = 60 - y;
lastFootx = sqrt(firstStickLength ^ 2 - height ^ 2);
midFootx = lastFootx / 2;
for i = 1 : width
delta = atand((midFootx + 7.8 - y(i)) / hemiHeight);
z(i) = cosd(delta) * detx(i);
z(i) = height - z(i);
```

```
cursorY(i) = sind(delta) * detx(i);
y1(i) = cursorY(i) + y(i);
plot3([x(i) x(i)],[y1(i) y(i)],[z(i) 50]);
plot3([x(i) x(i)],[-y1(i) -y(i)],[z(i) 50]);
hold on;
%[x(i),y(i),z(i)]
end
%plot3(x,y,z,'*-b');
%画出高为50时的顶圆
semiDiameter = 50;
r = 25;
%t = 0 : 0.01 : 2 * pi;
t = -pi / 2 : 0.01 : pi / 2;
y1 = r * cos(t);
x1 = r * sin(t) - 25;
%y = 0 * t;
z = 50 + 0 * t;
t = pi / 2 : 0.01 : 3 * pi / 2;
plot3(x1,y1,z);
hold on
y2 = r * cos(t);
x2 = r * sin(t) - 25;
%y = 0 * t;
z = 50 + 0 * t;
plot3(x2,y2,z);
xlabel('x轴');
ylabel('y轴');
zlabel('z轴');
axis([-semiDiameter semiDiameter -semiDiameter semiDiameter 0 70]);
grid on
hold off;

%axis([-50,0,0,60,0,60]);
xlabel('x轴');
ylabel('y轴');
zlabel('z轴');
grid on;
title('桌高为50cm时桌子的立体图形');
hold off;
```

附录 4　求桌脚的槽长

```
%假定桌子在桌高为 50 cm 时达到稳定状态
clear;
firstStickLength = 52.3;  %第一根木棒考虑误差后的长度
initialLength = firstStickLength / 2;  %初始状态下钢筋固定点处到桌底的
高度
height = 50;  %稳定状态下桌子的高度
hemiHeight = height / 2;
x = -1.25:-2.5:-48.75;  %圆的区间为[-1.25, 48.75]
[length,width] = size(x);
banjing = 25;
bb = banjing^2;
y = sqrt(bb - (x + 25) .* (x + 25));  %半径为 23.75
detx = 60 - y;
% plot(y,x,'*-r');
%最外面一根脚的 x 轴坐标
lastFootx = sqrt(firstStickLength ^ 2 - height ^ 2);
midFootx = lastFootx / 2;
for i = 1 : width
delta = atan((midFootx + 7.7 - y(i)) / hemiHeight);  %求每根柱子与 z
轴的夹角
z(i) = cos(delta) * detx(i);
z(i) = height - z(i);
deltaHeight(i) = hemiHeight - z(i);
deltaLength(i) = deltaHeight(i) / cos(delta);
realLength(i) = initialLength - deltaLength(i);
end
```

附录 5　桌子的 3D 图形代码

```
clear;
firstStickLength = 52.2;  %第一根木棒考虑误差后的长度
height = 20;  %桌子的高度
hemiHeight = height / 2;
x = -1.25:-2.5:-48.75;  %圆的区间为[-1.25, 48.75]
[length,width] = size(x);
banjing = 25;
bb = 25^2;
y = sqrt(625 - (x + 25) .* (x + 25));  %半径为 23.75
detx = 60 - y;
lastFootx = sqrt(firstStickLength ^ 2 - height ^ 2);
```

```
midFootx = lastFootx / 2;
for i = 1 : width
delta = atand((midFootx + 7.8 - y(i)) / hemiHeight);
z(i) = cosd(delta) * detx(i);
z(i) = height - z(i);
cursorY(i) = sind(delta) * detx(i);
y1(i) = cursorY(i) + y(i);
plot3([x(i) x(i)],[y1(i) y(i)],[z(i) height]);
plot3([x(i) x(i)],[-y1(i) -y(i)],[z(i) height]);
hold on;
%[x(i),y(i),z(i)]
end
%plot3(x,y,z,'*-b');


%画出高为 50 时的顶圆
semiDiameter = 70;
r = 25;
%t = 0 : 0.01 : 2 * pi;
t = -pi / 2 : 0.01 : pi / 2;
y1 = r * cos(t);
x1 = r * sin(t) - 25;
%y = 0 * t;
z = height + 0 * t;


t = pi / 2 : 0.01 : 3 * pi / 2;
plot3(x1,y1,z);
hold on
y2 = r * cos(t);
x2 = r * sin(t) - 25;

%y = 0 * t;
z = height + 0 * t;
plot3(x2,y2,z);
xlabel('x 轴');
ylabel('y 轴');
zlabel('z 轴');
axis([-semiDiameter semiDiameter -semiDiameter semiDiameter 0 70]);
title('桌高为 20cm 时桌子的立体图形');
grid on
hold off;
```

附录6　椭圆的3D图形

```
clear;
tableLength = 70.14; %桌腿长
tableWidth = 40;
circleLength = 40;
circleWidth = 25;
tableHeight = 0; %桌腿高
remainLength = 28.9;
ratio = remainLength / tableLength;
hemiHeight = tableHeight * ratio;
totleLength = 159.8; %总的长度
x = -1.25:-2.5:-78.75; %椭圆的区间为[-1.25, 78.75]
[length,width] = size(x);
y = sqrt(circleWidth ^ 2 - ((circleWidth * (x + circleLength)) /
circleLength) .^ 2);
detx = tableLength - y;
lastFootx = sqrt(tableLength ^ 2 - tableHeight ^ 2);
midFootx = lastFootx * (ratio);
for i = 1 : width
delta = atand((midFootx - y(i)) / hemiHeight);
z(i) = cosd(delta) * detx(i);
z(i) = tableHeight - z(i);
cursorY(i) = sind(delta) * detx(i);
y1(i) = cursorY(i) + y(i);
plot3([x(i) x(i)],[y1(i) y(i)],[z(i) tableHeight]);
plot3([x(i) x(i)],[-y1(i) -y(i)],[z(i) tableHeight]);
hold on;
%[x(i),y(i),z(i)]
End

%画出高为70时的椭圆
r = 25;
%t = 0 : 0.01 : 2 * pi;
t = -pi / 2 : 0.01 : pi / 2;
% y1 = r * cos(t);
% x1 = r * sin(t) - 25;
x1 = circleLength * cos(t) - circleLength;
y1 = circleWidth * sin(t);
%y = 0 * t;
```

```
z = tableHeight + 0 * t;

t = pi / 2 : 0.01 : 3 * pi / 2;
plot3(x1,y1,z);
hold on
x2 = circleLength * cos(t) - circleLength;
y2 = circleWidth * sin(t);
% y2 = r * cos(t);
% x2 = r * sin(t) - 25;
%y = 0 * t;
z = tableHeight + 0 * t;
plot3(x2,y2,z);
hold off
grid on
semiDiameter = 100;
xlabel('x 轴');
ylabel('y 轴');
zlabel('z 轴');
axis([-semiDiameter 0 -semiDiameter semiDiameter 0 100]);
title('桌高为0cm时桌子的立体图形');
grid on
hold off;
```

附录 7 正六边形的 3D 图形

```
clear;
tableLength = 70.14; %桌腿长

tableWidth = 40;
circleLength = 40;
circleWidth = 30;
tableHeight = 0; %桌腿高

remainLength = 28.9;
ratio = remainLength / tableLength;
hemiHeight = tableHeight * ratio;
totleLength = 159.8; %总的长度
x = 0:-2.5:-80; %椭圆的区间为[-1.25, 78.75]

[length,width] = size(x);
for i = 1 : width

if x(i) >= -80 && x(i) < -60
y(i) = sqrt(3) * x(i) + 80 * sqrt(3);
```

```
elseif x(i) <= -20
y(i) = 40;
else
y(i) = -sqrt(3) * x(i);
end
detx(i) = tableLength - y(i);
end

%y = sqrt(circleWidth ^ 2 - ((circleWidth * (x + circleLength)) /
circleLength) .^ 2);
lastFootx = sqrt(tableLength ^ 2 - tableHeight ^ 2);
midFootx = lastFootx * (ratio);
for i = 1 : width
delta = atand((midFootx + 10 - y(i)) / hemiHeight);
z(i) = cosd(delta) * detx(i);
z(i) = tableHeight - z(i);
cursorY(i) = sind(delta) * detx(i);
y1(i) = cursorY(i) + y(i);
if x(i) >= -60 & x(i) <= -20
plot3([x(i) x(i)],[y1(i) y(i) - 5],[z(i) tableHeight]);
plot3([x(i) x(i)],[-y1(i) -y(i) + 5],[z(i) tableHeight]);
%hold on;
else
plot3([x(i) x(i)],[y1(i) y(i)],[z(i) tableHeight]);
plot3([x(i) x(i)],[-y1(i) -y(i)],[z(i) tableHeight])
end
hold on;
%[x(i),y(i),z(i)]
end

plot3([0,-20],[0,20 * sqrt(3)],[tableHeight,tableHeight]);
hold on
plot3([-20,-60],[20 * sqrt(3),20 * sqrt(3)],[tableHeight, tableHeight]);
hold on
plot3([-60,-80],[20 * sqrt(3),0],[tableHeight,tableHeight]);
hold on
plot3([0,-20],[0,-20 * sqrt(3)],[tableHeight,tableHeight]);
hold on
plot3([-20,-60],[-20 * sqrt(3),-20 * sqrt(3)],[tableHeight,tableHeight]);
hold on
```

```
plot3([-60,-80],[-20 * sqrt(3),0],[tableHeight,tableHeight]);
hold on

hold off
grid on
semiDiameter = 100;
xlabel('x 轴');
ylabel('y 轴');
zlabel('z 轴');
axis([-semiDiameter 0 -semiDiameter semiDiameter 0 100]);
title('桌高为 0cm 时桌子的立体图形');

grid on
hold off;
```

基于影长变化的逆向定位方法研究

(学生: 杨 颖 陈 军 侯伦青 指导教师: 孙丽萍 国家二等奖)

摘 要

本章研究直杆影子长度变化的规律, 并对其进行数学描述、分析以及创新, 参考几何论、地理知识和物理知识, 分别构建几何模型、物理模型和代数模型, 使用 MATLAB, Mathematica, Eclipse, OpenCV 等工具, 求解了模型中所涉及的各问题并给出了结论.

针对问题一, 我们分析了太阳、地球的运动规律, 找到了直杆高度与影子长度、太阳高度角、观测点经纬度、太阳赤纬、时角之间的关系. 根据题目给出的已知条件计算出影子顶点坐标的运动轨迹. 通过控制变量法, 分析了影子长度关于各个参数的变化规律.

针对问题二, 我们找到了影子长度与直杆高度之间的关系, 并通过分析直杆高度、影子长度、太阳赤纬、观测点纬度、时角之间的关系, 建立了几何模型. 将附件 1 提供的数据输入该模型中, 计算出了直杆的高度以及观测点的经纬度. 为了验证模型的可靠性, 用指定函数对附件中的数据进行拟合, 预测出了观测点的经纬度, 其与模型计算得出的结果相近.

针对问题三, 利用问题二中的拟合方法, 计算出了附件2和附件3对应观测点的地方正午时, 从而求得观测点经度. 通过影长与时间差, 求得直杆长度. 根据直杆长度与影长、观测点纬度、太阳赤纬的关系, 进一步求得观测点纬度.

针对问题四, 我们对视频信息进行提取, 读取影长信息, 并使用透明转换法减小了直接提取信息造成的误差. 再根据影长、观测日期、观测时间之间的关系, 求得观测点的经纬度. 若不知道观测日期, 我们仍可以对视频图像进行处理, 获取影长, 再根据问题三中求解观测点经度的方法求出拍摄地点与日期.

本章最后对模型进行了评价, 该模型可以推广到测绘、建筑采光设计、地理信息系统以及军事领域中.

关键词: 定位 太阳高度角 时角 赤纬 透明转换

一、问 题 重 述

1.1 问题背景

如何确定视频的拍摄地点和拍摄日期是视频数据分析的重要方面, 太阳影子定位技术就是通过分析视频中物体的太阳影子变化, 确定视频拍摄的地点和日期的一种方法.

1.2 相关资料

(1) 表格附件(略);

(2) 视频资料(略).

1.3 需解决的问题

(1) 建立影子长度变化的数学模型, 分析影子长度关于各个参数的变化规律, 并应用你们建立的模型画出 2015 年 10 月 22 日北京时间 9:00—15:00 天安门广场(北纬 39 度 54 分 26 秒, 东经 116 度 23 分 29 秒)3 米高的直杆的太阳影子长度的变化曲线.

(2) 根据某固定直杆在水平地面上的太阳影子顶点坐标数据, 建立数学模型确定直杆所处的地点. 将你们的模型应用于附件 1 的影子顶点坐标数据, 给出若干个可能的地点.

(3) 根据某固定直杆在水平地面上的太阳影子顶点坐标数据, 建立数学模型确定直杆所处的地点和日期. 将你们的模型分别应用于附件 2 和附件 3 的影子顶点坐标数据, 给出若干个可能的地点与日期.

(4) 附件 4 为一根直杆在太阳下的影子变化的视频, 并且已通过某种方式估计出直杆的高度为 2 米. 请建立确定视频拍摄地点的数学模型, 并应用你们的模型给出若干个可能的拍摄地点.

(5) 如果拍摄日期未知, 根据视频确定出拍摄地点与日期.

二、问 题 分 析

问题一中给出了具体地点的经纬度、日期、时间范围, 以及直杆的高度. 具体信息较详细, 所以, 我们只需要根据地理知识, 发现各类参数的变化规律, 求得变化参数, 建立相应的影子长度变化模型即可.

对于问题二, 我们可以通过地理知识进行分析, 通过几何知识进行推导, 得到由影长和时间变化就能计算直杆长度的公式, 再结合太阳高度角计算方法, 即可得到计算观测点经纬度的几何模型. 再通过数据拟合的方式, 对建立的模型进行可靠性验证, 即可得到可信度较高的定位模型.

问题三, 较问题二缺少了观测点日期信息. 想要得到观测点日期, 可以先求观测时刻的太阳赤纬, 因为它们之间有直接转换的关系. 我们可以通过数据拟合, 求得附件 2 和附件 3 中的地方正午时 (此时观测点影子最短), 从而求得观测点经度. 通过影长与时间差, 求得直杆长度. 根据直杆长度与影长、观测点纬度、太阳赤纬的关系, 可求得观测点纬度.

问题四与问题二相似, 不同的是问题二给出了具体的影子顶点的坐标, 而问题四需要从视频信息中提取出具体的影子顶点坐标. 从而考验了提取视频信息的能力. 通过技术手段将影子长度还原, 利用问题二中得到的模型可以顺利求解. 假设缺少了视频拍摄的日期, 同样可以将影子长度进行还原, 并利用问题三中模型进行求解.

三、模 型 假 设

(1) 可以忽略大气层对光线的折射因素;
(2) 可以忽略观测点的海拔高度产生的影响;
(3) 地球自转一圈为 24 小时整;
(4) 不考虑摄像头拍摄视频产生的误差;
(5) 假设地球是规则的球体.

四、模型的建立与求解

4.1　问题一: 影子长度的变化模型

4.1.1　建立模型

在日常生活中, 我们可以观察到: 当直杆静置于某一露天平面时, 其影子的长度总是随太阳移动而变化. 其实, 这种变化是地球围绕太阳的自转和公转引起的. 直接来说, 引起影子长度改变的原因是: 光线与水平面的角度在不断地变化. 所以, 只要确定了直杆所处位置的太阳高度角 (太阳光的入射方向和地平面之间的夹角), 如图 1 所示, 就能大致推算出影子的长度.

影响太阳高度角的因素有很多, 如观测点海拔高度、大气层对光线的折射等. 这些因素有偶然性, 会给建立的模型造成一定的误差, 但是只要我们掌握了一般规律以及主要因素, 就能建立普遍适用的模型. 我们发现关于太阳高度角的两个重要规律:

(1) 观测点纬度与太阳直射点(正午太阳高度角为 90°地区)的纬度相差多少, 正午太阳高度角(地方时正午 12 点时太阳高度角)就减小多少, 如图 2 所示.

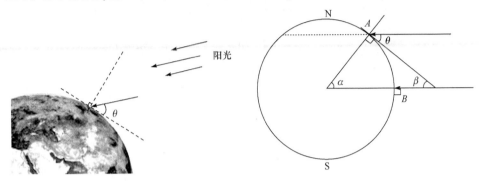

图 1 太阳高度角 θ 示意图   图 2 太阳高度角与地球纬度关系

在图 2 中, 观测点为 A, 太阳直射点为 B. A 与 B 纬度相差 α 度, 正午太阳高度角相差 $90°-\theta$, 由几何知识可知 $\theta=\beta$, $90°-\theta=90°-\beta=\alpha$.

(2) 太阳直射点与某观测点的距离成周期变化.

通过地理知识可以得到关于太阳直射点纬度变化的图像如图 3 所示. 绘制的程序见附录.

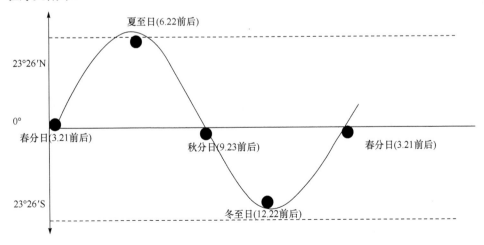

图 3 太阳直射点纬度随时间变化

由图 3 可知, 每一年, 太阳直射点纬度随时间周期性变化. 由图 4 可知, 每一天，直射点移动轨迹也近似周期变化. 对于某一观测点来说，太阳直射点总是在固定时间靠近或远离. 当太阳直射点靠近观测点时，太阳高度角渐增，远离时渐减.

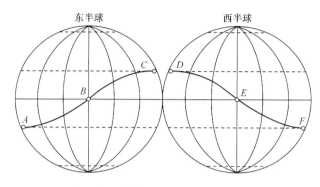

图 4　太阳直射点随地球自转移动轨迹

在球面天文学中，太阳高度角随着时角(地方时)和太阳的赤纬(与太阳直射点纬度相等的纬度)的变化而变化. 天体在某时的太阳高度角，可以从天体的定位三角形中求得，可以表示为

$$\sin h = \sin\varphi\sin\sigma + \cos\varphi\cos\sigma\cos t \qquad (1)$$

(h: 太阳高度角，单位: 度；φ: 观测地地理纬度；σ: 太阳赤纬；t: 时角).

我们查询到，太阳赤纬角的计算公式为

$$\sigma = 23.45\sin\left(\frac{2\pi(284 + n)}{365}\right) \qquad (2)$$

(σ: 太阳赤纬，单位: 度；n: 日期序号，即一年中的第几天).

时角的计算公式为

$$t = 15 \times (\mathrm{ST} - 12) \qquad (3)$$

(t: 时角，单位: h；ST: 真太阳时).

由公式(1), (2), (3)，可以计算出观测点在某时刻的太阳高度角 h 的大小. 根据几何知识，易知

$$L = H\cot h \qquad (4)$$

(L: 影子长度，单位: m；H: 直杆高度单位: m).

4.1.2　分析影子长度随各参数的变化情况

(1) 采用控制变量法来研究，首先设观测物的纬度 $\varphi = 39.9072°$，赤纬度 $\sigma = -11.472°$，直杆的长度 $H = 3$，考虑实际情况我们控制时间 x 的范围为 $6.5 \leqslant t \leqslant 18.5$，得到影子长度 L 与时间 x 的关系如图 5 所示. 由图 5 可得表 1.

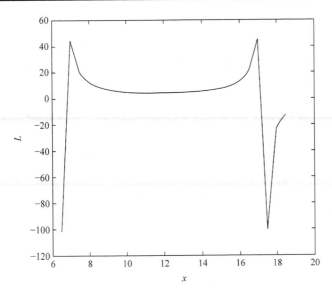

图 5　影子长度 L 与时间 x 的关系

表 1　影子长度随时间的变化

时间段	影子长度 L 随时间 x 的变化情况
(07:10, 07:30)	单调递增
(07:30, 12:00)	单调递减
(12:00, 17:00)	单调递增
(17:00, 17:20)	单调递减

(2) 设观测物的纬度 $\varphi = 39.9072°$，赤纬度 $\sigma = -11.472°$，直杆的长度 $H = 3$，时角 t 的范围是 $-180° \leqslant t \leqslant 180°$．同(1)的做法，得到影子长度 L 与时角 t 的关系，见表 2. 由图 6 可得表 2.

表 2　影子长度随时角的变化情况

时角范围	影子长度 L 随时角 t 变化情况
$[-180°, -78.46°]$	单调递减
$[-78.46°, -69.23°]$	单调递增
$[-69.23°, 0°]$	单调递减

续表

时角范围	影子长度 L 随时角 t 变化情况
$[0°, 69.23°]$	单调递增
$[69.23°, 78.46°]$	单调递减
$[78.46°, 180°]$	单调递增

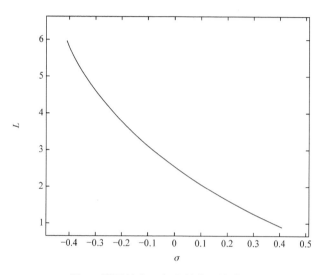

图 6　影子长度 L 与赤纬度 σ 的关系

（3）设观测物的纬度 $\varphi = 39.9072°$，直杆的长度 $H = 3$，时角 $t = 0$，即赤纬度 σ 的范围是 $-23°26' \leqslant \sigma \leqslant 23°26'$．影子长度 L 与赤纬度 σ 的关系如图 6 所示．

由图 6 可知，影子长度 L 随着赤纬度 σ 单调递减．

（4）设观测物赤纬度 $\delta = -11.472°$，直杆的长度 $H = 3$，时角 $\Omega = 0$ 即 $t = 12$，观测物的纬度 φ 的范围是 $-90° \leqslant \varphi \leqslant 90°$，影子长度 L 与观测物经纬度 φ 的关系如图 7 所示．由图 7 可得表 3．

表 3　影子长度随观测物经纬度变化的情况

时角范围	影子长度 L 随观测物经纬度 φ 变化情况
$[-90°, 0°]$	单调递减
$[0°, 68.18°]$	单调递增
$[68.18°, 72°]$	单调递减
$[72°, 73.63°]$	单调递增
$[73.63°, 90°]$	单调递减

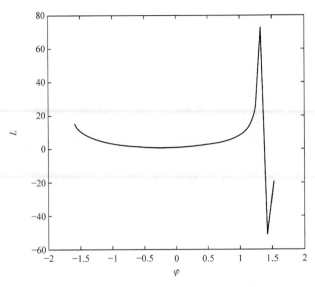

图 7 影子长度 L 与观测物经纬度 φ 的关系

4.1.3 利用模型求解

因为北京时间是采用北京区时作为东八准时间, 所以北京时间并不是北京 (东经 116.4°)地方的时间, 而是东经 120°地方的地方时间. 据地理常识可知, 每过一小时, 地球自转 15°. 所以在北京天安门的"地方时"较"北京时间"早.

因此, 时差:

$$\Delta t = \frac{120 - 116.4}{15} \ \text{(h)} \tag{5}$$

北京地方时:

$$t = 15 \times (\text{Bt} - \Delta t - 12) \tag{6}$$

(t: 时角, 单位: h; Bt: 北京时间, 单位: h).

故修正时间差后, 可以根据题意与模型, 做出 2015 年 10 月 22 日北京时间 9:00—15:00 天安门广场 3 m 高的直杆的太阳影子长度的变化曲线如图 8 所示.

4.2 问题二: 推测直杆所在地点

4.2.1 建立模型

在一年当中的某一天, 某固定直杆在水平面上的太阳影子的变化描述, 如图 10 所示.

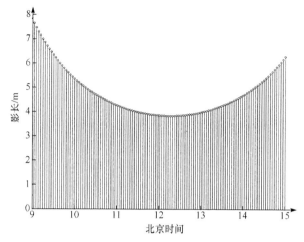

图 8　影子长度随时间变化关系示意图

地球自转 180° 历时 12 个小时(自转一圈为 24 h), 反映在图 9 中, 即太阳从 A 点运动到 B 点的时间. 因此, 我们可以将图 9 中太阳运动轨迹划分为 12 等份, 每一等份历时 1 h, 对应的几何角度为 $\frac{180}{12} = 15°$.

为分析影子长度与直杆长度的关系, 作图如图 10 所示.

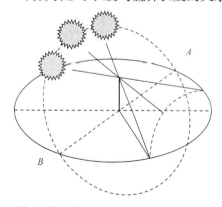

图 9　影子长度随时间变化三维示意图

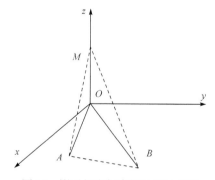

图 10　影子长度与直杆长度的关系

图 10 中, O 点为杆的底点, M 点为杆的顶端点, A, B 两点分别为不同两个时刻杆子顶端点在阳光下影子的顶点, OA, OB 分别为这两个时刻杆子的影子. 假设 A, B 两点时间间隔为 1 h, 则可以得到 $\angle AMB = 15°$.

设 $\angle OAM = \theta_1$, $\angle OBM = \theta_2$. 分析 $\triangle MOA$ 和 $\triangle MOB$, 可以得到

$$\sin\theta_1 = \frac{OM}{MA} \tag{7}$$

$$\sin\theta_2 = \frac{OM}{MB} \tag{8}$$

结合问题一中的太阳高度角计算公式, 又可以得到如下关系式:

$$\sin\theta_1 = \sin\varphi\sin\sigma + \cos\varphi\cos\sigma\cos t_1 \tag{9}$$

$$\sin\theta_2 = \sin\varphi\sin\sigma + \cos\varphi\cos\sigma\cos t_2 \tag{10}$$

分析 $\triangle MOA$, $\triangle MOB$ 以及 $\triangle AMB$, 可以得到如下关系式:

$$|AB|^2 = |MA|^2 + |MB|^2 - 2|MA| \times |MB| \times \cos\angle AMB \tag{11}$$

$$|MA|^2 = |OA|^2 + |OM|^2 \tag{12}$$

$$|MB|^2 = |OB|^2 + |OM|^2 \tag{13}$$

根据附件 1 中的数据, 选取北京时间 14:42 时的影子端点为 A 点, 选取北京时间 15:42 时的影子端点为 B 点. 结合公式(11)—(13)可以计算出杆的长度 $OM = 2.0478\,\mathrm{m}$.

再结合公式(7)—(10), 可以得到如下二元方程组:

$$\frac{|OM|}{|MA|} = \sin\varphi\sin\sigma + \cos\varphi\cos\sigma\cos t_1 \tag{14}$$

$$\frac{|OM|}{|MB|} = \sin\varphi\sin\sigma + \cos\varphi\cos\sigma\cos t_2 \tag{15}$$

根据附件 1 中给的测量日期, 可以计算出此日太阳直射点的纬度为 7.18°N. 由于 A, B 两点时间间隔为 1 h, 故 t_1 与 t_2 的关系为: $t_2 = t_1 + 15$. 于是上述二元方程组可进一步化为

$$\frac{|OM|}{|MA|} = \sin\varphi\sin\sigma + \cos\varphi\cos\sigma\cos t \tag{16}$$

$$\frac{|OM|}{|MB|} = \sin\varphi\sin\sigma + \cos\varphi\cos\sigma\cos(t+15) \tag{17}$$

4.2.2 利用模型求解

该二元方程组中仅 σ 和 t 是未知数, 求解可得: $\sigma = 19.72°$, $t = 30°$. 即北京时间 14 点 42 分时测量地点的时角为 30°. 故测量地的地方时与东经 120° 的地方时相差 42 分钟, 即经度相差 10.5°. 故观测点经纬度在东经 109°30′00″E, 北纬 19°43′12″N 附近.

4.2.3 数据拟合验证模型优劣

因为地球在不停地自转, 所以不同经度的地方地方时也不同. 一天 24 h, 地球自转 360°, 也就是说经度每差一度, 时间相差 4 min. 由日影出现的最短北京时间可知观测点正午地方时与北京时间的差值, 从而推算出与 120°E 经度差值. 再根据地方时是否早于北京时间 12 时出现, 就可以在 120°E 基础上消除差值, 得到观测点具体经度.

现在, 由附件信息我们知道具体日期, 因此可以直接通过日期计算出太阳赤纬角:

$$\sigma = 23.45 \sin\left(\frac{2\pi(284+n)}{365}\right) \tag{18}$$

(σ: 太阳赤纬, 单位: 度; n: 日期序号, 即一年中的第几天).

由影子高度的计算公式及太阳高度角的变化公式:

$$L = H\cot(h) \tag{19}$$

(L: 影子长度, 单位: m; H: 直杆高度).

$$\sin h = \sin\varphi\sin\sigma + \cos\varphi\cos\sigma\cos t \tag{20}$$

(h: 太阳高度角, 单位: 度; σ: 太阳赤纬; φ: 观测地地理纬度; t: 时角)

可化简得到

$$L = H/\tan(\arcsin(\sin\varphi\sin\sigma + \cos\varphi\cos\sigma\cos t)) \tag{21}$$

利用附件 1 的数据, 我们不能直接得到地方正午时(此时观测点影子最短). 在公式(21)中 H, t, σ 是未知的方程参数, 其余皆可由计算得出, 视为已知量. 因此我们根据附件 1 中数据, 采用指定函数数据拟合的方法求出.

首先, 用 MATLAB 软件绘出附件信息中影长随时间变化的散点图, 然后用 MATLAB 进行拟合. 得到拟合参数: $H = 2.036$; $t = 15 \times (x - 0.757 - 12)$ (x 为已知的北京时间); $\sin\sigma = 0.3301$. 可知

$$L = 2.036 \Big/ \tan\left(\arcsin\left(0.3301\sin\varphi + 0.9439\cos\varphi\cos\left(\frac{\pi}{12} \times (x - 12.757)\right)\right)\right) \tag{22}$$

由此可知, 观测点地方时较北京时间偏快 0.757 h, 知其所在经度为东经 108°38′42″E. 由 $\sin\sigma = 0.3301$, 知其纬度为北纬 19°16′27″N. 故观测点可能位于海南西海岸线附近.

有模型求解得到观测点的经纬度为 (109°30′00″E, 19°43′12″N), 拟合验证得到的观测点经纬度为 (108°38′42″E, 19°16′27″N). 经度相差 0°51′18″, 纬度相差 0°26′45″. 相差值较小, 故模型有较高的可靠性.

4.3 问题三：推测直杆所在地点以及日期

4.3.1 建立模型与求解

(1) 利用数据拟合估算经度.

利用附件2和附件3的数据, 不能直接得到正午地方时, 所以采用多项式函数拟合的方法求出. 得到的拟合函数如下:

$$y = 8E + 06x^6 - 2E + 07x^5 + 3E + 07x^4 - 2E + 07x^3$$
$$+ 1E + 07x^2 - 2E + 06x + 204847 \tag{23}$$

(x, y 为附件2中影子顶点坐标).

$$y = 4E + 06x^6 - 1E + 07x^6 + 2E + 07x^4 - 1E + 07x^3$$
$$+ 6E + 06x^2 - 1E + 06x + 126717 \tag{24}$$

(x, y 为附件3中影子顶点坐标).

由此可知, 在附件2中, 观测点地方时较北京时间偏快 2 h 9 min, 知其所在经度为东经87°45′18″E. 在附件3中, 观测点地方时较北京时间偏快45 min, 知其所在经度为东经110°14′43″E.

(2) 计算直杆长度.

在问题二的模型中, 已知影长与时间差, 即可求得直杆高度 H. 由公式(10)—(12)可得

$$2H^2 - 2\cos 15° \sqrt{(|OA|^2 + H^2)(|OB|^2 + H^2)} + |OA|^2 + |OB|^2 - |AB|^2 = 0 \tag{25}$$

($|OA|$, $|OB|$: 间隔一小时的两个影子长度; H: 直杆高度).

由此可得附件2中直杆高度为2.001m, 附件3中直杆高度为3.036 m.

(3) 求观测点纬度 φ 及太阳赤纬 σ.

由公式(16)、(17), 可以得到关于未知量纬度和太阳赤纬的二元一次方程组, 因此可以通过MATLAB计算出未知量.

$$\begin{cases} \dfrac{H^2}{\sqrt{H^2 + |OA|^2}} = \sin\varphi\sin\sigma + \cos\varphi\cos\sigma\cos t \\[3mm] \dfrac{H^2}{\sqrt{H^2 + |OB|^2}} = \sin\varphi\sin\sigma + \cos\varphi\cos\sigma\cos(t + 15) \\[3mm] t = 15\left(\text{Bt} - \dfrac{(120 - \varphi)}{15} - 12\right) \end{cases} \tag{26}$$

(Bt : 观测点北京时间; H: 直杆高度).

通过方程式, 我们求得附件 2 中纬度 φ 为北纬 $39°53'46''$ 及太阳赤纬 σ 为北纬 $20°45'36''$. 求得附件 3 中纬度 φ 为北纬 $32°50'50''$ 及太阳赤纬 σ 为南纬 $15°57'36''$.

通过太阳赤纬角的计算公式:

$$\sigma = 23.45\sin\left(\frac{2\pi(284+n)}{365}\right) \tag{27}$$

(σ: 太阳赤纬, 单位: 度; n: 日期序号, 即一年中的第几天).

可以计算出附件 2 观测点的观测日期可能为 5 月 24 日或 7 月 21 日. 附件 3 观测点的观测日期可能为 1 月 1 日或 11 月 4 日.

4.3.2　数据整理总结

通过以上模型的建立和求解, 可以得到

附件 2 所在的观测点在 $(87°45'18''E, 39°53'46''N)$ 附近, 观测时间可能为 5 月 24 日或 7 月 21 日.

附件 3 所在的观测点在 $(110°14'43''E, 32°50'50''N)$ 附近, 观测时间可能为 1 月 1 日或 11 月 4 日.

4.4　问题四: 推测视频中的直杆所在地点

问题四与问题二相似, 不同的是问题二给出了具体的影子顶点的坐标, 而问题四需要从视频信息中提取出具体的影子顶点坐标.

附件视频长度为 40 min 40 s, 图像有 61020 帧. 我们通过 MATLAB, 从视频中提取出 14 帧图像, 每帧间隔为 3 min. 通过对图像进行二值化处理, 并分析偏转角变化, 可以得到视频画面中第一帧与最后一帧中的影子夹角约为 2°. 为了进一步消除误差, 根据透视变换原理, 利用 OpenCV 编程, 对所采集的图像进行透视变换, 修正误差, 如图 11 所示.

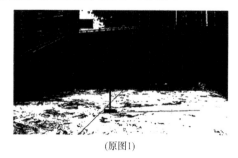
(原图1)

(转换图1)

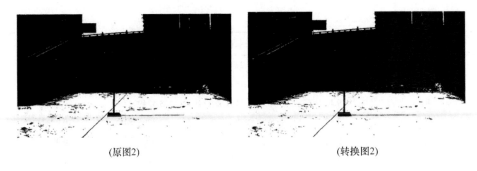

(原图2) (转换图2)

图 11 透视变换、修正误差效果图

观察透视变换后的图片,此时,杆子与影子的夹角近似为直角.此时,如果忽略摄像头角度问题造成的误差,可以由杆子的实际长度计算出影子的长度,计算出所有 14 帧图像中影子的长度,如表 4 和表 5 所示.

表 4 原图像读出各参数

序号	北京时间	影子长度/m	太阳高度角/(°)	tan
1	8:54	2.358319052	40.3	0.848062
2	8:57	2.308863151	40.9	0.866227
3	9:00	2.276552227	41.3	0.878521
4	9:03	2.197971301	42.3	0.90993
5	9:06	2.167379241	42.7	0.922773
6	9:09	2.129783681	43.2	0.939063
7	9:12	2.071060628	44	0.965689
8	9:15	2.028122054	44.6	0.986134
9	9:18	2.00699353	44.9	0.996515
10	9:21	1.951718252	45.7	1.024738
11	9:24	1.911241513	46.3	1.04644
12	9:27	1.852020306	47.2	1.079902
13	9:30	1.832662348	47.5	1.091309
14	9:33	1.794497368	48.1	1.114518

表 5 修正后图像读出各参数

序号	北京时间	影子长度/m	太阳高度角/(°)	tan
1	8:54	2.4783	38.90369633	0.807005
2	8:57	2.4239	39.52660438	0.825117
3	9:00	2.3866	39.96341939	0.838012
4	9:03	2.303	40.97210956	0868432
5	9:06	2.2674	41.41447099	0.882068

续表

序号	北京时间	影子长度/m	太阳高度角/(°)	tan
6	9:09	2.2248	41.95418571	0.898957
7	9:12	2.1611	42.78285972	0.925455
8	9:15	2.1131	43.42490575	0.946477
9	9:18	2.087	43.78052848	0.958313
10	9:21	2.0267	44.62009216	0.986826
11	9:24	1.9812	45.27055979	1.009489
12	9:27	1.917	46.21389792	1.043297
13	9:30	1.8927	46.57892486	1.056691
14	9:33	1.8495	47.23889477	1.081373

利用问题二中的模型, 计算得到经纬度坐标为(109°51′36″E, 40°39′42″N).

在计算影子的长度时, 我们忽略了摄像头角度问题所造成的误差, 为了估计该误差的影响, 可以利用求出的影子长度, 结合问题一中求解杆子长度的模型, 反推出问题四中杆子的长度. 通过计算得到杆子长度为 1.9748 m, 误差为 0.0252 m, 该误差在可接受的范围.

4.5　问题五: 推测视频中的直杆所在地点以及日期

在问题四中, 我们建立的模型可以从视频中提取出影长信息, 并且误差控制在一个可以接受的范围. 这里相对于问题四缺少了拍摄日期这一条件, 即我们无法得到赤角信息.

这里, 我们可以采用问题二中建立的模型, 利用多项式拟合的方法, 计算出杆子的影长在一天当中最短的时刻, 进而计算出当地的经度坐标. 再由问题一中建立的模型求出当地的纬度信息及赤角信息, 得到拍摄地点以及拍摄日期.

通过计算, 我们可以得到拍摄地点经纬度坐标为(109°32′24″E, 39°52′33″N), 日期为 6 月 1 日或 7 月 13 日. 与视频拍摄日期相符.

4.6　模型评价与推广

(1) 模型评价.

在问题一中, 我们通过建立物理模型和空间几何模型, 对测量日期、测量地点以及杆子高度均已知的杆子, 在光照下的影子顶点坐标的变化进行了描述. 较准确地刻画出了影子顶点坐标的变化规律.

在问题二中, 我们建立的空间几何模型, 可以准确地根据影子的长度推算出杆子的长度, 并建立起杆子长度与赤角、太阳直射点纬度以及测量地点纬度的方程式. 根据该模型, 我们在已知测量日期和影子顶点坐标信息的情况下, 计算出了测量地点的可能经纬坐标. 并通过 MATLAB 拟合, 验证了结果的可靠性.

在问题三中, 我们通过对给定的数据进行分析, 得到了未知参数的值, 将该参数代入问题二建立的空间几何模型中, 同样计算出了测量地点的经纬坐标.

在问题四中, 我们利用工具对视频画面进行了处理, 并提取各时间段杆子影子的长度. 为了减小误差, 我们根据透视变换原理, 利用 OpenCV 编程, 实现了对视频画面的透视变换, 减小了模型的误差.

(2) 模型推广.

本文建立的模型都给出了求解的结果, 求解的主要程序见附录. 从上文可以看出我们的模型较准确地刻画了物体影子与地球的公转、自转, 经纬度变化以及物体高度的关系. 该模型在测绘、建筑采光设计、地理信息系统以及军事领域中具有较高的研究价值. 例如根据影子的轨迹线来判断房屋的采光效果, 根据物体的影子进行高度测量和距离测量等. 目前, 针对物体影子的变化规律有着大量的研究, 本章的研究成果可以作为这类研究的有价值的参考.

五、参 考 文 献

[1] 陈晓勇, 郑科科. 对建筑日照计算中太阳赤纬角公式的探讨[J]. 浙江建筑, 2011, 28(9): 6-8.

[2] 林根石. 利用太阳视坐标的计算进行物高测量与定位[J]. 南京林业大学学报(自然科学版), 1991, 15(3): 83-93.

[3] 徐丰, 王波, 张海龙. 建筑日照分析中太阳位置计算公式的改进研究[J]. 重庆建筑大学学报, 2008, 5(30): 130-134.

[4] 黄农, 姚金宝. 确定住宅建筑日照间距的棒影图综合分析法[J]. 合肥工业大学学报: 自然科学版, 2001, 24(2): 217-221.

[5] 单黎明. 太阳跟踪定位技术及其应用研究[J]. 空间控制技术与应用, 2012, 38(3): 58-62.

[6] 郑鹏飞, 林大钧, 刘小羊, 等. 基于影子轨迹线反求采光效果的技术研究[J]. 华东理工大学学报: 自然科学版, 2001, 36(3): 458-463.

[7] 牛彦. 关于透视变换的研究[J]. 计算机辅助设计与图形学学报, 2001, 13(6): 549-551.

[8] 何援军. 透视和透视投影变换[J]. 计算机辅助设计和图形学学报, 2005, 17(4): 734-739.

[9] 代勤, 王延杰, 韩广良. 基于改进 Hough 变换和透视变换的透视图像矫正[J]. 液晶与显示, 2012, 27(4): 552-556.

[10] 卓金武. MATLAB 在数学建模中的应用[M]. 北京: 北京航空航天大学出版社, 2011

六、附　　录

% 图 3 影子长度随时间变化关系 MATLAB 程序代码

%求赤纬角, n 为日期序号

```matlab
function chi = Calchi(n)
chi = 23.45*sin(2*pi*(284+n)/365);
```

%求时角, n 为时间(小时)

```matlab
function y = Calshi(n)
y = 15*(n-3.6/15.0-12);
```

%求日期序号, y,m,d 为年、月、日

```matlab
function y = CalDis(y,m,d)
flag = (mod(y,4)==0 && mod(y,100)~=0) || mod(y,300)==0;
month = [31,28,31,30,31,30,31,31,30,31,30,31];
month(1) = month(1)+flag;
y = 0;
for i = 1:m-1
    y = y + month(i);
end
y = y + d;
```

%求太阳高度角, a 为赤纬角, b 为观测点地理纬度, c 为时角

```matlab
function y = Calgao(a,b,c)
rlt = sin(b*pi/180.0)*sin(a*pi/180.0)+cos(b*pi/180.0)*cos(a*pi/180.0)*cos(c*pi/180.0)
y = asin(rlt)
```

%求影长, y,m,d 为年月日, t 为时间(小时), w 为观测点的纬度

```matlab
function [theta,length] = Cal(y,m,d,t,w)
chi = Calchi(CalDis(y,m,d));
shi = Calshi(t);
theta = Calgao(chi,w,shi);
length = 3./tan(theta);
```

%可视化

```matlab
x=linspace(9,15,120);
[theta,length] = Cal(2015,10,22,x,39.9)
hold on
%plot(x,length,'-');
stem(x,length,'MarkerSize',2);
ylabel('影长(m)','fontname','标楷体','fontsize',12);
```

```
xlabel('北京时间(h)','fontname','标楷体','fontsize',12);
set(gca,'xtick',Rc,'ytick',0:0.1:1);

%求赤纬角，n 为日期序号
function chi = Calchi(n)
chi = 23.45*sin(2*pi*(284+n)/365);

%求时角，n 为时间(小时)
function y = Calshi(n)
y = 15*(n-12);

%求日期序号，y,m,d 为年、月、日
function y = CalDis(y,m,d)
flag = (mod(y,4)==0 && mod(y,100)~=0) || mod(y,300)==0;
month = [31,28,31,30,31,30,31,31,30,31,30,31];
month(1) = month(1)+flag;
y = 0;
for i = 1:m-1
        y = y + month(i);
end
y = y + d;

%求太阳高度角，a 为赤纬角，b 为观测点地理纬度，c 为时角
function y = Calgao(a,b,c)
rlt = sin(b*pi/180.0)*sin(a*pi/180.0)+cos(b*pi/180.0)*cos(a*pi/180.0)
*cos(c*pi/180.0)
   y = asin(rlt)

%求影长，y,m,d 为年月日，t 为时间(小时)，w 为观测点的纬度
function [theta ,length] = Cal(y,m,d,t,w)
chi = Calchi(CalDis(y,m,d));
shi = Calshi(t);
theta = Calgao(chi,w,shi);
length = 3./tan(theta);

%可视化
x=linspace(9,15,120);
[theta,length] = Cal(2015,10,22,x,39.9)
hold on
%plot(x,length,'-');
```

```
stem(x,length,'MarkerSize',2);
ylabel('影长(m)','fontname','标楷体','fontsize',12);
xlabel('北京时间(h)','fontname','标楷体','fontsize',12);
set(gca,'xtick',Rc,'ytick',0:0.1:1);

%问题一输出
x=linspace(9,15,20);
[theta,length,x0,y0,alpha] = Cal(2015,10,22,x,39.9)
% figure(1)
% hold on
% %plot(x,length,'-');
% stem(x,length,'MarkerSize',2);
ylabel('影长(m)','fontname','标楷体','fontsize',12);
xlabel('北京时间(h)','fontname','标楷体','fontsize',12);

%plot(x,alpha);
figure (2)
hold on
 for i = 1:120
plot([0 x0(i)], [0 y0(i)],'-');
 end

%附件1拟合
 x = [1.0365 1.0699 1.1038 1.1383 1.1732 1.2087 1.2448 1.2815 1.3189
1.3568 1.3955 1.4349 1.4751 1.516 1.5577 1.6003 1.6438 1.6882 1.7337
1.7801 1.8277]';

 y = [0.4973 0.5029 0.5085 0.5142 0.5198 0.5255 0.5311 0.5368 0.5426
0.5483 0.5541 0.5598 0.5657 0.5715 0.5774 0.5833 0.5892 0.5952 0.6013
0.6074 0.6135]';

%rlt = atan(y./x);
%plot(x,y);
t = [14.7:0.05:15.7];
r = sqrt(x.^2+y.^2);
P = polyfit(t,r',2);
xi = linspace(10,16,120);
yi = polyval(P,xi);

%plot(xi,yi,'-',t,r,'*');
```

```
[v,ind] = min(yi);
jindu=120-(xi(ind)-12)*15;
x=t';
y=r;

chi = Calchi(CalDis(2015,4,18));

f=fittype('a/(tan(asin(b*sin(10.511*pi/180)+sqrt(1-b^2)*cos(10.5
11*pi/180)*cos(15*(x-0.6218-12)*pi/180)))','independent','x','coeff
icients',{'a','b'});

cfun = fit(x,y,f);

xi = linspace(10,16,120);
yi = cfun(xi);
plot(xi,yi,'-',x,y,'*');

[v,ind]=min(yi);
%rlt = 120-15*(xi(ind)-12)plot(x,y,'r*',xi,yi,'b-');



%附件3 拟合
t =[13.15:0.05:14.15];
x = [1.1637 1.2212 1.2791 1.3373 1.396 1.4552 1.5148 1.575 1.6357
1.697 1.7589 1.8215 1.8848 1.9488 2.0136 2.0792 2.1457 2.2131 2.2815
2.3508 2.4213];
y = [3.336 3.3299 3.3242 3.3188 3.3137 3.3091 3.3048 3.3007 3.2971
3.2937 3.2907 3.2881 3.2859 3.284 3.2824 3.2813 3.2805 3.2801 3.2801
3.2804 3.2812];

r = sqrt(x.^2+y.^2);

%  P = polyfit(t,r,2);
%  xi = linspace(10,17,120);
%  yi = polyval(P,xi);
%  plot(xi,yi,'-',t,r,'*');

[v,ind] = min(r);
%plot(t,r)
```

```
    x=t';
    y=r';

    chi = Calchi(CalDis(2015,4,18));
    f=fittype('a/(tan(asin(b*sin(-d*pi/180) + sqrt(1-b^2)*cos(-d*pi/180)
*cos(15*(x-c-12)*pi/180) )))','independent','x','coefficients',{'a',
'b','c','d'});

    cfun = fit(x,y,f);

    xi = linspace(11,16,120);
    yi = cfun(xi);

    [v,ind]=min(yi);
    %rlt = 120-15*(xi(ind)-12)

    plot(x,y,'r*',xi,yi,'b-');


%附件2拟合
    t =[12.683:0.05:13.683];
    x = [-1.2352 -1.2081 -1.1813 -1.1546 -1.1281 -1.1018 -1.0756 -1.0496
-1.0237 -0.998 -0.9724 -0.947 -0.9217 -0.8965 -0.8714 -0.8464 -0.8215
-0.7967 -0.7719 -0.7473 -0.7227];
    y = [0.173 0.189 0.2048 0.2203 0.2356 0.2505 0.2653 0.2798 0.294 0.308
0.3218 0.3354 0.3488  0.3619  0.3748 0.3876 0.4001 0.4124 0.4246 0.4366
0.4484];

    r = sqrt(x.^2+y.^2);
    %plot(t,r);

    %  P = polyfit(t,r,2);
    %
    %  xi = linspace(10,17,120);
    %  yi = polyval(P,xi);
    %
    %  plot(xi,yi,'-',t,r,'*');

    [v,ind] = min(r);
    %plot(t,r)
```

```
x=t';
y=r';

chi = Calchi(CalDis(2015,4,18));
f=fittype('a/(tan(asin( b*sin(d*pi/180) + sqrt(1-b^2)*cos(d*pi/180)
*cos(15*(x-c-12)*pi/180) )))','independent','x','coefficients',{'a',
'b','c','d'});

cfun = fit(x,y,f);

xi = linspace(10,15,120);
yi = cfun(xi);

plot(x,y,'r*',xi,yi,'b-');


%第四问的拟合
x=[8.9:0.05:9.55];
y=[2.358319052 2.308863151   2.276552227 2.197971301 2.167379241
2.129783681 2.071060628 2.028122054 2.00699353 1.951718252 1.911241513
1.852020306 1.832662348 1.794497368];

r = [0.12:-0.005:0.055];
y=y+r;

% P = polyfit(x,y,2);
% xi = linspace(6,15,120);
% yi = polyval(P,xi);
%
% plot(xi,yi,'-',x,y,'*');

x=x';
y=y';

chi = Calchi(CalDis(2015,7,13));

f=fittype('2/(tan(asin(b*sin(21.8255*pi/180)+sqrt(1-b^2)*cos (21.8255*
pi/180)*cos(15*(x-c-12)*pi/180))))','independent','x','coefficients',
{'b','c'});
```

```
cfun = fit(x,y,f);

xi = linspace(6,15,120);
yi = cfun(xi);

plot(xi,yi,'-',x,y,'*');

/**
 * 功能：三维图像的透视变换
 * 输入：图像
 * 输出：透视变换后的图像
 **/

#include "stdafx.h"
#include <iostream>
#include <opencv2/imgproc/imgproc.hpp>
#include <opencv2/highgui/highgui.hpp>

cv::Point2f center(0,0);
cv::Point2f computeIntersect(cv::Vec4i a, cv::Vec4i b)
{
    int x1 = a[0], y1 = a[1], x2 = a[2], y2 = a[3], x3 = b[0], y3 = b[1],
x4 = b[2], y4 = b[3];
    float denom;
    if (float d = ((float)(x1 - x2) * (y3 - y4)) - ((y1 - y2) * (x3 -
x4)))
    {
        cv::Point2f pt;
        pt.x = ((x1 * y2 - y1 * x2) * (x3 - x4) - (x1 - x2) * (x3 * y4
- y3 * x4)) / d;
        pt.y = ((x1 * y2 - y1 * x2) * (y3 - y4) - (y1 - y2) * (x3 * y4
- y3 * x4)) / d;
        return pt;
    }
    else
        return cv::Point2f(-1, -1);
}
void sortCorners(std::vector<cv::Point2f>& corners,
    cv::Point2f center)
{
```

```cpp
    std::vector<cv::Point2f> top, bot;
    for (int i = 0; i < corners.size(); i++)
    {
        if (corners[i].y < center.y)
            top.push_back(corners[i]);
        else
            bot.push_back(corners[i]);
    }
    corners.clear();
    if (top.size() == 2 && bot.size() == 2){
        cv::Point2f tl = top[0].x > top[1].x ? top[1] : top[0];
        cv::Point2f tr = top[0].x > top[1].x ? top[0] : top[1];
        cv::Point2f bl = bot[0].x > bot[1].x ? bot[1] : bot[0];
        cv::Point2f br = bot[0].x > bot[1].x ? bot[0] : bot[1];
        corners.push_back(tl);
        corners.push_back(tr);
        corners.push_back(br);
        corners.push_back(bl);
    }
}
int main()
{
    cv::Mat src = cv::imread("image.png");
    if (src.empty())
        return -1;
    cv::Mat bw;
    cv::cvtColor(src, bw, CV_BGR2GRAY);
    cv::blur(bw, bw, cv::Size(3, 3));
    cv::Canny(bw, bw, 100, 100, 3);
    std::vector<cv::Vec4i> lines;
    cv::HoughLinesP(bw, lines, 1, CV_PI/180, 70, 30, 10);

    for (int i = 0; i < lines.size(); i++)
    {
        cv::Vec4i v = lines[i];
        lines[i][0] = 0;
        lines[i][1] = ((float)v[1] - v[3]) / (v[0] - v[2]) * -v[0] + v[1];
        lines[i][2] = src.cols;
        lines[i][3] = ((float)v[1] - v[3]) / (v[0] - v[2]) * (src.cols - v[2])
```

```
+ v[3];
    }
    std::vector<cv::Point2f> corners;
    for (int i = 0; i < lines.size(); i++)
    {
        for (int j = i+1; j < lines.size(); j++)
        {
            cv::Point2f pt = computeIntersect(lines[i], lines[j]);
            if (pt.x >= 0 && pt.y >= 0)
                corners.push_back(pt);
        }
    }
    std::vector<cv::Point2f> approx;
    cv::approxPolyDP(cv::Mat(corners), approx, cv::arcLength(cv::
Mat(corners), true) * 0.02, true);
    if (approx.size() != 4)
    {
        std::cout << "The object is not quadrilateral!" << std::endl;
        return -1;
    }

    for (int i = 0; i < corners.size(); i++)
        center += corners[i];
    center *= (1. / corners.size());
    sortCorners(corners, center);
    if (corners.size() == 0){
        std::cout << "The corners were not sorted correctly!" <<
std::endl;
        return -1;
    }
    cv::Mat dst = src.clone();

    for (int i = 0; i < lines.size(); i++)
    {
        cv::Vec4i v = lines[i];
        cv::line(dst, cv::Point(v[0], v[1]), cv::Point(v[2], v[3]),
CV_RGB(0,255,0));
    }

    cv::circle(dst, corners[0], 3, CV_RGB(255,0,0), 2);
```

```
cv::circle(dst, corners[1], 3, CV_RGB(0,255,0), 2);
cv::circle(dst, corners[2], 3, CV_RGB(0,0,255), 2);
cv::circle(dst, corners[3], 3, CV_RGB(255,255,255), 2);

cv::circle(dst, center, 3, CV_RGB(255,255,0), 2);
cv::Mat quad = cv::Mat::zeros(300, 220, CV_8UC3);
std::vector<cv::Point2f> quad_pts;
quad_pts.push_back(cv::Point2f(0, 0));
quad_pts.push_back(cv::Point2f(quad.cols, 0));
quad_pts.push_back(cv::Point2f(quad.cols, quad.rows));
quad_pts.push_back(cv::Point2f(0, quad.rows));
cv::Mat transmtx = cv::getPerspectiveTransform(corners, quad_pts);
cv::warpPerspective(src, quad, transmtx, quad.size());
cv::imshow("image", dst);
cv::imshow("quadrilateral", quad);
cv::waitKey();
return 0;
}
```

研究小区开放对路网交通状态的影响

(学生: 鲍娜娜　夏远远　汪　颖　指导老师: 程　智　国家二等奖)

摘　　要

本文主要讨论了小区开放对周边交通状况的影响.

针对问题一, 我们首先采用文献资料分析优选法, 从定性指标与定量指标两方面将评价指标体系划分为 6 个子系统层, 23 个指标层, 得出了小区开放对周边道路影响的主要评价指标. 然后利用层次分析法确定主要定量指标的权重, 据此建立了小区开放对周边道路通行影响的评价指标体系, 划分了车辆通行状况的等级, 将权重大于 0.4920 归类为严重拥堵, 在 0.2803 到 0.4920 之间归类为拥挤, 在 0.2281 到 0.2803 之间归类为缓行, 低于 0.2281 归类为畅通.

针对问题二, 我们建立了车辆通行的数学模型, 据此给出小区开放对周边道路通行的影响. 首先, 定义了 TCF 交通拥堵因子, 以此为图中的边赋值, 建立了道路交通网络的最大流图论模型. 然后我们主要考虑了干道为主、支路为辅的 X 型小区和小区中心向四周道路发散的 Y 型小区, 分别比较了这两类小区开放前后周边道路的最大流变化情况: X 型小区开放前后最大流分别为 6 和 11, Y 型小区开放前后的最大流分别为 9 和小于等于 9, 因此得出不同类型小区的开放对缓解交通压力作用不同, 部分类型小区开放无法有效解决拥堵. 最后在交通结构方面, 我们建立了车辆通行状况等级划分模型, 充分考虑了车道数、小区出口数、车道宽度、人均道路面积、车流量和可达性系数 6 项指标, 构建综合评价函数, 全面反映了小区周边道路交通情况.

针对问题三, 我们应用车辆通行状况等级划分模型, 结合 VISSIM 软件所获的模拟数据, 计算出了上海市长宁区学区房、上海花苑小区、上海双拼排屋三种类型的小区开放前后的综合评价函数值, 并得出各小区开放前后的车辆通行状况等级, 比较得到学区和居民区开放能在一定程度上缓解交通压力.

针对问题四, 我们在前面问题模型所得结果的基础上, 从小区开放前后交通状态的变化、最大车流量变化、小区规划这三方面向城市规划和交通管理部门提出了几点建议.

关键词: 层次分析　TCF 拥堵因子　图论模型　主成分分析　VISSIM 交通仿真软件

一、问 题 重 述

2016 年 2 月 21 日，国务院发布《关于进一步加强城市规划建设管理工作的若干意见》，规定原则上不再建设封闭住宅小区，已建成的住宅小区和单位大院要逐步开放等意见. 在此之后，小区开放问题越来越成为大家关注的焦点，开放小区能否达到优化路网结构，提高道路通行能力，改善交通状况的目的，以及改善效果如何. 随着小区进一步开放，路网密度提高，道路面积增加，通行能力自然会有提升. 但是我们也不得不考虑到，小区开放后虽然可通行道路增多了，但是小区周边主路上进出小区的交叉路口的车辆也会增多，也可能会影响主路的通行速度. 因此，合理地进行小区开放对我们来说至关重要. 考虑如下问题：

(1) 请选取合适的评价指标体系，用以评价小区开放对周边道路通行的影响.

(2) 请建立关于车辆通行的数学模型，用以研究小区开放对周边道路通行的影响.

(3) 小区开放产生的效果，可能会与小区结构及周边道路结构、车流量有关. 请选取或构建不同类型的小区，应用模型，定量比较各类型小区开放前后对道路通行的影响.

(4) 根据你们的研究结果，从交通通行的角度，向城市规划和交通管理部门提出你们关于小区开放的合理化建议.

二、问 题 分 析

为解决上述四个问题，本文构造了思路总框图如图 1 所示.

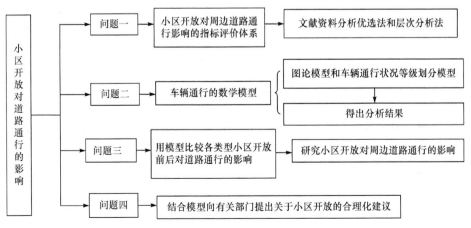

图 1　小区开放对道路通行的影响的思路总框图

2.1　问题一分析

对于问题一,主要要求我们建立小区开放对周边道路通行影响的指标评价体系.

评价小区开放对周边道路通行的影响是一项复杂而又艰巨的任务,根据影响道路通行的因素及小区开放的内涵这两方面,首先,我们利用文献资料分析优选法来建立评价指标,然后再结合层次分析法确定各个指标的权重.具体来说,我们从定性指标与定量指标两方面将评价指标体系划分为 6 个子系统层、23 个指标层,各个指标选取原因具体如下.

(1) 道路特征.道路特征情况是评价道路通行状况好坏的重要指标,道路特征情况良好是道路通行状况好的前提条件.而饱和度分析、绿化带是道路特征的两大重要方面,从这两方面入手,找到它们与道路特征之间的联系,以便更好地建立评价指标体系.

(2) 路网等级.路网主要划分为快速路、主干路、次干路、支路这四个等级.随着小区的开放,城市路网变得越来越复杂化,主干路、次干路会相对减少,与此同时,快速路与支路的数量会不断增加,路网等级的不同对道路通行产生了巨大的影响.

(3) 路网设施.路网设施是道路建设的重要方向之一,路网设施条件好的道路通行相对来说比较便利.同时,随着小区的不断开放,路网设施上肯定会有重大变化,比如路网密度、路网面积密度、干道间距等方面势必与小区未开放前大不相同,因此用路况设施来建立小区开放对周边道路通行影响的评价指标具有一定的科学性.

(4) 服务水平.反映道路承载量的大小,服务水平高的道路所承载的人流量、车流量要比服务水平低的道路所承载的人流量、车流量多得多,而随着小区的进一步开放,周边道路的压力会适当减小,因此用服务水平作为评价指标体系的一个子系统层是非常有意义的.

(5) 道路交通能力.道路交通能力是定性分析车道变换行为和交通量大小的重要指标,而道路通行状况的好坏与交通量的大小有密不可分的联系,我们可以从车道数、小区出口数、延误时间、行程车速、车道宽度、车流量这几个方面对道路交通能力作进一步地分析,以此来建立指标评价体系.

(6) 通达深度.通达深度是反映道路交通能力的好坏的重要指标,主要从公路密度、交通网连接度两方面来描述通达深度的高低,公路密度是通达度高低的基础,交通网连接度对通达深度进行了进一步的深化.因此,将公路密度、交通网连接度作为通达深度的两个关键的评价指标具有一定的合理性.

2.2　问题二分析

　　对于问题二, 我们以合肥市琥珀山庄及其周边道路为例, 选取了交通高峰时段的所有观测车辆数、每个具体观测时段的观测车辆数、每个观测时段中每个观测到的车辆的具体通行时间来定义一个有关交通拥堵定量化的描述指标——交通拥堵因子 TCF. 而 TCF 指标计算的关键在于琥珀山庄及其周边道路的划分, 于是用图论模型中的最大流问题来研究小区开放对道路通行的影响. 但是, 小区开放产生的影响仅仅用 TCF 交通拥堵因子和最大车流量来进行定量描述是不全面的, 于是我们用主成分分析法, 从问题一的指标体系中选取了车道数、小区出口数、车道宽度、人均道路面积、车流量、可达性系数这 6 个指标, 对其进行定量分析得到综合评价函数, 以此更加全面地说明小区开放对周边道路通行的影响.

2.3　问题三分析

　　对于问题三, 我们选取了学区、居民小区、别墅这三种不同类型的小区, 应用问题二中建立的车辆通行状况等级划分模型, 比较三种不同类型的小区开放前后的综合评价函数值, 再与问题一中小区周边道路交通状态等级划分表作比较, 得出上述三种类型的小区开放前后的交通状态等级.

2.4　问题四分析

　　对于问题四, 根据问题二、三的研究结果, 从交通状态的变化、最大车流量变化、小区规划等方面向交通管理部门和城市规划部门提出关于小区开放的建设性意见.

三、模型假设与符号说明

3.1　模型假设

　　(1) 假设除本文所列指标外, 其他因素的影响甚微, 可以忽略不计;

　　(2) 只考虑市内小区周边的交通情况, 忽略外地车的出入;

　　(3) 假设车的长度对交通没有影响, 所有交通路口的速度一样, 同一转向的车辆时间是相同的.

(4) 假设市内小区周边的道路状况良好, 没有房屋的拆迁、道路桥梁的维修和破坏, 没有道路的管制通行和占道.

3.2 符号说明

序号	符号	符号说明
1	i	表示琥珀山庄观测时段的第 i 个区间
2	j	表示观测时段内第 i 个区间的第 j 辆车
3	θ	表示观测时段中第 i 个区间内所有观测到的车辆数
4	L	表示被观测路段长度
5	V_m	表示观测路段的最高限速 一般情况下, 城市市中心区域最高限速为 40 km/h
6	X	开放前或开放后的不同路段车流量

四、模型的建立与求解

4.1 问题一: 评价指标体系模型

我们主要通过文献资料分析优选法建立指标体系, 利用层次分析法确定评价指标体系的权重.

(1) 指标体系的建立.

文献资料分析优选法即全面查阅有关评价指标设置的文献资料, 分析各指标的优缺点并加以取舍, 首先, 我们查阅文献资料建立一般体系指标之后, 从数据获取难易程度、道路状况、小区划分情况三方面进行综合考量, 尽量选择内涵丰富又比较独立的指标, 从而确定具体指标, 其次, 层次分析法是量化评价指标的一个重要方法, 利用此方法, 将各个指标进行定量化分析, 得出小区周边道路交通状态等级划分表.

通过中国公路信息服务网, 并结合 2016 年已经开放的部分小区的道路划分情况, 利用文献资料分析优选法, 我们确立了 6 个一级指标和 23 个二级指标, 以此构建了小区开放对周边道路影响的评价指标体系如表 1 所示.

表1 小区开放对周边道路影响的评价指标体系

目标层 A	指标分类	子系统层 B	指标层 C	反映特征
小区开放对周边道路通行的影响	定量指标	通达深度(B_1)	公路密度	反映道路交通能力的好坏
			交通网连接度	
		道路交通能力(B_2)	车道数	评价道路交通的堵塞情况的重要标准
			小区出口数	
			延误时间	
			行程车速	
			车道宽度	
			车流量	
		服务水平(B_3)	交通网事故率	反映道路承载量的大小
			交通网饱和度	
			交通网里程饱和率	
		路网设施(B_4)	路网密度	反映整体的道路概况
			可达性系数	
			路网面积密度	
			干道间距	
			路网连接度	
			人均道路面积	
	定性指标	道路特征(B_5)	饱和度分析	反映交通拥堵情况
			绿化带	反映道路绿化情况
		路网等级(B_6)	快速路	路网等级的分类
			主干路	
			次干路	
			支路	

从上表可以看出，小区开放对周边道路通行的影响主要从定性指标与定量指标两方面来考虑，就定性指标来说，我们从"质"的方面分析，认识到了小区开放对周边道路在道路特征、路网等级两方面产生了巨大的影响，但是定性指标难以用数据进行说明. 因此，在这里我们从定量指标中选取了部分具有代表性的指标，接下来利用层次分析法确定所选取指标的权重，以此确立了小区开放对周边道路通行的影响评价指标体系.

(2) 指标体系权重的建立(目标层 A, 准则层 B, 子准则层 C, 方案层 D)见图 2.

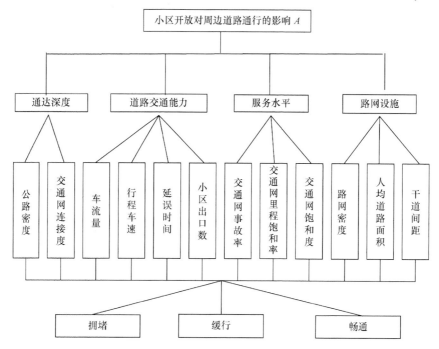

图 2　层次分析法结构图

① 构造成对比较矩阵.

通过对指标之间两两重要程度进行比较分析和判断, 层次分析法表明对于两个不能准确量化的量作比较时, 我们常采用 1—9 的比例标度. 令 A 为成对比较矩阵, 用来表示同一层次各个指标相对重要性的判断值, 根据 1—9 比例尺度得到评分规则如表 2 所示.

表 2　评分规则

A 指标与 B 指标比较	绝对重要	明显重要	重要	稍微重要	一样重要	比较不重要	不重要	明显不重要	绝对不重要
A 指标分数	9	7	5	3	1	1/3	1/5	1/7	1/9

注: 2, 4, 6, 8, 1/2, 1/4, 1/6, 1/8 是上面评价值的中间值.

由上面的评分规则就可以构造出成对比较矩阵 A,

$$A = (a_{ij})_{n \times n}, \quad a_{ij} > 0, \quad a_{ij} = \frac{1}{a_{ji}}$$

取成对比较矩阵

$$A = \begin{bmatrix} 1 & \dfrac{1}{3} & 2 & \dfrac{1}{5} \\ 3 & 1 & 5 & \dfrac{1}{2} \\ \dfrac{1}{2} & \dfrac{1}{5} & 1 & \dfrac{1}{8} \\ 5 & 2 & 8 & 1 \end{bmatrix}$$

② 权重系数的计算.

a. 计算一次性指标 CI:

$$CI = \frac{\lambda_{max} - n}{n - 1}$$

根据表 3 查找相应的平均随机一次性指标 RI.

表 3   平均随机一次性指标

n	1	2	3	4	5
RI	0	0	0.58	0.90	1.12

由上表可知: 当 $n = 4$ 时, RI $= 0.90$.

b. 计算一次性检验.

利用 MATLAB 编程(具体见附录), 得到如下结果:

ans $= 0.1082$ 0.2963 0.0599 0.5357

从而得到准则 B 对目标层 A 的权向量 $w^{(2)} = (0.1082, 0.2963, 0.0599, 0.5357)^{\mathrm{T}}$.

c. 组合权向量和组合一致性检验.

一致性指标:

$$CI^{(2)} = \frac{\lambda_{max} - n}{n - 1} = \frac{4.004 - 4}{4 - 1} = 0.0035$$

若第 P 层的一次性指标为 $CI_1^{(P)}, \cdots, CI_n^{(P)}$ (n 是第 P-1 层因素的数目), 随机一致性指标为 $RI_1^{(P)}, \cdots, RI_n^{(P)}$, 定义

$$CI^{(P)} = (CI_1^{(P)}, \cdots, CI_n^{(P)}) w^{(P-1)}$$
$$RI^{(P)} = (RI_1^{(P)}, \cdots, RI_n^{(P)}) w^{(P-1)}$$

第 P 层的组合一致性比率为

$$CR^{(P)} = \frac{CI^{(P)}}{RI^{(P)}}, \quad P = 3, 4$$

于是, 定义最下层对第一层的组合一致性比率为

$$CR^{*} = CR^{(3)} + CR^{(4)}$$

当 $CR^{*} < 0.1$ 时，认为整个层次的比较判断通过了一致性检验.

同样地，可以利用 MATLAB 编程算出子准则层 C 对 B_1, B_2, B_3, B_4 的权向量分别为

$$w^{(31)} = (0.5, 0.5)^{\mathrm{T}}$$

$$w^{(32)} = (0.5394, 0.2392, 0.1129, 0.1129)^{\mathrm{T}}$$

$$w^{(33)} = (0.1095, 0.5816, 0.3090)^{\mathrm{T}}$$

$$w^{(34)} = (0.6483, 0.2297, 0.1220)^{\mathrm{T}}$$

此时，我们便可以得出 12 个子准则层对目标层的影响权重的大小

$$CI^{(31)} = \frac{\lambda_{\max} - n}{n - 1} = 0$$

$$CI^{(32)} = \frac{\lambda_{\max} - n}{n - 1} = 0.0021$$

$$CI^{(33)} = \frac{\lambda_{\max} - n}{n - 1} = 0.0018$$

$$CI^{(34)} = \frac{\lambda_{\max} - n}{n - 1} = 0.0018$$

方案层 D 对子准则层 C 的权向量为 $w_k^{(4)}$，一致性指标为 $CI_k^{(4)}(k = 1, \cdots, 16)$，其中 C 对 A 的权向量 $w^{(3)} = W^{(3)} w^{(2)}$，而 $W^{(3)}$ 是以 $\overline{w}^{(31)}, \overline{w}^{(32)}, \overline{w}^{(33)}, \overline{w}^{(34)}$ 为列向量的 12×3 矩阵，具体如下：

$$\overline{w}^{(31)} = (\overline{w}^{(31)}, 0, 0, 0, 0, 0, 0, 0, 0, 0, 0, 0)^{\mathrm{T}}$$

$$\overline{w}^{(32)} = (0, 0, \overline{w}^{(32)}, 0, 0, 0, 0, 0, 0, 0, 0, 0)^{\mathrm{T}}$$

$$\overline{w}^{(33)} = (0, 0, 0, 0, 0, 0, 0, 0, \overline{w}^{(33)}, 0, 0, 0)^{\mathrm{T}}$$

$$\overline{w}^{(34)} = (0, 0, 0, 0, 0, 0, 0, 0, 0, 0, 0, \overline{w}^{(34)})^{\mathrm{T}}$$

方案层 D 对子准则层的权向量与一致性指标表，如表 4 所示.

表 4　准则层的权向量和一致性指标

	C_{11}	C_{12}	C_{21}	C_{22}	C_{23}	C_{24}
$w^{(3)}$	0.0541	0.0541	0.1585	0.0709	0.0335	0.0335
$w_k^{(4)}$	0.309	0.462	0.231	0.344	0.162	0.333
	0.162	0.369	0.554	0.535	0.309	0.476
	0.529	0.169	0.215	0.121	0.529	0.190
CI	0.0056	0.0111	0.0103	0.0127	0.0056	0.0304

续表

	C_{31}	C_{32}	C_{33}	C_{41}	C_{42}	C_{43}
$w^{(3)}$	0.0066	0.0348	0.0185	0.3473	0.1231	0.0654
	0.309	0.109	0.535	0.274	0.162	0.462
	0.529	0.570	0.344	0.632	0.309	0.369
CI	0.162	0.321	0.121	0.095	0.529	0.169

以上表的 12 个权向量 $w_k^{(4)}$ 为列向量的 12×3 矩阵 $W^{(4)}$, 则方案层对目标层 A 的组合权向量为 $w^{(4)} = W^{(4)}w^{(3)} = (0.2803, 0.4920, 0.2281)^{\mathrm{T}}$. 同时, 由于 $CR^* < 0.1$, 可以认为各层的一致性检验和组合一致性检验全都通过, 说明我们得到的组合权向量可以作为小区开放对周边道路通行的影响的评价, 即畅通、缓行、拥堵对目标层的权重分别为: 0.2281, 0.2803, 0.4920, 并对其进行等级划分, 具体见表 5.

表 5　车辆通行状况等级及分类

等级	I	II	III	IV
权重	>0.4920	0.2803—0.4920	0.2281—0.2803	<0.2281
分类	严重拥堵	拥挤	缓行	畅通

4.2　问题二: 不同类型小区车辆通行数学模型

我们主要构造了交通拥堵因子 TCF, 利用图论中的网络最大流模型, 建立小区开放前后道路车辆通行的数学模型.

4.2.1　交通拥堵因子 TCF 的确立.

(1) 交通拥堵因子的定义.

交通拥堵, 主要体现为城市交通网络中车辆通行时间的延误性. 因此, 我们结合车辆通行时间提出一个路段交通拥堵的度量指标, 即交通拥堵因子.

$$TCF = \frac{t_i}{T}$$

$$t_i = \frac{\sum_{j=1}^{n} t_{ij}}{\theta}$$

$$T = \frac{L}{V_m}$$

其中:

i 表示观测时段的第 i 个区间;

j 表示观测时段内第 i 个区间的第 j 辆车;

θ 表示观测时段中第 i 个区间内所有观测到的车辆数;

L 表示被观测路段长度;

V_m 表示观测路段的最高限速,一般情况下,城市市中心区域 V_m 为 40 km/h.

为了确定交通拥堵因子 TCF,采用下面的方法:

1) 选定小区路段 r 作为观测路段,如图 3 所示.

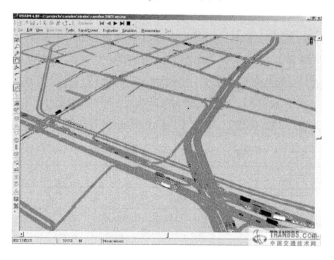

图 3 小区实际路况图

为了方便模型的建立,我们用 VISSIM 对上述路况图进行简化,将路段 r 的交通高峰时段 $[0, t]$ 平均分成 m 个观测区间,分别记为 $\left[0, \dfrac{t}{m}\right), \left[\dfrac{t}{m}, \dfrac{2t}{m}\right), \left[\dfrac{2t}{m}, \dfrac{3t}{m}\right),$ $\left[\dfrac{3t}{m}, \dfrac{4t}{m}\right), \cdots, \left[\dfrac{(m-1)t}{m}, t\right]$,简化图如图 4 所示.

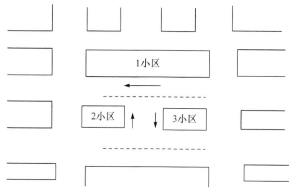

图 4 小区路况简化图

2) 记 t_i 为车辆在第 $i(i = 1, 2, \cdots, m)$ 个区间内所有观测到的车辆实际平均通行时间, 其中: t_{ij} 表示在观测的第 i 个区间中第 j 辆车通过路段 r 的实际通行时间; θ 表示观测的高峰时段的第 i 个区间内所有观测到的车辆数.

3) T 的意义是观测路段限制最高速度下的通行时间来代替. L 表示被观测路段长度.

4) TCF $= \dfrac{t_i}{T} \geqslant 1$, TCF 的值越大, 说明交通拥堵情况越严重.

在交通拥堵定量化定义 TCF 中需要说明的是, 路段 r 上的车辆行驶方向是双向行驶, 所以在第 i 个观测区间内观测到的第 j 辆车在某具体时段中的车辆通行时间存在两个数据集合. 每个观测区间都能够计算出一个 TCF 具体数据. 根据这两个方向的具体实测数据来直观地对比出被观测路段在该观测时段的两个方向的交通拥堵程度, 进而可以比较出方形小区对其边界的交通拥堵的影响状况.

(2) 网络最大流问题.

在生产实践中, 网络最大流问题可以形象地看作是在一个交通网中, 赋交通网中每条运输线的最大通行量, 要求制定一个方案, 使得交通网中任意两地之间的通行量最大. 网络最大流问题的关键是如何划分出每条路段及如何定量地说明最大通行量, 考虑到实际问题中每条路段最大通行量数据的可得性, 用 TCF 交通拥堵因子来作为道路权重的标准. 这样通过计算小区开放前后的道路交通网络最大流, 就可以知道道路交通拥堵情况在小区开放后是否有变化.

我们以合肥市琥珀山庄及其周边小区为例, 先用 VISSIM 交通仿真软件得到琥珀山庄附近实际交通路况图如图 5 所示.

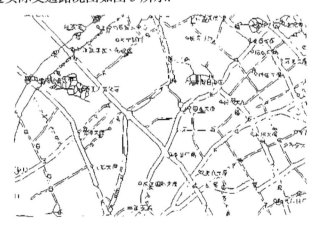

图 5 琥珀山庄附近实际交通路况图

为了方便模型的建立, 我们结合网络最大流问题用 VISSIM 对上述路况图进行简化, 得到了两种不同类型的小区地貌图, 分别研究小区开放前后对周边道路通行的影响.

类型一 (X 型小区) 以干道为主, 支路为辅的 X 型小区开放模式, 具体见图 6.

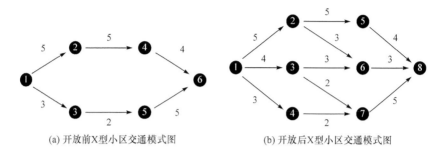

(a) 开放前X型小区交通模式图   (b) 开放后X型小区交通模式图

图 6   X 型小区开放模式图

由此可以构造出 X 型小区开放前后的权值矩阵

$$X_{开放前} = \begin{bmatrix} 0 & 5 & 3 & 0 & 0 & 0 \\ 0 & 0 & 0 & 5 & 0 & 0 \\ 0 & 0 & 0 & 0 & 2 & 0 \\ 0 & 0 & 0 & 0 & 0 & 4 \\ 0 & 0 & 0 & 0 & 0 & 5 \\ 0 & 0 & 0 & 0 & 0 & 0 \end{bmatrix}$$

$$X_{开放后} = \begin{bmatrix} 0 & 5 & 4 & 3 & 0 & 0 & 0 & 0 \\ 0 & 0 & 0 & 0 & 5 & 3 & 0 & 0 \\ 0 & 0 & 0 & 0 & 0 & 3 & 2 & 0 \\ 0 & 0 & 0 & 0 & 0 & 0 & 2 & 0 \\ 0 & 0 & 0 & 0 & 0 & 0 & 0 & 4 \\ 0 & 0 & 0 & 0 & 0 & 5 & 0 & 3 \\ 0 & 0 & 0 & 0 & 0 & 0 & 0 & 5 \\ 0 & 0 & 0 & 0 & 0 & 0 & 0 & 0 \end{bmatrix}$$

利用 MATLAB 编程得到结果并得出 X 型小区的最大流矩阵 f 和最大流 wf.

$$f_{开放前} = \begin{bmatrix} 0 & 5 & 3 & 0 & 0 & 0 \\ 0 & 0 & 0 & 5 & 0 & 0 \\ 0 & 0 & 0 & 0 & 2 & 0 \\ 0 & 0 & 0 & 0 & 0 & 4 \\ 0 & 0 & 0 & 0 & 0 & 2 \\ 0 & 0 & 0 & 0 & 0 & 0 \end{bmatrix}, \quad wf_{开放前} = 6$$

$$f_{\text{开放后}} = \begin{bmatrix} 0 & 5 & 4 & 2 & 0 & 0 & 0 & 0 \\ 0 & 0 & 0 & 0 & 4 & 1 & 0 & 0 \\ 0 & 0 & 0 & 0 & 0 & 2 & 2 & 0 \\ 0 & 0 & 0 & 0 & 0 & 0 & 2 & 0 \\ 0 & 0 & 0 & 0 & 0 & 0 & 0 & 4 \\ 0 & 0 & 0 & 0 & 0 & 0 & 0 & 3 \\ 0 & 0 & 0 & 0 & 0 & 0 & 0 & 4 \\ 0 & 0 & 0 & 0 & 0 & 0 & 0 & 0 \end{bmatrix}, \quad \text{wf}_{\text{开放后}} = 11$$

我们可以发现, 由于 $\text{wf}_{\text{开放前}} < \text{wf}_{\text{开放后}}$, 即以干道为主, 支路为辅的 X 型小区开放后道路的最大流接近为开放前的两倍, 因此认为 X 型的小区在开放后道路的通行量增加, 缓解了交通压力.

类型二 (Y 型小区)　小区中心向四周道路发散的 Y 型小区开放模式, 具体见图 7.

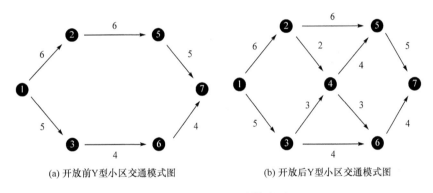

(a) 开放前 Y 型小区交通模式图　　　　(b) 开放后 Y 型小区交通模式图

图 7　Y 型小区开放模式图

由此可以构造出 Y 型小区开放前后的权值矩阵:

$$Y_{\text{开放前}} = \begin{bmatrix} 0 & 6 & 5 & 0 & 0 & 0 \\ 0 & 0 & 0 & 6 & 0 & 0 \\ 0 & 0 & 0 & 0 & 4 & 0 \\ 0 & 0 & 0 & 0 & 0 & 5 \\ 0 & 0 & 0 & 0 & 0 & 4 \\ 0 & 0 & 0 & 0 & 0 & 0 \end{bmatrix}$$

$$Y_{\text{开放后}} = \begin{bmatrix} 0 & 6 & 5 & 0 & 0 & 0 & 0 \\ 0 & 0 & 0 & 2 & 6 & 0 & 0 \\ 0 & 0 & 0 & 3 & 0 & 4 & 0 \\ 0 & 0 & 0 & 0 & 4 & 3 & 0 \\ 0 & 0 & 0 & 0 & 0 & 0 & 5 \\ 0 & 0 & 0 & 0 & 0 & 0 & 4 \\ 0 & 0 & 0 & 0 & 0 & 0 & 0 \end{bmatrix}$$

利用 MATLAB 编程得到结果并得出 Y 型小区的最大流矩阵 f 和最大流 wf.

$$f_{\text{开放前}} = \begin{bmatrix} 0 & 6 & 5 & 0 & 0 & 0 \\ 0 & 0 & 0 & 6 & 0 & 0 \\ 0 & 0 & 0 & 0 & 4 & 0 \\ 0 & 0 & 0 & 0 & 0 & 5 \\ 0 & 0 & 0 & 0 & 0 & 4 \\ 0 & 0 & 0 & 0 & 0 & 0 \end{bmatrix}, \quad \text{wf}_{\text{开放前}} = 9$$

$$f_{\text{开放后}} = \begin{bmatrix} 0 & 6 & 5 & 0 & 0 & 0 & 0 \\ 0 & 0 & 0 & 2 & 4 & 0 & 0 \\ 0 & 0 & 2 & 0 & 3 & 0 \\ 0 & 0 & 0 & 4 & 2 & 0 \\ 0 & 0 & 0 & 0 & 0 & 5 \\ 0 & 0 & 0 & 0 & 5 & 2 \\ 0 & 0 & 0 & 0 & 0 & 0 \end{bmatrix}, \quad \text{wf}_{\text{开放后}} = 7$$

我们可以发现, 由于 $\text{wf}_{\text{开放前}} > \text{wf}_{\text{开放后}}$, 即小区中心向四周道路发散的 Y 型小区开放后道路的最大流减少, 因此认为 Y 型的小区在开放后道路的通行量减少, 增加了交通压力.

4.2.2 车辆通行状况等级划分模型

(1) 模型分析.

我们将利用主成分分析法划分车辆通行状况, 对小区开放前后的道路通行情况做进一步的分析.

一般情况下, 选择评价指标体系后通过对各指标加权的方法进行综合, 而指标的加权是依据指标的重要性, 在评价过程中难免带有一定的主观性. 而主成分分析法是根据成分提供的信息和指标间的相对重要性进行综合评价以及客观加权, 可以避免综合评价者的主观影响. 我们利用主成分进行综合评价时, 主要是将原有的信息进行综合, 因此, 要充分地利用原始变量提供的信息. 将主成分的权数根据它们的方差贡献率来确定, 因此方差贡献率反映了各个主成分的信息含量多少.

(2) 模型建立.

数据的无量纲化处理:

六项指标中单位各不相同, 数据大小差异大. 故采用无量纲化方法对数据进行处理:

$$y_r = \frac{y_{ort} - m_r}{M_r - m_r} \quad (t = 1, 2, \cdots, n, r = 1, 2, \cdots, 6) \tag{1}$$

其中 y 表示六项指标对应的数据, r 表示指标的编号, M_r 为第 r 个指标的样本最大值, m_r 为第 r 个指标的样本最小值. 将原始数据代入公式(1), 得到无量纲化的数据.

设 $Y_1, Y_2, \cdots, Y_p$ 是所求出的 p 个主成分, 它们的特征根分别是 $\lambda_1, \lambda_2, \cdots, \lambda_p$, 将特征根 "归一化" 即有

$$w_i = \frac{\lambda_i}{\sum_{i=1}^{m} \lambda_i} \quad (i = 1, 2, \cdots, p) \tag{2}$$

记为 $W = (w_1, w_2, \cdots, w_p)^{\mathrm{T}}$.

由 $Y = T^{\mathrm{T}} X$, 构造综合评价函数为

$$Z = w_1 Y_1 + w_2 Y_2 + \cdots + w_p Y_p = W^{\mathrm{T}} Y = W^{\mathrm{T}} T^{\mathrm{T}} X = (TW)^{\mathrm{T}} X \tag{3}$$

令 $TW = W_{k \times 1}^{*}$, 并代入公式(3), 有

$$Z = (W_{k \times 1}^{*})^{\mathrm{T}} X \tag{4}$$

这里应该注意到, 从本质上说综合评价函数是对原始数据的线性综合, 首先计算主成分, 然后对主成分加权求和经过两次线性运算后得到综合评价函数.

通过上网查阅相关资料及 VISSIM 交通道路仿真软件得到合肥市琥珀山庄的 6 个评价指标的数据如表 6 所示.

表 6 评价指标数据

类别	指标					
	车道数	小区出口数	车道宽度/米	人均道路面积/(平方米/人)	车流量/(辆/小时)	可达性系数
快速路	4	1	3	10.13	480	0.71
主干路	3	4	2.5	13.07	300	0.83
次干路	2	6	2.5	14.11	150	0.67
支路	1	11	2.5	12.54	100	0.56

将原始数据代入公式(1), 得到无量纲化的数据, 具体见表 7.

表 7　无量纲化的指标数据

类别	指标					
	车道数	小区出口数	车道宽度/米	人均道路面积 /(平方米/人)	车流量 /(辆/小时)	可达性系数
快速路	1.00	0.00	1.00	0.00	1.00	0.56
主干路	0.67	0.30	0.00	0.74	0.53	0.00
次干路	0.33	0.50	0.00	1.00	0.13	0.41
支路	0.00	1.00	0.00	0.61	0.00	0.00

接下来, 用 SPSS 对原始数据进行主成分分析, 可以发现, 前两个因子的累计贡献率达到 97.55%, 于是提取出前两个主成分, 然后根据每个主成分得分及信息贡献率建立综合评价函数如下:

$$Z_1 = 0.4620Y_1 - 0.4424Y_2 + 0.4085Y_3 - 0.3593Y_4 + 0.4689Y_5 + 0.2738Y_6 \quad (5)$$

$$Z_2 = 0.1553Y_1 - 0.2366Y_2 - 0.4145Y_3 + 0.5230Y_4 - 0.0166Y_5 + 0.6887Y_6 \quad (6)$$

综合评价函数:

$$Z = 0.7544Z_1 + 0.2211Z_2 \quad (7)$$

最后将 6 个代表性指标的相关数据代入综合评价函数中, 并根据综合得分对其进行交通状况等级划分.

4.3　问题三: 上海市各类型小区开放前后道路通行情况对比

4.3.1　思路分析

相比于图论模型, 利用主成分分析法构建的车辆通行状况等级划分模型充分结合了车道数、小区出口数、车道宽度、人均道路面积、车流量和可达性系数六项指标, 全面反映了小区周边道路交通情况, 而图论模型仅以最大车流量衡量交通状况, 忽略了问题三提到的道路交通结构等因素对小区开放的影响, 因此我们选取问题二建立的车辆通行状况等级划分模型来比较各类型小区开放前后的道路通行情况.

4.3.2　求解过程

以上海市长宁区学区房、上海花苑小区、上海双拼排屋为例来进行具体的说明.

上海市长宁区学区开放前, 利用 VISSIM 交通道路仿真软件得到数据如表 8 所示.

表 8 长宁区学区开放前各指标数据表

类别	指标					
	车道数	小区出口数	车道宽度/米	人均道路面积/(平方米/人)	车流量/(辆/小时)	可达性系数
快速路	4	1	3	10.13	480	0.71
主干路	3	4	2.5	13.07	300	0.83
次干路	2	6	2.5	14.11	150	0.67
支路	1	11	2.5	12.54	100	0.56

首先, 将原始数据代入公式(1), 对数据进行无量纲化.

其次, 将无量纲化数据代入公式(5)—(7)进而求出其所对应的 Z 值, 具体结果如表 9 所示.

表 9 长宁区学区开放前各路段交通情况表(Z值)

道路划分	快速路	主干路	次干路	支路
综合评价函数值	0.5364	0.2374	0.0463	0.1800
评价等级	严重拥堵	缓行	畅通	畅通

首先, 将利用 VISSIM 交通道路仿真软件得到的学区开放后数据代入公式(1), 对数据进行无量纲化.

再次, 将无量纲化数据代入公式(5)—(7)进而求出其所对应的 Z 值, 具体结果如表 10 所示.

表 10 长宁区学区开放后各路段交通情况表(Z值)

道路划分	快速路	主干路	次干路	支路
综合评价函数值	0.4009	0.3239	0.0867	0.1885
评价等级	拥挤	拥挤	畅通	畅通

为了更加直观地观察出学区开放前后对周边道路通行的影响, 我们用 Excel 画出了如下直方图并得出如下结论, 如图 8 所示.

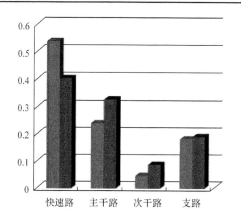

图 8 学区开放前后比较图

结论:

(1) 总体上看, 学区开放后的交通拥堵情况得到一定的缓解.

(2) 局部来看, 快速路、主干路的交通拥堵情况有了明显的改善, 而支干路和次路的交通拥堵情况没有明显的变化.

上海花苑小区开放前, 利用 VISSIM 交通道路仿真软件得到数据如表 11 所示.

表 11 花苑小区开放前各指标数据表

类别	指标					
	车道数	小区出口数	车道宽度/米	人均道路面积 /(平方米/人)	车流量 /(辆/小时)	可达性系数
快速路	4	1	3	10.13	480	0.71
主干路	3	4	2.5	13.07	300	0.83
次干路	2	6	2.5	14.11	150	0.67
支路	1	11	2.5	12.54	100	0.56

同理, 利用表达式(7)而求出其所对应的 Z 值, 具体结果如表 12 所示.

表 12 花苑小区开放前各路段交通情况表(Z 值)

道路划分	快速路	主干路	次干路	支路
综合评价函数值	0.4932	0.3011	0.1181	0.0885
评价等级	非常拥挤	拥挤	畅通	畅通

上海花苑小区开放后, 利用 VISSIM 交通道路仿真软件得到数据如表 13 所示.

表 13　花苑小区开放后各指标数据表

类别	指标					
	车道数	小区出口数	车道宽度/米	人均道路面积/(平方米/人)	车流量/(辆/小时)	可达性系数
快速路	4	4	3	6.32	524	0.67
主干路	3	4	3	5.46	320	0.84
次干路	2	6	2.5	10.23	140	0.73
支路	2	20	2.5	12.56	80	0.43

同理, 利用表达式(7)而求出其所对应的 Z 值, 具体结果如表 14 所示.

表 14　花苑小区开放后各路段交通情况表(Z值)

道路划分	快速路	主干路	次干路	支路
综合评价函数值	0.3724	0.3106	0.0998	0.2171
评价等级	拥挤	拥挤	畅通	畅通

为了更加直观地观察出花苑小区开放前后对周边道路通行的影响, 用 Excel 画出了如下直方图并得出如下结论, 如图 9 所示.

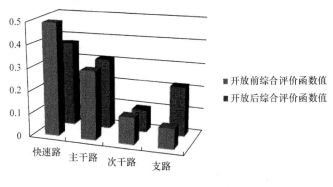

图 9　花苑小区开放前后比较图

结论:

(1) 总体上看, 花苑小区开放后交通拥堵情况得到缓解, 但是缓解程度低于学区拥堵情况的缓解程度.

(2) 局部来看, 快速路的交通拥堵情况有了一定的改善, 而支干路和次路的交通拥堵情况没有明显的变化.

上海双拼排屋开放前, 利用 VISSIM 交通道路仿真软件得到数据如表 15 所示.

表 15　双拼排屋开放前各指标数据表

类别	指标					
	车道数	小区出口数	车道宽度/m	人均道路面积/(平方米/人)	车流量/(辆/小时)	可达性系数
快速路	4	1	3	10.13	480	0.71
主干路	3	4	2.5	13.07	300	0.83
次干路	2	6	2.5	14.11	150	0.67
支路	1	11	2.5	12.54	100	0.56

同理, 利用表达式(7)而求出其所对应的 Z 值, 具体结果如表 16 所示.

表 16　双拼排屋开放前各指标数据表(Z值)

道路划分	快速路	主干路	次干路	支路
综合评价函数值	0.4443	0.2196	0.1367	0.1994
评价等级	拥挤	畅通	畅通	畅通

上海双拼排屋开放后, 利用VISSIM交通道路仿真软件得到数据如表17所示.

表 17　双拼排屋开放后各指标数据表

类别	指标					
	车道数	小区出口数	车道宽度/m	人均道路面积/(平方米/人)	车流量/(辆/小时)	可达性系数
快速路	4	4	3	11.17	460	0.67
主干路	3	4	3	14.01	320	0.78
次干路	2	6	2.5	14.72	140	0.73
支路	2	11	2.5	13.54	110	0.62

同理, 利用表达式(7)而求出其所对应的 Z 值, 具体结果如表 18 所示.

表 18　双拼排屋开放后各指标数据表(Z值)

道路划分	快速路	主干路	次干路	支路
综合评价函数值	0.3721	0.2988	0.1399	0.1891
评价等级	拥挤	拥挤	畅通	畅通

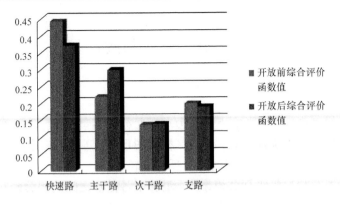

图 10 别墅开放前后比较图

我们得到结论: 总体上看, 别墅开放前后交通拥堵情况并没有明显变化.

4.4 问题四: 从交通通行角度向有关部门提建议

对于问题四, 根据问题二、三的研究结果, 我们从交通状态的变化、最大车流量变化、小区规划等方面向交通管理部门和城市规划部门提出关于小区开放的建设性意见.

(1) 加快城市道路交通设施建设, 完善路网规划.

道路功能和等级划分不仅应确定道路规划标准, 而且应该全面考虑各类道路的优先服务对象, 为制定标准提供依据. 并且通过使用管理, 强化与保证道路的规划功能, 明确各类道路的优先服务对象, 再根据道路等级和限制车速确定车道宽度、信号灯和出入口间距、停车、公交车站等.

(2) 严格实施交通管制.

在交通管制方面, 我们建议政府在合适的时间内运用卫星定位系统对不同路段收取不同的路费, 从而解决交通拥挤状况. 在一些大城市, 政府还可以改善交通管制系统, 安装复合型智能交通系统设备和道路监控设施. 在主要道路上开辟公共汽车行驶的快速公交专用车道; 加强地铁设施的检修维护以及在地铁站附近修建免费或收费低廉的停车场; 鼓励群众乘坐公共交通工具等.

(3) 加大小区安全宣传力度.

要保障开放式小区的治安安全, 首先需要对相应的职权责进行重新划分, 具体体现为从物业向政府的职权责让渡. 在开放式小区中, 财政费用、人力等方面的投入, 需要过渡到城市的相应执法部门身上. 同时随着小区的开放, 小区承担起了更多的面向社会的公共利益, 城市相关执法部门应分担该区域的治安管理职责.

五、模型评价与改进

5.1　模型评价

在图论模型中，由于影响小区周边车辆通行的因素很多，我们采用交通拥堵因子来定量地描述最大通行量，使小区模拟图形象直观. 图论模型设计具有一定的灵活性，可以在各个路段进行变更，适用性较强.

在车辆通行状况等级划分模型中，消除了各指标之间的相关影响. 因为主成分分析在对原指标变量进行了变换后形成了彼此相互独立的主成分，而且实践证明指标之间相关程度都越高，主成分分析效果越好. 在建立的综合评价函数中，各主成分权数为其贡献率，它反映了该主成分包含原始数据的信息量占全部信息量的比重，这样确定权数是客观的、合理的，它克服了某些评价方法中认为确定权数的缺陷.

5.2　改进与推广

主层次分析法的改进是构造关于原始变量的非线性综合评价函数，利用 SAS 软件对指标数据进行非线性主成分分析. 处理方法的基本思想: 把每一个观测变量 x_i 通过 PRINQUAI 语句变成一个新的变量 Tx_i，再对 Tx_i 做主成分分析，记其主成分为 prin1，prin2，每个主成分 prin 都是 Tx_i 的线性组合，且不同主成分也不相关. 非线性主成分分析方法主要用于解析数据，揭示数据中存在的信息.

交通流理论建立的排队分析模型在城市交通中的车辆随机行为的研究和解决城市交通拥挤问题中有着广泛应用. 上述改进后的非线性化的主成分分析法可以应用于医学. 引入核函数，可以把非线性变换后的高维特征空间的内积运算转换为原始输入空间中的核函数计算，而不用显示地计算非线性映射，从而实现输入空间上的非线性化.

六、参 考 文 献

[1] 郭大伟. 数学建模. 合肥: 安徽教育出版社, 2014.

[2] 朱建平. 应用多元统计分析. 3 版. 北京: 科学出版社, 2016.

[3] 刘志刚, 申金升. 城市交通拥堵问题的博弈分析. 城市交通, 2005, 3(2): 63-65.

[4] 高随祥. 图论与网络流理论. 北京: 高等教育出版社, 2009.

[5] 姜启源. 数学模型. 北京: 高等教育出版社, 1993.

[6] 张晓雨, 王颖杰, 鲍梦婷. 车道被占用对城市道路通行能力的影响. 汕头大学学报(自然科学版), 2014, (3): 5-17.

[7] http://max.book118.com/html/2015/0527/17814744.shtm.

[8] http://www.doc88.com/p-9933776780931.html.

[9] 郭秀芝, 陆化普. 城市交通系统整体发展水平综合评价指标体系及方法. 交通标准化, 2003, 8: 53-55.

七、附　　录

图论模型 MATLAB 程序:

```
function [f wf]=Dinif2(C,f1)
% C 表示弧上的容量矩阵
% f1 表示弧上现在的流量函数, 默认情况下为 0
% 待求最大流的源为第一个顶点, 汇为最后一个顶点
% f 表示最大流矩阵
% wf 表示最大流

n=length(C);
if nargin==1;
      f=zeros(n,n);
else
      f=f1;
end
cp=inf;flag=1;
while cp~=0 & flag==1
      [ANC flag]=NF(C,f);
      if flag==0
            break
      end
      anc=ANC;
      for i=1:n
            for j=1:n
                  if(ANC(i,j)==0) & (i~=j)
                        anc(i,j)=inf;
                  elseif ANC(i,j)>0
                        anc(i,j)=1;
                  end
            end
      end
      p=f_path(anc);
      m=length(p);
      pc=ones(1,m-1);
```

```
          for i=1:(m-1)
                  pc(i)=ANC(p(i),p(i+1));
          end
          cp=min(pc);
          for i=1:(m-1)
                  ANC(p(i),p(i+1))=ANC(p(i),p(i+1))-cp;
                  f(p(i),p(i+1))=f(p(i),p(i+1))+cp;
          end
    end
    f;
    wf=sum(f(1,:));
    function[ANC flag]=NF(C,f)
    %构建增量网络，分层，构建辅助网络
    %增量网络
    n=size(C,2);
    NC=zeros(n);
    for i=1:n
          for j=1:n
                  if f(i,j)<C(i,j) & C(i,j)>0
                          NC(i,j)=C(i,j)-f(i,j);
                  end
                  if f(i,j)>0 & C(i,j)>0
                          NC(j,i)=f(i,j);
                  end
          end
    end
    nc=NC;
    for i=1:n
          for j=1:n
                  if (NC(i,j)==0) & (i~=j)
                          nc(i,j)=inf;
                  elseif NC(i,j)>0
                          nc(i,j)=1;
                  end
          end
    end

    U=nc;
    m=1;
    while m<=n
```

```
    for i=1:n
        for j=1:n
            if U(i,j)>U(i,m)+U(m,j)
                U(i,j)=U(i,m)+U(m,j);
            end
        end
    end
    m=m+1;
end


    V=U(1,:);
    flag=1;
    if V(n)==inf
        flag=0;
    end
    for i=1:(n-1)
        if V(i)>=V(n)
            V(i)=inf;
        end
    end
    ANC=zeros(n);
    for i=1:n
        if V(i)~=inf
            for j=1:n
                if V(j)~=inf & V(j)==(V(i)+1)
                    ANC(i,j)=NC(i,j);
                end
            end
        end
    end

function [P u]=f_path(W);
n=length(W);
U=W;
m=1;
while m<=n
    for i=1:n
        for j=1:n
            if U(i,j)>U(i,m)+U(m,j)
```

```
                      U(i,j)=U(i,m)+U(m,j);
               end
           end
        end
        m=m+1;
    end
    P1=zeros(1,n);
    k=1;
    P1(k)=n;
    V=ones(1,n)*inf;
    kk=n;
    while kk~=1
        for i=1:n
            V(1,i)=U(1,kk)-W(i,kk);
            if V(1,i)==U(1,i)
                P1(k+1)=i;
                kk=i;
                k=k+1;
            end
        end
    end
    k=1;
    wrow=find(P1~=0);
    for j=length(wrow):(-1):1
        P(k)=P1(wrow(j));
        k=k+1;
    end
    P;
    u=U(1,n);
```

再运行主程序:

```
C=[0 5 4 3 0 0 0 0
   0 0 0 0 5 3 0 0
   0 0 0 0 0 3 2 0
   0 0 0 0 0 0 2 0
   0 0 0 0 0 0 0 4
   0 0 0 0 0 0 0 3
   0 0 0 0 0 0 0 5
   0 0 0 0 0 0 0 0];
[f,wf]=Dinif2(C)
```

运行结果如下:

```
wf=11
```

层次分析法程序：

```
a=[1 1/2 3 3
   2 1 5 5
   1/3 1/5 1 1
   1/3 1/5 1 1];
[v,lambda]=eig(a);
CI=(max(max(lambda))-4)/(4-1);
RI=0.9;%n=4 的随机一致性指标
if (CI/RI<0.1)
    for i=1:4
        w(i)=v(i,1)/sum(v(:,1));
    end
else
    disp('请调整成成对比矩阵')
    end
```

基于集中质量、仿真和灰色关联分析法对系泊系统的研究

(学生: 张正娟 王安鑫 宛一飞 指导老师: 张琼 国家二等奖)

摘 要

系泊系统是近浅海观测网的重要组成部分, 如何设计最优的系泊系统从而促进信号的传播具有重要的意义.

本文针对最优系泊系统的设计进行研究, 主要解决了如何确定锚链的型号、长度和重物球的质量使得浮标的吃水深度和游动区域及钢桶的倾斜角度尽可能小的问题, 同时考虑在不同风速、不同海水速度下的锚链形状和浮标的游动区域的问题, 给出了最优系泊系统设计的方案.

针对问题一我们采用集中质量法将系统中的各个物体视为一个质点, 对各个物体建立静力平衡方程, 在水深 18 m 时给定浮标在海水中所受浮力, 从而根据建立的平衡方程求出各物体的倾斜角度, 再根据几何关系求出海域的模拟深度, 并且不断修正浮标的浮力使得海域的模拟深度等于 18 m, 最终求得风速分别为 12 m/s 和 24 m/s 时浮标的吃水深度 h_0 为 0.7397 m 和 0.74883 m, 同时给出不同风速下钢桶和各节钢管的倾斜角度及浮标的最远位置(浮标的游动区域视为一个圆面). 考虑到锚链由 210 节链环构成, 通过对每节链环进行受力分析确定了每节链环的位置, 从而给出了链环的形状图像. 在求解过程中由于拉力具有不确定性, 我们通过两次角度代换使得程序可以顺利地运行.

针对问题二我们沿用了问题一的算法, 求得风速为 36 m/s 时钢桶和各节钢管的倾斜角度、锚链形状和浮标的游动区域. 其中钢管的倾斜角度 $\alpha = 7.998° > 5°$, 锚链末端与锚的链接处的切线方向与河床的夹角 $\beta = 17.829° > 16°$, 不符合设备的工作要求. 通过绘制不同质量的重物球分别和 α, β, h_0 的散点图, 得出了重物球的质量与 α, β 成负相关, 与 h_0 成正相关的结论, 同时绘制了不同质量的重物球下系泊系统的大致图像. 然后沿用问题一的算法, 在 $\alpha \leqslant 5°, \beta \leqslant 16°, h_0 < 2$ 的限制条件下, 逐渐增加重物桶的质量, 求得重物球的质量范围为 $(1800\text{kg}, 5200\text{kg})$.

针对问题三的第一个子问题我们首先考虑最恶劣的环境, 即布放点的海水速

度达到最大值 1.5 m/s、风速达到最大值 36 m/s. 接着利用穷举法给出了锚链型号、长度和重物球质量不同组合的 1000 种系泊系统设计方案, 在问题二的限制条件下遴选可行的方案, 在不同的水深下建立灰色关联分析综合评价模型, 计算不同水深的关联度值, 将同一方案的关联值相加, 最终将关联度值最高的设计方案确定为最优的系泊系统的设计, 得到了最优的系泊系统设计方案为锚链的型号为 V, 长度为 20 m, 重物球的质量为 3900 kg. 针对问题三的第二个子问题, 我们在最优的设计方案下, 改变风速和海速, 得到了不同情况下钢桶、钢管的倾斜角度, 锚链形状、浮标的吃水深度和游动区域.

关键词: 系泊系统　平衡受力分析　集中质量法　仿真　灰色关联分析法

一、问 题 重 述

本题着重讨论了系泊系统的设计, 以相关的物理知识为基础, 利用几何求解和最优规划等数学工具, 解决以下几个问题.

问题一: 在电焊锚链的型号和长度、重物球质量、水深、海水密度已知的情况下, 不考虑海水的流动, 分别计算海面风速为 12 m/s, 24 m/s 时钢桶和各节钢管的倾斜角度、锚链形状、浮标的吃水深度和游动区域.

问题二: 问题一的假设不变, 风速为 36 m/s 时可能会出现钢桶的倾斜角超过 5°, 锚链末端与锚的链接处的切线方向与河床的夹角超过 16° 的现象, 如何调节重物球的质量, 使得系泊系统符合设计的角度要求.

问题三: 将问题三分解为两个子问题.

(1) 考虑潮汐等因素的影响, 如何设计系泊系统使得浮标的吃水深度和游动区域及钢桶的倾斜角度尽可能小;

(2) 布放海域的风力、水流力和水深情况在一定的范围内变动, 分析不同情况下钢桶、钢管的倾斜角度, 锚链形状、浮标的吃水深度和游动区域.

二、问 题 分 析

2.1　问题一的分析

考虑到钢桶和各节钢管的倾斜角度、锚链形状、浮标的吃水深度和游动区域与整个系泊系统的各部分受力情况息息相关, 于是对浮标、各节钢管、钢桶和各个锚链一一进行受力分析, 在浮标、钢管、钢桶、锚链和锚平衡状态下, 得出它们的静力平衡方程, 从而计算出各拉力和各个倾斜角度, 由于钢管、钢桶、锚链长度已知, 结合角度关系, 建立以锚链的末端与锚的链接点为坐标原点的直角坐标系, 通过 MATLAB 编程绘制出整个系泊系统的图像, 最后通过几何关系判断锚是否会着底. 在满足水深为 18 m 的条件下, 求得海面风速分别为 12 m/s 和 24 m/s 时钢桶和各节钢管的倾斜角度、锚链形状、浮标吃水深度和游动区域. 其中游动区域是以游动区域半径衡量的, 游动区域半径长度指的是锚向海平面的竖直投影点到浮标平衡位置的距离, 游动区域是一个圆面.

2.2　问题二的分析

问题一的条件不变, 沿用问题一的算法可以计算出海面风速为 36 m/s 时钢桶和各节钢管的倾斜角度、锚链形状、浮标的吃水深度和游动区域.

考虑到在重物球为 1200 kg 时, 钢桶的倾斜角超过了 5°, 锚链末端与锚的链接处的切线方向与河床的夹角超过了 16°, 不改变其他条件分析可知重物球的质量与钢桶的倾斜角 α 和锚链末端与锚的链接处的切线方向与河床的夹角 β 成负相关, 即重物球质量越大, α 和 β 越小, 故在 $\alpha \leqslant 5°, \beta \leqslant 16°$, $h_0 < 2$ 条件下, 可以通过不断调节重物球的质量, 找到重物球的最小质量和最大质量.

2.3　问题三的分析

对问题三第一个子问题的分析:

系泊系统的设计问题就是要确定锚链的型号、长度和重物球的质量, 使得浮标的吃水深度和游动区域及钢桶的倾斜角度尽可能小.

沿用问题一的算法, 增加一个与风力方向相同的水流力, 近海水水流力可以通过近似公式 $F_{sl} = 374 \times S_{sl} \times V_{sl}^2$ 计算. 考虑最恶劣的环境, 布放点的海水速度达到最大值 1.5 m/s, 风速达到最大值 36 m/s. 根据穷举法原理, 给出锚链型号、长度和重物球质量不同组合下的 1000 种系泊系统的设计方案, 水深在 16—20 m 的区间内变化, 我们可以从中遴选出钢桶倾斜角度小于 5°, 锚链末端与锚的链接处的切线方向与河床的夹角小于 16° 的设计方案, 在不同的水深下建立灰色关联分析综合评价模型, 计算不同水深的关联度值, 将同一方案的关联值相加, 最终将关联度值最高的设计方案确定为最优的系泊系统的设计.

对问题三第二个子问题的分析:

在子问题一所确定的最优系泊系统设计的条件下, 可以通过不断改变海水速度和风速, 分析不同情况下钢桶、钢管的倾斜角度, 锚链形状、浮标的吃水深度和游动区域.

三、模型假设

(1) 假设钢管与钢管链接点的质量忽略不计;

(2) 假设重物球和锚链在海水中所受浮力忽略不计;

(3) 假设海面风速和海水流速为单向流,且方向一致沿 X 轴正方向;

(4) 假设近浅海观测网的传输节点位于同一平面;

(5) 假设在海水流动情况下,仅考虑水流力对浮标、钢管和钢桶的影响,对锚链和重物球的影响忽略不计;

(6) 假设在海水流动情况下,锚受到的水流力不影响锚链末端与锚的链接处的切线方向与海床的夹角;

(7) 假设链环在拉力作用下形状不发生改变.

四、符号说明

浮标的符号说明:

符号	符号说明	符号	符号说明
m_0	浮标质量	h_0	浮标的吃水深度
g	重力加速度	F_0	浮标所受海水浮力
G_0	浮标重力	S_f	浮标在风向法平面的投影面积
ρ_w	海水密度	V_f	风速
$V_{排}$	浮标排开海水的体积	W_0	浮标受到的海风载荷力
s	圆柱体底面积	T_0	第一节钢管对浮标的拉力

钢管的符号说明:

符号	符号说明	符号	符号说明
θ_i	第 i 节钢管倾斜角度	$T_{i,i+1}$	第 $i+1$ 节钢管对第 i 节钢管的拉力
m_{gg}	每节钢管质量	$T_{i+1,i}$	第 i 节钢管对第 $i+1$ 节钢管的拉力

续表

符号	符号说明	符号	符号说明
G_{gg}	每节钢管重力	$T_{1,0}$	浮标对第一节钢管的拉力
d_{gg}	每节钢管直径	$T_{4,5}$	钢桶对第四节钢管的拉力
h_{gg}	每节钢管长度	$T_{5,4}$	第四节钢管对钢桶的拉力
F_{gg}	每节钢管所受海水浮力	V_{gg}	钢管的体积

钢桶的符号说明:

符号	符号说明	符号	符号说明
m_{gt}	钢桶质量	F_{gt}	钢桶所受海水浮力
G_{gt}	钢桶重力	h_{gt}	钢桶的长度
m_{zwq}	重物球质量	d_{gt}	钢桶的外径
T_{zwq}	重物球拉力	α	钢桶的倾斜角度

链环(锚链)的符号说明:

符号	符号说明	符号	符号说明
m_{lh}	每节链环的质量	L_{ml}	锚链的长度
G_{lh}	每节链环的重力	p_j	锚链为 j 型号时的单位长度质量
$T'_{0,1}$	第一节链环对钢桶的拉力	$T'_{j,j+1}$	第 $j+1$ 节链环对第 j 节链环的拉力
$T'_{1,0}$	钢桶对第一节链环的拉力	$T'_{j+1,j}$	第 j 节链环对第 $j+1$ 节链环的拉力
α_i	第 i 节链环的倾斜角度	β	锚的链接处的切线方向与海床的夹角

问题三的符号说明:

符号	符号说明	符号	符号说明
F_{sl}	近海水水流力	$\xi_i(k)$	比较数列 x_i 在第 k 个指标的关联系数
S_{sl}	物体在水流速度法平面的投影面积	σ	分辨系数
V_{sl}	水流速度	$\min_s \min_t \lvert x_0(t) - x_s(t) \rvert$	两级最小差

续表

符号	符号说明	符号	符号说明
ω	权重	$\max\limits_{s}\max\limits_{t}\lvert x_0(t)-x_s(t)\rvert$	两级最大差
x_0	参考数列	r_i	第 i 个设计方案的灰色关联度值

五、模型建立与求解

5.1 问题一：在海水静止时不同风速下系泊系统的数学模型

求解过程的流程图如图 1 所示.

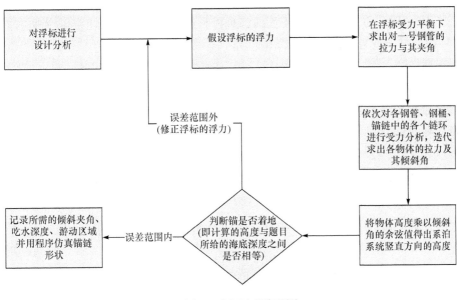

图 1 求解过程流程图

5.1.1 系泊系统求解分析和模型建立

考虑静止情况下的集中质量受力分析法，注意到海水静止，故不需考虑海水对钢管、钢桶和锚链的水流阻力. 现分别对系泊系统中的物体进行受力分析.

5.1.1.1 浮标受力分析

设风力方向沿 X 轴正方向，为单向平面流. 在海水静止时，浮标受到的力有重力 G_0、浮力 F_0、海风荷载力 W_0 和钢管拉力 T_0，如图 2 所示.

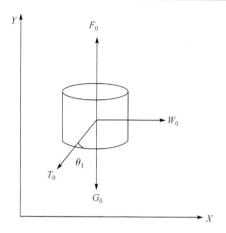

图 2　浮标静力平衡状态的受力示意图

其中 X 轴正方向为锚向海平面的竖直投影点指向浮标, Y 轴正方向为竖直向上, 后面图形中的方向取向与图 2 相同.

根据浮标质量, 计算浮标重力:

$$G_0 = m_0 g \tag{1}$$

浮标所受浮力由其排开海水的体积和海水密度决定, 浮标为圆柱体, 所以其浮力计算为

$$F_0 = \rho_\omega g V_{排} = \rho_\omega g s h_0 \tag{2}$$

其中, ρ_ω 表示海水密度; $V_{排}$ 表示浮标排开海水的体积; s 表示圆柱体底面积; h_0 表示浮标的吃水深度.

由说明可知, 近海风荷载可通过近似公式 $W_0 = 0.625SV^2$ 计算:

$$W_0 = 0.625 S_f V_f{}^2, \quad S_f = 2 \times (2 - h_0) \tag{3}$$

其中, S_f 表示浮标在风向法平面的投影面积; V_f 表示风速.

浮标处于平衡状态, 将各个分力正交分解, 静力平衡方程由公式(4)给出:

$$\begin{array}{l} 竖直方向上: F_0 - G_0 = T_0 \cos\theta_1 \\ 水平方向上: W_0 = T_0 \sin\theta_1 \end{array} \tag{4}$$

其中, θ_1 表示第一节钢管的倾斜角度.

求解(4)静力平衡方程, 可以得出浮标下端钢管拉力 T_0 和第一节钢管的倾斜角度 θ_1:

$$\begin{cases} T_0 = \sqrt{(F_0 - G_0)^2 + W_0{}^2} \\ \theta_1 = \arctan \dfrac{W_0}{F_0 - G_0} \end{cases} \tag{5}$$

在上述计算中, 由于浮标在海水中所受浮力是未知的, 从而浮标的吃水深度无法计算得出, 需要给定浮力初始值 F_0, 从而得到 T_0 和 θ_1.

5.1.1.2　钢管受力分析

将钢管看作一个质点, 对每节钢管——受力分析, 如图 3 所示, 由于每节钢管规格一致, 即质量、长度和直径相同, 所有每节钢管重力和所受浮力相等. 每节钢管受到的力有钢管自身重力 G_{gg}、浮力 F_{gg}、上一节钢管拉力 $T_{i,i-1}$ 和下一节钢管拉力 $T_{i,i+1}$ ($i=1,2,3,4$), 其中 $T_{1,0}$ 表示浮标对第一节钢管的拉力, $T_{4,5}$ 表示钢桶对第四节钢管的拉力.

根据牛顿第三定律、力的作用相互性可知

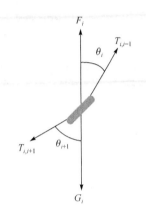

图 3　钢管静力平衡状态的
受力示意图

$$\begin{cases} T_0 = T_{1,0} \\ T_{i,i+1} = T_{i+1,i} \end{cases} \tag{6}$$

根据每节钢管质量, 计算每节钢管质量:

$$G_{gg} = m_{gg}g \tag{7}$$

已知每节钢管直径和长度的条件下, 根据浮力公式计算出每节钢管的海下浮力:

$$F_{gg} = \rho_\omega g v_{gg} = \rho_\omega g \left(\frac{\pi d_{gg}}{4}\right)^2 h_{gg} \tag{8}$$

每节钢管处于平衡状态, 将各个分力正交分解, 静力平衡方程由公式(9)给出:

竖直方向:　$G_{gg} + T_{i,i+1}\cos\theta_{i+1} = F_{gg} + T_{i,i-1}\cos\theta_i$

水平方向上:　$T_{i,i+1}\sin\theta_{i+1} = T_{i,i-1}\sin\theta_i$ $\tag{9}$

其中, θ_i 表示第 i 节钢管的倾斜角度.

在已知 $T_0, \theta_1, G_{gg}, F_{gg}$ 的前提条件下, 由公式(9)静力平衡方程可以求得第二节钢管对第一节钢管的拉力 $T_{1,2}$ 及第二节钢管的倾斜角度 θ_2, 依次迭代下去, 可以求得各节钢管对上一节钢管的拉力 $T_{i,i+1}$ 和各节钢管的倾斜角度 θ_{i+1}:

$$\begin{cases} T_{i,i+1} = \sqrt{(F_{gg} + T_{i,i-1}\times\cos\theta_i - G_{gg})^2 + (T_{i,i-1}\times\sin\theta_i)^2} \\ \theta_{i+1} = \arctan\dfrac{T_{i,i-1}\times\sin\theta_i}{F_{gg} + T_{i,i-1}\times\cos\theta_i - G_{gg}} \end{cases} \tag{10}$$

在 MATLAB 实现迭代的程序中, 由于下一个的拉力具有不确定性, 我们规定 θ_i 为从 Y 正方向顺时针旋转到下一个拉力方向的角度, 如图 4 所示.

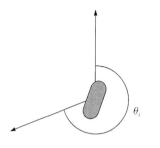

图 4　MATLAB 迭代中角度的规定取向

由于 MATLAB 的反正切函数根据(10)求出来的角度范围为 $\left(-\dfrac{\pi}{2}, \dfrac{\pi}{2}\right)$, 与规定的角度取向不同, 故我们作以下四种代换.

图 5 中的 T_x, T_y 分别代表钢管受到上一个钢管的拉力、自身的重力、自身所受到的浮力的合力水平方向的分力和竖直方向的分力, T 代表钢管受到的下一个钢管的拉力. 由公式(10)可知

$$T_x = T_{i,i-1} \times \sin\theta_i, \quad T_y = F_{gg} + T_{i,i-1} \times \cos\theta_i - G_{gg}$$

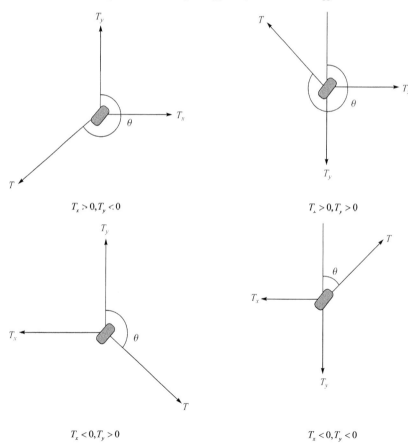

图 5　不同受力状态的钢管受力图

记第 i 个钢管分别受第 $i-1$、第 $i+1$ 个钢管拉力真实角度值为 θ_i^*, θ_i^{**}, MATLAB

求解出的值为 θ_i', θ_i''. 针对上图四种情形作的代换分别为 $\begin{cases} \theta_i^* = \theta_i' + 2\pi \\ \theta_i^* = \theta_i' + \pi \\ \theta_i^* = \theta_i' + \pi \\ \theta_i^* = \theta_i' \end{cases}$ 也有可能出

现下列情形:

(i) $T_x = 0$.

① $T_y > 0$, 此时 $\theta_i^* = \theta_i' + \pi$;

② $T_y < 0$, 此时 $\theta_i^* = \theta_i'$.

(ii) $T_y = 0$.

① $T_x > 0$, 此时 $\theta_i = \dfrac{3}{2}\pi$;

② $T_x < 0$, 此时 $\theta_i = \dfrac{\pi}{2}$ (θ_i^{**}, θ_i'' 的关系类似可得).

作出两个钢桶直接的受力分析图, 如图 6 所示.

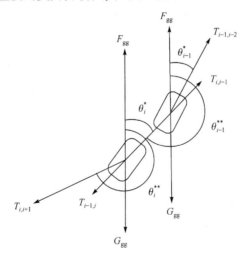

图 6   两个钢桶之间的受力分析图示

为了利于 MATLAB 的迭代, 我们再继续进行下列两种代换:

(i) $0 \leqslant \theta_{i-1}^{**} < \pi$, 此时 $\theta_i^* = \theta_{i-1}^{**} + \pi$;

(ii) $\pi \leqslant \theta_{i-1}^{**} < 2\pi$, 此时 $\theta_i^* = \theta_{i-1}^{**} - \pi$.

5.1.1.3 钢桶受力分析

钢桶竖直时, 水声通信设备的工作效果最佳. 若钢桶倾斜, 则影响设备的工

作效果, 为了控制钢桶的倾斜角度, 钢桶与电焊锚链链接处悬挂了重物球, 考虑到重物球体积无法确定且重物球在海水中所受浮力相对其自身重力较小, 所以忽略重物球的浮力. 如图 7 所示, 钢桶受到的力有自身重力 G_{gt}、重物球拉力 T_{zwq}、浮力 F_{gt}、第四节钢管拉力 $T_{5,4}$ 和锚链拉力 T_{ml}.

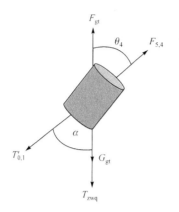

根据钢桶质量, 计算钢桶重力:

$$G_{gt} = m_{gt}g \tag{11}$$

由于忽略重物球所受浮力, 则重物球对钢桶拉力即重物球自身重力:

$$T_{zwq} = G_{zwq} = m_{zwq}g \tag{12}$$

图 7　钢桶静力平衡状态的受力示意图

已知钢桶外径和长度的条件下, 根据浮力公式计算出钢桶的海下浮力:

$$F_{gt} = \rho_\omega g v_{gt} = \rho_\omega g \pi \left(\frac{d_{gt}^2}{4} \right) h_{gt} \tag{13}$$

钢桶处于平衡状态, 将各个分力正交分解, 静力平衡方程由公式(14)给出:

$$
\begin{aligned}
&\text{竖直方向上：} \quad G_{gt} + T_{zwq} + T_{ml}\cos\alpha = F_{gt} + T_{5,4}\cos\theta_4 \\
&\text{水平方向上：} \quad T_{ml}\sin\alpha = T_{5,4}\sin\theta_4 = T_{4,5}\sin\theta_4
\end{aligned}
\tag{14}
$$

在已知 G_{gt}, T_{zwq}, F_{gt} 和 $T_{5,4}$ 的基础上, 由公式(14)平衡方程可以得出锚链拉力 T_{ml} 和钢桶的倾斜角度 α.

$$
\begin{cases}
T_{ml} = \sqrt{(F_{gt} + T_{5,4}\cos\theta_4 - G_{gt} - T_{zwq})^2 + (T_{4,5}\sin\theta_4)^2} \\
\alpha = \arctan \dfrac{T_{4,5}\sin\theta_4}{F_{gt} + T_{5,4}\cos\theta_4 - G_{gt} - T_{zwq}}
\end{cases}
\tag{15}
$$

5.1.1.4　链环受力分析

锚链的受力分析如图 8 所示, 锚链受到的力有锚链重力 G_{ml}、锚的拉力 T_m 和钢桶拉力 T_{gt}. 由于锚链的长度过长(22.05 m), 这是一个非共点力的平衡问题, 不适合再采用共点力平衡的分析方法, 且考虑到锚链的各个链环有着不同的受力状态, 故对锚链的 210 个 2 型链环依次进行受力分析, 将每个链环视为一个质量集中点. 考虑到锚链直径题目中未给出, 且搜集数据发现锚链直径非常小, 导致锚链在海水受到的浮力太小, 故忽略锚链在海水中所受浮力, 采用和上面钢管类似的分析方法, 受力示意图如图 9 所示.

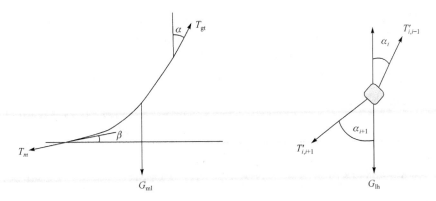

图 8 锚链静力平衡状态的受力示意图　　图 9 链环静力平衡状态的受力示意图

根据链环长度及单位长度质量, 计算链环重力:

$$G_{lh} = m_{lh}g = L_{lh} \times p_j \times g \tag{16}$$

其中, L_{lh} 表示链环的长度; p_j 表示锚链为 j 型号时的单位长度质量.

根据牛顿第三定律, 力的作用相互性可知

$$\begin{cases} T'_{1,0} = T'_{0,1} \\ T'_{i,i+1} = T'_{i+1,i} \end{cases} \tag{17}$$

其中, $T'_{j,j+1}$ 表示第 $j+1$ 节链环对第 j 节链环的拉力; $T'_{j+1,j}$ 表示第 j 节链环对第 $j+1$ 节链环的拉力.

链环处于平衡状态, 将各个分力正交分解, 静力平衡方程由(18)式给出:

$$\begin{aligned} G_{lh} + T'_{i,i+1} \times \cos \alpha_{i+1} &= T'_{i,i-1} \times \cos \alpha_i \\ T'_{i,i+1} \times \sin \alpha_{i+1} &= T'_{i,i-1} \times \sin \alpha_i \end{aligned} \tag{18}$$

其中, α_i 表示第 i 节链环的倾斜角度.

在已知 $T'_{1,0}, \alpha_1, G_{lh}$ 的前提条件下, 由公式(18)静力平衡方程可以求得第二节链环对第一节链环的拉力 $T'_{1,2}$ 及第二节链环的倾斜角度 α_2, 依次迭代下去, 可以求得各节链环对上一节钢管的拉力 $T_{i,i+1}$ 和各节链环的倾斜角度 α_{i+1}:

$$\begin{cases} T'_{i,i+1} = \sqrt{(T'_{i,i-1} \times \cos \alpha_i - G_{lh})^2 + (T'_{i,i-1} \times \sin \alpha_i)^2} \\ \alpha_{i+1} = \arctan \dfrac{T'_{i,i-1} \times \sin \alpha_i}{T'_{i,i+1} \times \cos \alpha_i - G_{lh}} \end{cases} \tag{19}$$

5.1.2　海水静止情况下的静力学模型的构建与求解

由上节受力分析可知, 在给定浮标浮力的初始值条件下, 可以通过 MATLAB

编程计算在海水静止时海面不同风速下的钢桶和各节钢管的倾斜角度、锚链形状、浮标的吃水深度和游动区域. 因此可以通过倾斜角度的余弦值与钢桶和各节钢管的长度的乘积计算出水深, 由于水深为固定值(已知), 因此可以通过不断地修正浮标浮力的值使得计算出的水深为给定值, 也即锚恰好着底. MATLAB 程序见附件 1, 求得的结果如表 1 所示.

表 1 风速分别为 12 m/s, 24 m/s, 36 m/s 时的求解结果

	12 m/s 的风速	24 m/s 的风速	36 m/s 的风速
第一节钢管倾斜角度/(°)	0.959656	3.726518	7.826934
第二节钢管倾斜角度/(°)	0.965234	3.747668	7.868896
第三节钢管倾斜角度/(°)	0.970877	3.769059	7.911307
第四节钢管倾斜角度/(°)	0.976587	3.790696	7.954174
钢管的倾斜角度/(°)	0.982364	3.812581	7.997506
吃水深度/m	0.739700	0.748830	0.769920
游动区域半径/m	11.615149	17.420198	18.712474
锚点与海床的夹角/(°)	0.000000	0.000000	17.828720
实际算出的水深/m	18.001377	18.003682	18.001244

浮标的移动区域视为以锚向海平面的投影点为中心的圆面, 圆的边界位置为浮标的平衡位置, 其半径即表 1 给出的游动区域半径.

风速分别为 12 m/s, 24 m/s 时锚链的形状如图 10 所示.

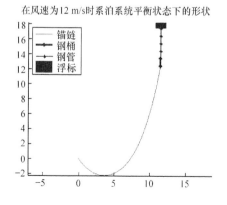
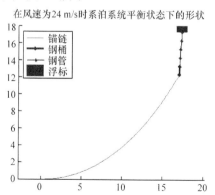

图 10 风速分别为 12 m/s 和 24 m/s 时系泊系统形状的预分析

从图中可以看出锚链的形状出现了反常的"上翘"情况, 这是因为实际情况下锚链到达海底会受到海底的支持力, 而程序中没有考虑这种情况, 因此在静力平衡状态下, 程序计算出的链环会给予一个沿 X 轴负方向斜向上的拉力, 故在 12 m/s, 24 m/s 风速下锚链的尾端有一段平躺于海底, 平躺的链环个数分别为 85 和 5, β 均等于 0°. 将对应变量的初始值重新赋值, 运行程序, 调整程序代码, 最终得到实际锚链的形状如图 11 所示.

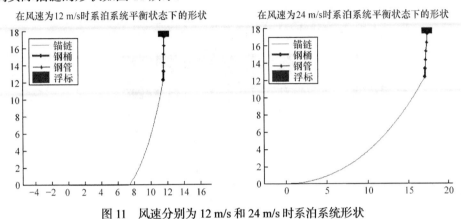

图 11　风速分别为 12 m/s 和 24 m/s 时系泊系统形状

5.2　问题二: 海水静止时不同重物球质量下系泊系统的数学模型

5.2.1　风速为 36 m/s 时的模型求解

和问题一的情形一样, 海面的风速变为 36 m/s, 代入问题一的程序中可求得钢桶和各节钢管的倾斜角度, 浮标的吃水深度和游动区域, 结果见表 1. 系泊系统的形状如图 12 所示.

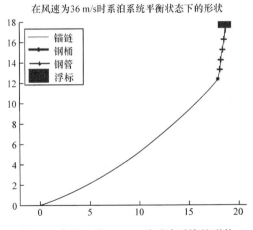

图 12　在风速为 36 m/s 时系泊系统的形状

5.2.2　重物球的质量区间的求解

值得注意的是, 在上节中我们求得 $\alpha = 7.998° > 5°$, $\beta = 17.829° > 16°$, 表明在

此情况下重物球的质量已经不能满足题目的要求. 考虑到重物球的质量与钢桶的倾斜角 α 和锚链在锚点与海床的夹角 β 成负相关, 即重物球质量越大, α 和 β 值越小, 我们取重物球的质量从 1200 kg 开始逐渐增加到 10000 kg(步长为 100 kg), 在 $\alpha \leqslant 5°, \beta \leqslant 16°, h_0 < 2$ 的条件下, 得到重物球的质量范围 1800kg—5200kg, 不同质量的重物球下系泊系统的形状见图 13, MATLAB 求解程序见附录 1.

在风速为36 m/s时不同重物球质量系泊系统的形状(从右到左重力依次增大)

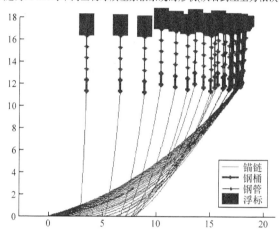

图 13　不同质量的重物球下系泊系统的形状

5.3　问题三: 不同情况下评判与分析最优系泊系统的数学模型

5.3.1　第一个子问题的求解

采用穷举法, 设计出 1000 种系泊系统的设计方案. 设计方案包括确定锚链的型号、长度和重物球的质量, 其中锚链的型号分为 5 种; 根据水深范围 16 m 至 20 m 以及钢管和钢桶总长度为 5 m, 确定锚链的长度范围为 16—25 m, 设定 10 种锚链长度(步长为 1 m); 由问题二可知调节后的重物球质量区间, 又问题三中考虑水流力的影响, 故确定重物球的质量范围为 2000—3900 kg, 设定 20 种重物球的质量(步长为 100 kg). 建立灰色关联分析综合评价模型, 通过 MATLAB 编程, 根据关联度值大小排名确定最终的系泊最优设计, 即确定锚链的型号、长度和重物球的质量.

5.3.1.1　灰色关联分析综合评价法模型的建立

步骤 1: 确定评价指标和评价标准(参考数列).

系泊系统的设计目标是使得浮标的吃水深度和游动区域及钢桶的倾斜角度尽可能小, 因此评价指标为吃水深度、游动区域面积和钢桶的倾斜角度.

步骤 2: 确定各指标值对应的权重 ω.

假设吃水深度、游动区域半径和钢桶的倾斜角度对系泊系统的设计影响重要性相同, 因此确定 $\omega = \left(\dfrac{1}{3}, \dfrac{1}{3}, \dfrac{1}{3}\right)$.

步骤 3: 计算灰色关联系数

$$\xi_i(k) = \frac{\min\limits_{s}\min\limits_{t}|x_0(t) - x_s(t)| + \sigma\max\limits_{s}\max\limits_{t}|x_0(t) - x_s(t)|}{|x_0(t) - x_i(t)| + \sigma\max\limits_{s}\max\limits_{t}|x_0(t) - x_s(t)|} \tag{20}$$

为比较数列 x_i 对参考数列 x_0 在第 k 个指标上的关联系数, 其中 $\sigma \in [0,1]$ 为分辨系数, 称 $\min\limits_{s}\min\limits_{t}|x_0(t) - x_s(t)|, \max\limits_{s}\max\limits_{t}|x_0(t) - x_s(t)|$ 分别为两级最小差及两级最大差. 分辨系数 σ 越大, 分辨率越大; σ 越小, 分辨率越小.

步骤 4: 计算灰色加权关联度.

灰色加权关联度计算公式为

$$r_i = \sum_{k=1}^{n} \omega_i \xi_i(k) \tag{21}$$

其中, r_i 为第 i 个评价对象对理想对象的灰色加权关联度.

步骤 5: 评价分析.

根据灰色加权关联度的大小, 对各指标对象进行排序, 可建立评价对象的关联度, 关联度越大, 其评价结果越好.

5.3.1.2　灰色关联分析法确定最优系泊系统的设计

考虑环境阻力最大的情况下, 即布放点的海水速度达到最大值 1.5 m/s、风速达到最大值 36 m/s. 水深在 16—20 m 范围内变化, 编写 MATLAB 程序, 在 1000 种设计方案中, 计算得到 59 组可取的设计方案, 可取的设计方案指的是满足条件:

$$\begin{cases} \alpha \leqslant 5° \\ \beta \leqslant 16° \\ h_0 < 2 \end{cases} \tag{22}$$

即钢桶倾斜角度不超过 5°, 锚链末端与锚的链接处的切线方向与河床的夹角不超过 16° 和浮标吃水深度小于 2 m. 在可供选择的设计方案中, 利用灰色综合评价法综合评价浮标的吃水深度、游动区域和钢桶的倾斜角度三项指标, 运用 MATLAB 编程, 程序见附录 2, 计算各种方案下, 水深深度从 16—20 m(水深间隔为 1 m)的关联度值并将其加总求和, 排名结果见表 2.

表 2　　不同海水深度下可取方案的关联度值及加总关联值

关联度值 (16 m)	关联度值 (17 m)	关联度值 (18 m)	关联度值 (19 m)	关联度值 (20 m)	序号(方案)	加总关联度值
0.7327	0.7342	0.7328	0.7555	0.7572	4900	3.7124
0.6871	0.6901	0.689	0.6984	0.6996	4899	3.4642
0.6872	0.6823	0.6823	0.6801	0.68	4896	3.4119
0.6677	0.6701	0.6692	0.6721	0.6729	4898	3.352
0.6553	0.6609	0.6583	0.6799	0.6866	4920	3.341
⋮	⋮	⋮	⋮	⋮	⋮	⋮
0.4756	0.4824	0.4699	0.4663	0.4734	4997	2.3676
0.4659	0.4683	0.4683	0.4659	0.4757	4598	2.3441
0.4625	0.4724	0.4584	0.459	0.4677	4799	2.32
0.4583	0.466	0.4574	0.455	0.4638	4798	2.3005
0.4508	0.4518	0.4518	0.4507	0.4531	4599	2.2582

从表 2 最后一列可知, 在序号 4900(方案)时, 加总关联度值最大, 则该种设计方案效果最佳. 加总关联度值等于水深分别为 16 m, 17 m, 18 m, 19 m 和 20 m 的关联度值之和, 其中序号 4900 表示某种设计方案, 设计方案是: 锚链的型号为 5, 长度为 20 m, 重物球的质量为 3900 kg, 即最优的系泊系统的设计方案.

5.3.2　第二个子问题的求解

不同情况下, 钢桶、钢管的倾斜角度, 锚链形状、浮标的吃水深度和游动区域半径, 这些参数值不同. 当海水速度、风速固定, 随着水深的增加, 钢桶、钢管的倾斜角度, 链环平躺在海平面的个数和游动圆面半径在减少, 浮标的吃水深度在增加, 如表 3 所示.

表 3　　不同水深下的系泊系统的参数值

	水深(16 m)	水深(17 m)	水深(18 m)	水深(19 m)	水深(20 m)
钢桶倾斜角度/(°)	0.327074	0.321694	0.316349	0.311038	0.305762
第一节钢管倾斜角度/(°)	0.324683	0.31935	0.314051	0.308786	0.303555
第二节钢管倾斜角度/(°)	0.325278	0.319933	0.314622	0.309346	0.304104
第三节钢管倾斜角度/(°)	0.325874	0.320518	0.315196	0.309908	0.304655
第四节钢管倾斜角度/(°)	0.326473	0.321105	0.315771	0.310472	0.305207
链环平躺个数	58	53	47	42	36
游动区域半径/m	1.6676	1.672	1.6764	1.6808	1.6852
吃水深度/m	5.313989	5.210198	5.097529	4.974297	4.838082

当海水速度、水深固定, 随着风速的增大, 钢桶、钢管的倾斜角度、游动圆面半径、浮标的吃水深度在增加, 链环个数基本保持不变, 如表 4 所示.

表 4 不同风速下的系泊系统的参数值

	风速(6m/s)	风速(12m/s)	风速(18m/s)	风速(24m/s)	风速(30m/s)	风速(36m/s)
钢桶倾斜角度/(°)	0.019918	0.079643	0.179197	0.31833	0.496819	0.714047999
第一节钢管倾斜角度/(°)	0.019773	0.079063	0.17789	0.316009	0.493197	0.708844391
第二节钢管倾斜角度/(°)	0.019809	0.079207	0.178215	0.316586	0.494098	0.71013817
第三节钢管倾斜角度/(°)	0.019845	0.079352	0.178541	0.317165	0.495002	0.71143668
第四节钢管倾斜角度/(°)	0.019882	0.079497	0.178869	0.317747	0.495909	0.712739948
链环平躺个数	54	54	54	54	54	53
游动区域半径/m	1.6708	1.6709	1.6709	1.6711	1.6714	1.6719
吃水深度/m	0.643383	1.891471	3.472208	5.183503	6.906691	8.555819087

当风速、水深固定, 随着海水速度的增大, 钢桶、钢管的倾斜角度、游动圆面半径、浮标的吃水深度在增加,链环个数在减少, 如表 5 所示.

表 5 不同海水速度下的系泊系统的参数值

	海水速度 (0 m/s)	海水速度 (0.3 m/s)	海水速度 (0.6 m/s)	海水速度 (0.9 m/s)	海水速度 (1.2 m/s)	海水速度 (1.5 m/s)
钢桶倾斜角度/(°)	0.322792	0.473764	0.925539	1.675626	2.719036	4.048877291
第一节钢管倾斜角度/(°)	0.320438	0.47031	0.918799	1.663463	2.699436	4.020037259
第二节钢管倾斜角度/(°)	0.321023	0.471169	0.920475	1.666487	2.704309	4.027208745
第三节钢管倾斜角度/(°)	0.321611	0.472031	0.922157	1.669522	2.709201	4.03440582
第四节钢管倾斜角度/(°)	0.3222	0.472896	0.923845	1.672569	2.71411	4.041628623
链环平躺个数	54	54	52	47	36	19
游动区域半径/m	1.6711	1.6713	1.6727	1.6766	1.6849	1.6989
吃水深度/m	5.232105	6.707057	9.83408	12.829214	14.939995	16.21755985

六、模型的评价和推广

6.1 模型的评价

本文就系泊系统的设计问题, 建立集中质量法分析模型和灰色关联分析综合评价模型对最优系泊系统的设计问题进行探究.

集中质量法最主要的优点是节省计算量和计算时间, 有利于简化模型的求解, 但是可能会降低求解的精度, 本文采用共点力的平衡条件来分析问题, 将每节钢管或者链环视为一个质量集中点使得问题的求解简单易行.

灰色关联分析法是根据因素之间发展趋势的相似或相异程度, 亦即 "灰色关联度", 作为衡量因素间关联程度的一种方法, 其核心是按照一定规则确立随时间变化的母序列, 把各个评估对象随时间的变化作为子序列, 求各个子序列与母序列的相关程度, 依照相关性大小得出结论. 本文考虑系泊系统浮标的吃水深度、游动区域、钢桶的倾斜角度, 取各指标的最小值得到虚拟最优设计, 根据灰色加权关联度的大小确定设计的优劣, 将定量和定性方法结合起来, 使复杂的决策问题变得简单清晰, 而且计算方便, 并可在一定程度上排除决策者的主观任意性, 得出比较客观的结论.

6.2　模型的改进方向

集中质量法综合分析模型的改进:

可以将钢管和链环视为刚体, 考虑它们受到的重力和拉力的力矩, 将系统中物体的平衡问题视为非共点力的平衡问题.

灰色关联分析综合评价模型的改进:

可以采用线性变换的方法, 重新定义关联系数. 可参考文献[7], 改进的分析方法具有较高的精度, 为建立模型及确定模型参数提供了新的思路.

七、参 考 文 献

[1] 司守奎, 孙兆亮. 数学建模算法与应用. 2 版. 北京: 国防工业出版社, 2016.
[2] 王磊. 单点系泊系统的动力学研究. 青岛: 中国海洋大学, 2012.
[3] 陈宇泉. 海船系泊系统的设计与安装研究. 哈尔滨: 哈尔滨工程大学, 2013.
[4] 童波. 半潜式平台系泊系统型式及其动力特性研究. 上海: 上海交通大学, 2009.
[5] 郭小天. 漂浮式潮流电站弹性系泊系统设计研究. 哈尔滨: 哈尔滨工程大学, 2013.
[6] 何静. FPSO 悬式锚腿系泊系统的锚系设计研究. 武汉: 武汉理工大学, 2007.
[7] 石民勇. 灰色关连分析的改进与应用. 西安公路学院院报, 1994, 14(3): 94-100.

八、附　录

附录 1(MATLAB 编写的求解问题一、二、三的代码)

%运行程序的代码, 调用各个自己编写的力函数, 可调整 Problem1,2,3,4 的 true 或 false 来针对不同问题进行求解

```
clc,clear
SeaDensity = 1025;        % 海底密度
g = 9.8;                  % 重力加速度
SeaHeghit = 18;           % 海底深度

Buoy_r = 1;               % 浮标的半径
Buoy_h = 2;               % 浮标的高
Buoy_m = 1000;            % 浮标的质量

GangGuan_r = 0.025;       % 钢管的半径
GangGuan_h = 1;           % 钢管的高
GangGuan_m = 10;          % 钢管的质量
GangGuan_Theta = zeros(4,1); % 初始化 4 个钢管的角度
GangGuan_LaLi = zeros(4,1);  % 初始化 4 个钢管的拉力

GangTong_r = 0.15;        % 钢桶的半径
GangTong_h = 1;           % 钢桶的高
GangTong_m = 100;         % 钢桶和设备的质量

ZhongWuQiu_m = 1200;      % 重物球的质量(问题一)
%ZhongWuQiu_MiDu = 7900;  % 钢铁的密度

LianHuanH = [0.78,0.105,0.12,0.15,0.18];  % 不同型号锚链的长度
LianHuan_P = [3.2,7,12.5,19.5,28.12];     % 锚链的单位长度的质量

LianHuan_Theta = zeros(300,1);   % 初始化链环的角度
LianHuan_LaLi = zeros(300,1);    % 初始化链环的拉力

Theta = zeros(300, 1);    % 初始化用来保存各个器件的角度
Num = 1;                  % 用来记录目前保存到哪个角度值

Problem1 = false;         % 问题一求解
Problem2 = false;         % 问题二求解
```

```
Problem3 = false;              % 问题三第一小问求解(确定系泊系统的设计)
Problem4 = true;               % 问题四第二小问求解(分析不同情况下各个值)

global G_FengSu;               % 设置风速为全局变量, 提供给 F_FengLi 函数用
global G_ShuiLiuLi;            % 设置水流力为全局变量, 提供给 F_ShuiLiuLi 函数用

G_FengSu = 36;
G_ShuiLiuLi = 0;
% 初始化风速的条件
FengSu_ChuShiZhi = 12;
FengSu_ZhongZhiZhi = 12;

% 初始化水流力的条件
ShuiLiuLi_ChuShiZhi = 0;
ShuiLiuLi_ZhongZhiZhi = 0;

% 初始化海底深度的条件
SeaHeghit_ChuShiZhi = 18;      % 海底深度
SeaHeghit_ZhongZhiZhi = 18;       % 海底深度

% 初始化链环的条件
LianHuan_XH_ChuShiZhi = 2;
LianHuan_XH_ZhongZhiZhi = 2;

% 初始化重物球的条件
ZhongWuQiu_m_ChuShiZhi = 1200;
ZhongWuQiu_m_JingDu = 1;
ZhongWuQiu_m_ZhongZhiZhi = 1200;
ZhongWuQiu_TiaoJie = true;

% 初始化链环的条件
LianHuan_Len_ChuShiZhi = 22.05;
LianHuan_Len_JingDu = 1;
LianHuan_Len_ZhongZhiZhi = 22.05;
LianHuan_TiaoJie = false;

if(Problem1 == true)
    Buoy_hx_JingDu = 0.00001;
    % 对于问题 1 和问题三要求浮标海底精度高使得计算的海底深度接近于 18
    Buoy_hx_ChuShiZhi = 0.73;
```

  % 在各个问题一的限制条件下, 浮标海底的初始值不会低于 0.7 优化运算过程, 问题 3
时可适当调整降低运算次数

```
elseif(Problem2 == true)
        Buoy_hx_JingDu = 0.001;
% 对于问题 2 浮标海底精度不要求那么高, 减少可接受精度提高运算速度
        Buoy_hx_ChuShiZhi = 0.9;

        ZhongWuQiu_m_ChuShiZhi = 1200;
        ZhongWuQiu_m_JingDu = 100;
        ZhongWuQiu_m_ZhongZhiZhi = 10000;
elseif(Problem3 == true)%调节链环的总长度
        Buoy_hx_JingDu = 0.01;            % 降低精度提高运算速度
        Buoy_hx_ChuShiZhi = 0.6;

        LianHuan_Len_ChuShiZhi = 16;
        LianHuan_Len_JingDu = 1;
        LianHuan_Len_ZhongZhiZhi = 25;

        ZhongWuQiu_m_ChuShiZhi = 2000;
        ZhongWuQiu_m_JingDu = 100;
        ZhongWuQiu_m_ZhongZhiZhi = 3900;

        LianHuan_XH_ChuShiZhi = 1;
        LianHuan_XH_ZhongZhiZhi = 5;

        SeaHeghit_ChuShiZhi = 16;
        SeaHeghit_ZhongZhiZhi = 20;

        Answer = zeros(5000, 5);                % 初始化最终 5000 个结果
elseif(Problem4 == true)
    Buoy_hx_JingDu = 0.0001;
    Buoy_hx_ChuShiZhi = 1.6;

    SeaHeghit = 16.79310718;
    G_FengSu = 24.16760985;
    G_ShuiLiuLi = 0.853493409;
    Answer = zeros(5, 8);

    FengSu_ChuShiZhi = 24.16760985;
    FengSu_ZhongZhiZhi = 24.16760985;
```

```matlab
    SeaHeghit_ChuShiZhi = 16.79310718;
    SeaHeghit_ZhongZhiZhi = 16.79310718;

    ShuiLiuLi_ChuShiZhi = 0;
    ShuiLiuLi_ZhongZhiZhi = 1.5;
    % 设置最优系泊系统参数
    LianHuan_XH_ChuShiZhi = 5;
    LianHuan_XH_ZhongZhiZhi = 5;
    LianHuan_Len_ChuShiZhi = 20;
    LianHuan_Len_JingDu = 1;
    LianHuan_Len_ZhongZhiZhi = 20;
    ZhongWuQiu_m_ChuShiZhi = 3900;
    ZhongWuQiu_m_JingDu = 1;
    ZhongWuQiu_m_ZhongZhiZhi = 3900;
end;


for G_ShuiLiuLi = ShuiLiuLi_ChuShiZhi:0.3:ShuiLiuLi_ZhongZhiZhi;
for G_FengSu = FengSu_ChuShiZhi:6:FengSu_ZhongZhiZhi;
for SeaHeghit = SeaHeghit_ChuShiZhi:SeaHeghit_ZhongZhiZhi;
        % 海底深度

    for LianHuan_XH = LianHuan_XH_ChuShiZhi:LianHuan_XH_ZhongZhiZhi;
        % 锚链的型号
        LianHuan_h = LianHuanH(LianHuan_XH);        % 链环的单位长度
        % LianHuan_r = 0.0095;      % 链环的半径
        LianHuan_m = LianHuan_h * LianHuan_P(LianHuan_XH);
                                                    % 链环的质量

        for LianHuan_Len = LianHuan_Len_ChuShiZhi:LianHuan_Len_
        Jing Du:LianHuan_Len_ZhongZhiZhi;          % 链环的总长度
            LianHuan_Num = round(LianHuan_Len / LianHuan_h);
            % 计算链环的数量 (四舍五入取整)

            for ZhongWuQiu_m = ZhongWuQiu_m_ChuShiZhi:ZhongWuQiu
_m_JingDu:ZhongWuQiu_m_ZhongZhiZhi;
                % 第二题_ 调整重物球的质量让角度符合题目范围
                % 通过调整 Buoy_hx 让算的高度接近于海底深度
                for Buoy_hx = Buoy_hx_ChuShiZhi:Buoy_hx_JingDu:2;
                % 浮标在海底的高度
```

```
if(Problem3 == true || Problem4 == true)
      Buoy_ShuiLiuLi = F_ShuiLiuLi(Buoy_r,
      Buoy_h, Buoy_hx, 0);  % 浮标的水流力
else
      Buoy_ShuiLiuLi = 0;
end;        %if (Problem3 == true)
Hsum = Buoy_hx;              % 实际计算的海底高度
Hxsum = 0;                   % 游动区域
Buoy_FuLi = F_FuLi(Buoy_r, Buoy_hx);
                                   % 浮标的浮力
Buoy_FengLi = F_FengLi(Buoy_r, Buoy_h, Buoy_hx);
                                   % 浮标的风力
Buoy_LaLi = sqrt((Buoy_FuLi - Buoy_m * g)^2
+(Buoy_FengLi + Buoy_ShuiLiuLi)^2);  % 浮标的拉力
Buoy_Theta = atan((Buoy_FengLi + Buoy_ShuiLiuLi)/
(Buoy_FuLi - Buoy_m * g)) + pi;
      % 浮标的 theta 角的值

if(Buoy_FuLi < Buoy_m * g)
% 如果浮力<重力, 则浮标下沉, 不考虑
      break;
end;        %if (Buoy_Theta < pi)

Num = 1;                     % 初始化 Num 的值
Theta(Num,1) = Change_Theta(Buoy_Theta);
                             % 上一个夹角的值
LaLi = Buoy_LaLi;            % 上一个拉力的值

GangGuan_FuLi = F_FuLi(GangGuan_r, GangGuan_h);
                             % 钢管的浮力
if(Problem3 == true || Problem4 == true)
      GangGuan_ShuiLiuLi = F_ShuiLiuLi(GangGuan_r,
      GangGuan_h, 0, Theta(Num,1)); % 钢管的水流力
else
      GangGuan_ShuiLiuLi = 0;
end;        %if (Problem3 == true)

for i = 1:4;
      [GangGuan_Theta(i,1)] = F_theta(LaLi,
      Theta(Num,1), GangGuan_FuLi, GangGuan_
```

```
                       m * g, GangGuan_ShuiLiuLi);    % 钢管的角度
                       [GangGuan_LaLi(i,1)] = F_LaLi(GangGuan_
                       FuLi, LaLi, Theta(Num,1), GangGuan_m * g,
                       GangGuan_ShuiLiuLi);        % 钢管的拉力
                       Num = Num + 1;
                       Theta(Num,1) = Change_Theta(GangGuan_
                       Theta(i,1));                % 上一个夹角的值
                       LaLi = GangGuan_LaLi(i,1);
                                                   % 上一个拉力的值
                       Hsum = Hsum + cos(Theta(Num - 1,1)) *
                       GangGuan_h;  % 计算四个钢管竖直方向的高度
                       Hxsum = Hxsum + sin(Theta(Num - 1,1))
                       * GangGuan_h;  % 计算四个钢管水平方向的长度
        end;         %for i = 1:4;

        if(Problem3 == true || Problem4 == true)
                GangTong_ShuiLiuLi = F_ShuiLiuLi(GangTong_r,
                GangTong_h, 0, Theta(Num,1));
                   % 钢桶的水流力
        else
                GangTong_ShuiLiuLi = 0;
        end;          % if (Problem3 == true)

GangTong_FuLi = F_FuLi(GangTong_r, GangTong_h);
                                                 % 钢桶的浮力
%GangTong_G = GangTong_m * g + ZhongWuQiu_m *
   g - SeaDensity * g * ZhongWuQiu_m / ZhongWuQiu_
   MiDu;  % 钢桶的重力和重物球的重力和浮力
GangTong_G = GangTong_m * g + ZhongWuQiu_m * g;
                        % 钢桶的重力和重物球的重力
GangTong_Theta = F_theta(LaLi, Theta(Num,1),
GangTong_FuLi, GangTong_G, GangTong_ShuiLiuLi);
                                     % 钢桶的角度
GangTong_LaLi = F_LaLi(GangTong_FuLi, LaLi,
Theta(Num,1), GangTong_G, GangTong_ShuiLiuLi);
                                     % 钢桶的拉力

Num = Num + 1;
Theta(Num,1) = Change_Theta(GangTong_Theta);
                        % 上一个夹角的值
```

```
        LaLi = GangTong_LaLi;               % 上一个拉力的值

        Hsum = Hsum + cos(Theta(Num - 1,1)) * GangTong_h;
                        %计算钢桶竖直方向的高度
        Hxsum = Hxsum + sin(Theta(Num - 1,1)) * GangTong_h;
                            % 计算钢桶水平方向的长度


        % LianHuan_FuLi = F_FuLi(LianHuan_r, LianHuan_
          h, 0);       % 链环的浮力
        LianHuan_FuLi = 0;                % 不考虑链环的浮力
        LianHuan_ShuiLiuLi = 0;           % 不考虑链环的水流力
        for i = 1:LianHuan_Num;
            [LianHuan_Theta(i,1)] = F_theta(LaLi,
            Theta(Num, 1), LianHuan_FuLi, LianHuan_
            m * g, LianHuan_ShuiLiuLi);% 链环的角度
            [LianHuan_LaLi(i,1)] = F_LaLi(LianHuan_
            FuLi, LaLi, Theta(Num,1), LianHuan_m
            * g, LianHuan_ShuiLiuLi);  % 链环的拉力
            Num = Num + 1;
            Theta(Num,1) = Change_Theta(LianHuan_
            Theta(i,1));                % 上一个夹角的值
            LaLi = LianHuan_LaLi(i,1);
                                    %上一个拉力的值
            Hsum = Hsum + cos(Theta(Num - 1,1)) *
            LianHuan_h;  % 计算链环竖直方向的高度
            Hxsum = Hxsum + sin(Theta(Num - 1,1))
            * LianHuan_h;  % 计算链环水平方向的长度
        end; % for i = 1:LianHuan_Num;

        if(Hsum > SeaHeghit)
        % 如果计算出的高度小于等于海底实际高度, 则跳出
            break;
        end;%if (Hsum <= SeaHeghit)
    end; % for_浮标在海面外的高度

    if(Problem1 == true)
        % 问题一下显示所要求的数值
        for i = 1:300
                % 显示各个器件拉力的角度
            if(Theta(i, 1) == 0)
```

```
                        break;
                end;      %if (Theta(i) == 0)
        end;            %for i = 1:300
        Theta(1:i-1, 1)
        Hsum
            % 显示实际计算的海底高度
        ChiShuiShenDu = Buoy_hx
            % 显示浮标在海底的高度
        MaoLianJiaJiao = 90 - (Theta(LianHuan_
        Num + 6) * 180 / pi)
    % 显示锚链末端与锚的链接处的切线方向与海床的夹角
        GangTongQingXieJiao = Theta(5) * 180 / pi
            % 显示钢桶的倾斜角度(钢桶与竖直线的夹角)
elseif(Problem2 == true)
        % 问题二下显示所要求的数值
        if(Buoy_hx >= 2)
            % 如果浮标完全沉入水底则停止运算
                break;
        end;            % if (Buoy_hx > 2)
        if(90 - (Theta(LianHuan_Num + 6) * 180 /
        pi) > 16 || Theta(5) * 180 / pi > 5)
                continue;
        end;            %if (90 - (Theta(LianHuan_
                        Num + 6) * 180 / pi) > 16
                        || Theta(5) * 180 / pi > 5)
        ZhongWuQiu_m
        % 显示重物球的质量
        ChiShuiShenDu = Buoy_hx
        % 显示浮标在海底的高度
        MaoLianJiaJiao = 90 - (Theta(LianHuan_
        Num + 6) * 180 / pi)
    % 显示锚链末端与锚的链接处的切线方向与海床的夹角
        GangTongQingXieJiao = Theta(5) * 180 / pi
            % 显示钢桶的倾斜角度(钢桶与竖直线的夹角)
elseif(Problem3 == true)
        i = SeaHeghit - 16;
        j = LianHuan_XH - 1;
        k = LianHuan_Len - 16;
        l = (ZhongWuQiu_m - 1900) / 100;
        AnswerNum = i * 5 * 10 * 20 + j * 10 *
```

```
        20 + k * 20 + l;
        Answer(AnswerNum, 1) = Buoy_hx;
                                        % 保存吃水深度
        MaoLianJiaJiao = 90 - (Theta(LianHuan_
        Num + 6) * 180 / pi);
    % 保存锚链末端与锚的链接处的切线方向与海床的夹角
        GangTongQingXieJiao = Theta(5) * 180 / pi;
                % 保存钢桶的倾斜角度(钢桶与竖直线的夹角)
        Answer(AnswerNum, 3) = GangTongQingXie
        Jiao;  % 保存钢桶倾斜角度
        Answer(AnswerNum, 2) = Hxsum;
                                        % 保存游动区域
        if(GangTongQingXieJiao > 5 || MaoLian
        JiaJiao > 16)       % 确定是否满足系统
            Answer(AnswerNum, 4) = 0;
        else
            Answer(AnswerNum, 4) = 1;
        end;
        Answer(AnswerNum, 5) = AnswerNum;
                                    % 确定答案的序号
    elseif(Problem4 == true)
        % i = SeaHeghit - 15;
        % i = G_FengSu / 6;
        i = G_ShuiLiuLi * 10 / 3 + 1;
        Answer(i, 1) = Theta(5) * 180 / pi;
                                        % 记录钢桶
        Answer(i, 2) = Theta(1) * 180 / pi;
                                        % 记录钢管
        Answer(i, 3) = Theta(2) * 180 / pi;
        Answer(i, 4) = Theta(3) * 180 / pi;
        Answer(i, 5) = Theta(4) * 180 / pi;
    % 计算沉在海底的链环个数
    HaiDiNum = 0;
    HaiDiShenDu = 0;
    XNum = Num - 1;
    for j = 1:LianHuan_Num;
            HaiDiShenDu = HaiDiShenDu + LianHuan_
            h * cos(Theta(XNum,1));
            XNum = XNum - 1;
            if (HaiDiShenDu <= 0)
```

```
                            HaiDiNum = j;
                   elseif (abs(HaiDiNum) < 1e-8)
                       break;
                   end;
           end;
       Answer(i, 6) = HaiDiNum;
       Answer(i, 7) = Buoy_hx;
       Answer(i, 8) = Hxsum;
   end;                      %if (Problem1 == true)
```

```
% 绘制链环图形
if(Problem3 == false)              % 问题三不作图
    if(Num <= 1)
        continue;
    end;
    Num = Num - 1;
    % 因为最后一个角度是算的锚的角度
    LianHuan_x = zeros(LianHuan_Num + 1, 1);
    LianHuan_y = zeros(LianHuan_Num + 1, 1);
    LianHuan_yy = zeros(LianHuan_Num + 1, 1);
                                %画出实际 y 轴高度
    HaiDiNum = 0;
    for i = 2:LianHuan_Num + 1
        LianHuan_x(i) = LianHuan_x(i-1) +
        LianHuan_h * sin(Theta(Num,1));
        LianHuan_y(i) = LianHuan_y(i-1) +
        LianHuan_h * cos(Theta(Num,1));
        if(LianHuan_y(i) > 0)
            LianHuan_yy(i) = LianHuan_y(i);
        else
            LianHuan_yy(i) = 0;
            HaiDiNum = i;
        end;
        Num = Num - 1;
    end;
    hold on;
    plot(LianHuan_x', LianHuan_yy', '-');
    axis('equal');
```

```
% 绘制钢桶图形
```

```
GangTong_x = zeros(2,1);
GangTong_y = zeros(2,1);
GangTong_x(1,1) = LianHuan_x(LianHuan_
Num + 1,1);
GangTong_y(1,1) = LianHuan_y(LianHuan_
Num + 1,1);
GangTong_x(2,1) = GangTong_x(1,1)+ GangTong_
h * sin(Theta(Num,1));
GangTong_y(2,1) = GangTong_y(1,1) + GangTong_
h * cos(Theta(Num,1));
Num = Num - 1;
plot(GangTong_x, GangTong_y, '*-', 'Line
Width', 3)

% 绘制钢管图形
GangGuan_x = zeros(5,1);
GangGuan_y = zeros(5,1);
GangGuan_x(1,1) = GangTong_x(2,1);
GangGuan_y(1,1) = GangTong_y(2,1);
for i = 2:5
    GangGuan_x(i,1) = GangGuan_x(i-1,1)
    + GangGuan_h * sin(Theta(Num,1));
    GangGuan_y(i,1) = GangGuan_y(i-1,1)
    + GangGuan_h * cos(Theta(Num,1));
    Num = Num - 1;
end;
plot(GangGuan_x, GangGuan_y, '*-', 'Line
Width', 2)

% 绘制浮标图形
FuBiao_x = zeros(2,1);
FuBiao_y = zeros(2,1);
FuBiao_x(1,1) = GangGuan_x(5,1);
FuBiao_y(1,1) = GangGuan_y(5,1);
FuBiao_x(2,1) = FuBiao_x(1,1);
FuBiao_y(2,1) = FuBiao_y(1,1) + Buoy_hx;
plot(FuBiao_x, FuBiao_y, '-', 'Line
Width', 20)

title('不同风速下系泊系统的形状');
```

```
                                     legend('锚链','钢桶','钢管','浮标', 0)

                                     hold off;

                                     if(Problem1 == true || Problem3 == true)
                                         YouDongQuYu = FuBiao_x(2,1)
                                     % 浮标的游动区域, 浮标的平衡点及浮标的 x 轴坐标
                                     end; % if (Problem1 == true || Problem3
                                         == true)
                                 end;%if (Problem3 == false)
                         end; % for ZhongWuQiu_m = ZhongWuQiu_m_ChuShiZhi:
                                 ZhongWuQiu_m_JingDu:ZhongWuQiu_m_ZhongZhiZhi;
                     end;% for LianHuan_Len = LianHuan_Len_ChuShiZhi:Lian
                             Huan_Len_JingDu:LianHuan_Len_ZhongZhiZhi;
                 end;% for LianHuan_XH = LianHuan_XH_ChuShiZhi:LianHuan_XH_
                         ZhongZhiZhi;
             end; % for SeaHeghit_ChuShiZhi:SeaHeghit_ZhongZhiZhi;
             end;% for G_FengSu = FengSu_ChuShiZhi:6:FengSu_ZhongZhiZhi;
             end;% for G_ShuiLiuLi = ShuiLiuLi_ChuShiZhi:6:ShuiLiuLi_ZhongZhiZhi;
             if(Problem4 == true)
                 Answer'
             end; % if (Problem4 == true)
             if(Problem3 == true)
                 xlswrite('text', Answer);              % 将最终结果导出到 Excel 文件中,
             end; % if (Problem3 == true)
```
   % 筛选数据时, 需再将数据完整的复制到 in.txt 中, 运行数据筛选.exe, 再将 out.txt
复制到任意 Excel 文件中即可
```
   YunXingJieGuo = '运行完成'
```

附录 2(MATLAB 实现灰色关联分析模型)

```
a=[0.74423   0.75928  0.78325  0.81611  0.85879
18.48150818  18.31874982  17.41479432  16.00962318  14.46753747
6.234253012  6.023759016  5.716482983  5.343101259  4.925652369];
```
   % 在风速 24 m/s,水流速度 1 m/s,水深 18 m,锚链 22.05 m,重物球质量为 1200 kg
条件下, 矩阵 a 第 j 列表示型号为 j 的锚链, 浮标的吃水深度、游动区域、钢桶倾斜角度.
```
   for i=1:3% 成本型指标标准化
       a(i,:)=(max(a(i,:))-a(i,:))/(max(a(i,:))-min(a(i,:)));
   end
   [m,n]=size(a);
   cankao=max(a')'% 求参考数列的取值
```

```
t=repmat(cankao,[1,n])-a;% 求参考数列与每一个序列的差
mmin=min(min(t));% 计算最小差
mmax=max(max(t));% 计算最大差
rh0=0.5;% 分辨系数
xishu=(mmin+rh0*mmax)./(t+rh0*mmax)% 计算灰色关联系数
guanliandu=mean(xishu)% 取等系数权重，计算关联度
[gsort,ind]=sort(guanlaindu,'descend')% 对关联度降序排列
```

小区开放对道路通行的影响

(学生: 王 韬 孙中宇 张旭霞 指导老师: 黄旭东 国家二等奖)

摘 要

本文针对开放封闭型住宅小区对道路通行的影响问题, 通过建立科学合理的综合评价指标体系、构建综合评价模型和结合实例进行论证分析, 并就相关问题进行了深入的研究.

针对问题一评价指标体系的构建, 我们在理论分析的基础上并结合数据的可得性, 分别采用了小区对城市的隔断程度、小区内部道路、小区周边道路饱和率、小区道路空闲率、交叉路口车辆拥挤程度作为评价指标, 采用层次分析法对上述指标进行了检验, 发现构建的指标体系切实可行.

针对问题二数学模型的建立, 在建立模型之前我们分别引入 NS 模型来解释未开放小区由进入规则而引起的车辆减速现象, 以及引入交通流理论构造三个基本参数(流量、密度、速度)之间的公式关系, 利用微分求导求得最大流量, 即道路通行最优状态. 当交通密度网未达到最优密度时, 小区开放增大了交通网密度, 会改善道路通行能力, 相应地, 当交通密度网达到最优密度, 小区开放就会降低道路的通行能力. 基于上述理论定性的研究, 根据问题一建立的评价指标体系, 依据多目标决策 TOPSIS 模型, 得到影响力度 $W_i = \dfrac{D_i^-}{D_i^+ + D_i^-}$, 由于指标体系经过合理同趋化, 最终得到的影响力度越大, 表示通行能力越好.

针对问题三, 由于问题一建立的指标体系和问题二建立的 TOPSIS 法评价指标模型解决的均是对周边道路通行的影响, 无法解决小区开放对整个道路通行的影响, 故对问题一建立的评价指标进行优化, 再增加一个新的评价指标: 公共交通高峰期负荷系数 $\alpha = \dfrac{m_t}{S}$, 从而实现对整个道路通行的影响评价. 根据小区内部结构的不同, 选取不同类型的小区 A, B, C, 通过 VISSIM 交通软件进行仿真数据的收集处理, 构造出三个小区六个指标的矩阵形式, 利用 TOPSIS 算法定量求得三个小区 A, B, C 开放前的影响力度 $W_i = (0.3049, 0.4876, 0.7102)$ 和开放后的影响

力度 $W_i = (0.3488, 0.6228, 0.5090)$ ，可以发现小区 A, B 开放后改善了道路通行能力，而小区 C 却降低了道路通行能力. 针对小区 C 利用 Braess 悖论来解释出现这种现象的原因，从而对 TOPSIS 模型的准确性给予验证.

针对问题四，我们分别从合理规划交通网、利益最大化方案可行性、分时段开放倡导绿色出行给予了合理化建议.

最后对模型的优缺点进行评价.

关键词 评价指标体系 TOPSIS NS 模型 交通流 VISSIM

一、问 题 重 述

近年来，我国城市小区一直处于自我封闭的状态，且随着小区规模的增大，封闭小区对城市的隔断作用也愈来愈明显，于是出现了一系列如出行难、逛街难的问题，是否应该开放小区成为大众议论热点. 国务院近期也发布了《关于进一步加强城市规划建设管理工作的若干意见》.

本文就小区开放的影响，提出以下问题:

(1) 小区开放哪些条件会对周边道路通行产生影响，建立用以研究该问题的评价指标体系;

(2) 道路增加对车辆通行如何影响，小区开放后道路网密度的增加如何影响道路通行能力，是否存在规律，且建立用以研究小区开放对周边道路影响的数学模型;

(3) 应用建立的模型定量比较各类型小区开放前后对外部道路和内部道路通行的影响;

(4) 向城市规划和交通管理部门提出你们关于小区开放的合理化建议.

二、模 型 假 设

(1) 不考虑重要节日对道路通行的影响;

(2) 假设路面都是平坦的;

(3) 用平均排队长度来替代交叉路的信号灯控制;

(4) 小区开放本身内部就是简单的道路交通网.

三、符 号 说 明

t	延误时间	X_{ij}	第 i 个小区第 j 个评价指标体系的得分情况
$v(a)_t$	车辆 a 在时间 t 时刻的瞬时速度	ρ_m	最佳密度
T_{shiji}	车辆在该路段通过的实际时间	α	共交通高峰期负荷系数
$T_{lixiang}$	车辆在该路段通过的理想时间	W_i	道路通行影响力度
v_i	车流密度趋于零时的车辆速度	t_{BA}	新增加的道路 BA 的车辆行驶时间
ρ_j	车辆速度为零时的车流密度	f	每个路段的流量
v_m	最大车流量对应的车速	$P(a)_t$	车辆 a 在时间步 t 时刻其前方的空格数
Q_{max}	最大流量		

四、问题一评价指标体系的建立

4.1 评价指标的选取

评价小区开放对周边道路的影响最重要的是对于道路网密度和人均道路面积、支路利用率的增加, 这会减轻城市交通网络的负担. 然而开放的小区虽然带来了可通行道路的增多, 但同时也会导致小区周边主路上进出小区的交叉路口的车辆的增加, 这些变化都可能会影响主路车辆的通行速度.

小区规模较大会对城市起到一定的"隔断", 此时若小区开放, 则势必会对周边道路有分流作用; 小区周边的道路结构则决定了小区开放后周边主路上进出小区的交叉路口的车辆增加的多少; 小区内部道路的质量、复杂性决定了车主是否愿意从小区行驶; 小区周边道路饱和率反映着周边道路是否拥堵、通行效率高不高; 而小区内部道路的空闲率则反映了小区内部道路的通行效率; 此外交叉路口车辆过多也会影响主路车辆的通行.

我们在理论分析的基础上并结合数据的可得性, 确定了如下指标及处理方法.

对于小区对城市的隔断程度, 我们使用小区规模来表示, 规模越大, 封闭小区对城市的隔断作用越明显; 并使用小区人均道路面积来衡量小区道路空闲率; 交叉路口车辆拥挤程度则采用车辆通过交叉路口的平均排队长度来确定.

我们使用十分优秀、优秀、一般、差、很差来衡量小区内部道路, 并分别记作 1, 2, 3, 4, 5, 以此对该指标量化, 如表 1 所示.

表 1 小区内部指标量化

等级	十分优秀	优秀	一般	差	很差
量化指标	1	2	3	4	5

对于小区周边道路饱和率, 即周边道路的拥堵程度, 我们采用延误时间来近似转换, 延误时间是指在一个或一些路段上所有观测车辆的实际行驶时间与理想的行程时间之差的平均值, 在此用 t 表示为

$$t = \frac{\sum\limits_{i=1}^{N}(T_{\text{shiji}} - T_{\text{lixiang}})}{N}$$

上式中, T_{shiji} 表示车辆在该路段通过的实际时间, T_{lixiang} 车辆在该路段通过的理想时间, N 为调查时间内通过的车辆数.

交通比较通畅时, 交通流量较小, 车速较高, 因此延误时间较短或不延误. 交通流量增大时, 车速减小, 延误时间增加. 当交通拥堵时, 车辆行驶速度处于较低水平, 延误时间极长. 即延误时间随着交通饱和率的增大而增长, 如图 1 所示.

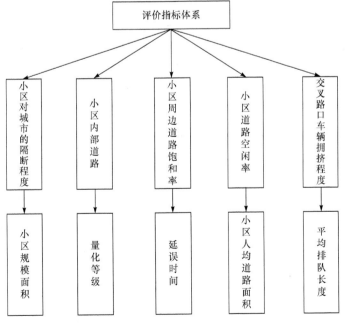

图 1 小区开放对周边道路影响的评价指标体系

4.2　评价指标的检验

为确保指标的适用性, 以下我们使用层次分析法对上述指标进行指标检验, 如图 2 所示.

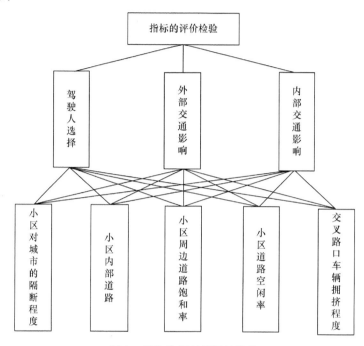

图 2　层次分析对指标的检验

在选择评价指标体系时, 我们主要从以下三个方面考虑: 驾驶人选择、外部交通影响和内部交通影响. 层次分析的决策层即上述所选择的五个指标. 判断矩阵如表 2 所示.

表 2　层次分析的判断矩阵

准则层 方案层	驾驶人选择					外部交通影响					内部交通影响				
小区对城市的隔断程度	1	2	3	1	3	1	2	2	3	1	1	$\frac{1}{2}$	$\frac{1}{3}$	$\frac{1}{2}$	1
小区内部道路	$\frac{1}{2}$	1	2	$\frac{1}{2}$	2	$\frac{1}{2}$	1	$\frac{1}{2}$	2	$\frac{1}{2}$	2	1	$\frac{1}{2}$	1	2
小区周边道路饱和率	$\frac{1}{3}$	$\frac{1}{2}$	1	$\frac{1}{3}$	1	$\frac{1}{2}$	1	1	2	$\frac{1}{2}$	3	2	1	2	3
小区道路空闲率	1	2	3	1	3	$\frac{1}{3}$	$\frac{1}{2}$	$\frac{1}{2}$	1	$\frac{1}{3}$	2	1	$\frac{1}{2}$	1	2
交叉路口车辆拥挤程度	$\frac{1}{3}$	$\frac{1}{2}$	1	$\frac{1}{3}$	1	1	3	2	3	1	1	$\frac{1}{2}$	$\frac{1}{3}$	$\frac{1}{2}$	1

可得方案层对目标层的权重为

$$w = \begin{pmatrix} 0.3133 & 0.2939 & 0.1093 \\ 0.1763 & 0.1402 & 0.2063 \\ 0.0986 & 0.1558 & 0.3689 \\ 0.3133 & 0.0881 & 0.2063 \\ 0.0986 & 0.3219 & 0.1093 \end{pmatrix} \begin{pmatrix} 0.1634 \\ 0.5369 \\ 0.2970 \end{pmatrix} = \begin{pmatrix} 0.2422 \\ 0.1657 \\ 0.2097 \\ 0.1600 \\ 0.2223 \end{pmatrix}$$

而且, 一致性指标 $\mathrm{CR} = (0.0022, 0.0019, 0.0030) \begin{pmatrix} 0.1634 \\ 0.5396 \\ 0.2970 \end{pmatrix} = 0.0023 < 0.1$, 通过一

致性检验.

上述各方案层指标所占权重值分别为 0.2422, 0.1657, 0.2097, 0.1600, 0.2223, 所占权重比均不能忽视, 故认为当前所构建指标体系不含无用指标, 较为合理.

五、问题二数学模型的建立

5.1 小区开放前的分析

5.1.1 小区的模型简化

考虑到不同类型的小区(如居民小区、学校、医院)开放前后本质就是是否增加了主路之间的交通路线, 由于小区内部结构的不同, 交通路线网复杂程度不同, 为了简化, 故将开放前的小区视为此处没有交通道路线, 开放后的每个小区根据其内部结构的不同看作是增加了不同的交通路线.

5.1.2 NS 模型: 进入规则引起的车辆减速现象

由于 NS 模型中经常出现减速现象, 参考文献[9]发现进入规则会对车辆之间相互通行产生一定的干扰, 从而导致车辆在这条道路上发生减速.

一般地, 根据 NS 模型的相关规则, 应当有如下限制要求

$$\min(v(a)_t + 1, \ v_{\max}) > P(a)_t$$

其中, $v(a)_t$ 表示车辆 a 在时间 t 时刻的瞬时速度, $P(a)_t$ 表示车辆 a 在时间步 t 时刻其前方的空格数.

当上述限制要求规则实行后, 车辆 a 在时间步 t 时刻只能移动 $P(a)_t$ 个点格, 故在这种限制下, 当车辆 a 的速度 $v(a)_t < v_{\max}$ 时, 则必然会无法按照预期加速;

当车辆 a 的速度 $v(a)_t = v_{\max}$ 时, 则必然就会减速.

通过 VISSIM 交通软件来模拟小区开放前车辆行驶情况(图 3), 结合 NS 模型

来研究车辆在一条道路上发生的减速现象(图 4).

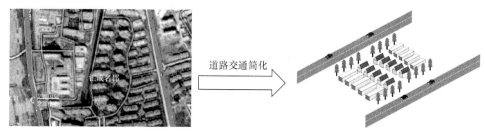

图 3　小区未开放前模拟车辆行驶的某一瞬间

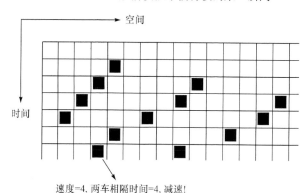

图 4　小区开放前车辆经过周边道路导致的车辆减速

结论: 通过 NS 模型可以发现, 小区未开放时, 由于进入规则的限制, 在一条道路上, 车辆间存在相互干扰导致车辆减速, 影响了道路交通的流畅.

5.2　小区开放后的分析

5.2.1　小区开放后的交通线路网

小区开放后即交通道路网线路增加, 交通线路网密度变大, 车辆就会有更多的选择行走机会, 若小区内部结构不同, 即内部交通线路会有所不同, 从而该地区的整个交通线路会有如下形式(举例部分见图 5).

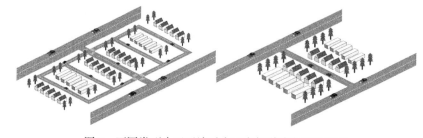

图 5　不同类型小区开放后小区内部道路交通线路网

5.2.2 交通流模型分析小区开放后对周边道路通行的影响

交通流主要针对在车辆道路上的交通流量以及流速, 其中一般使用交通流参数: 即流量、速度、车流密度这三个参数来刻画, 当三个参数之间相互影响相互联系时, 若能够去很好地构造三个参数之间的联系关系式, 利用微分求导求得最大流量, 则就能够很好地评价小区开放后对周边道路交通的影响.

5.2.2.1 交通流基本参数之间关系

查阅文献[1—5], 交通流参数之间的关系近似为

$$Q = v\rho \tag{1}$$

建立如下三个联系框架体系模型: 速度和交通密度的关系、流量和交通密度的关系、流量和速度的关系.

(1) 速度和交通密度关系.

当道路上车流量较大时, 车辆行驶速度较慢, 随着车流量的减少, 车速逐渐有上升趋势, 在此我们采用 Greenshields 于 1933 年提出的关系模型:

$$v = v_i \left(1 - \frac{\rho}{\rho_j} \right) \tag{2}$$

上式中, v_i 为车流密度趋于零时的车辆速度; ρ_j 为车辆速度为零时的车流密度.

可以看出当 $\rho = 0$ 时, $v = v_i$, 即交通流量较小时, 车辆行驶较通畅, 而当 $\rho = \rho_j$ 时, $v = 0$, 即交通流量较大时, 车速趋近于 0.

交通网密度较大时, 我们采用 Underwood 于 1961 年提出的指数模型:

$$v = v_i \cdot e^{\frac{\rho}{\rho_m}} \tag{3}$$

其中 ρ_m 为最佳密度, 即最大车流量所对应的密度.

交通密度较大时, 可以采用 Greenberg 于 1959 年提出的对数模型:

$$v = v_m \cdot \ln \left(\frac{\rho_j}{\rho} \right) \tag{4}$$

其中 v_m 为最佳车速即最大车流量对应的车速.

(2) 流量和交通密度关系.

由式(1)和(2), 可得有关流量和密度 $Q - \rho$ 的数学模型关系, 即

$$Q = v_i \left(\rho - \frac{\rho^2}{\rho_j} \right) \tag{5}$$

对式(5)进行求导, 使得 $\dfrac{dQ}{d\rho} = 0$, 求最大流量 $Q_{\max}$ 为

$$Q_{\max} = \frac{1}{4}\rho_j \cdot v_i \tag{6}$$

$$\rho_m = \frac{\rho_j}{2} \tag{7}$$

(3) 流量和速度关系.

由式(2)和(5)可得到有关流量和速度 $Q-v$ 的数学模型关系, 即

$$Q = \rho_j\left(v - \frac{v^2}{v_i}\right) \tag{8}$$

对式(6)进行求导, 令 $\dfrac{dQ}{dv} = 0$, 求得最大流量 $Q_{\max}$ 为

$$Q_{\max} = \frac{1}{4}\rho_j \cdot v_i \tag{9}$$

$$v_m = \frac{v_f}{2} \tag{10}$$

三个参数的关系如图 6 所示.

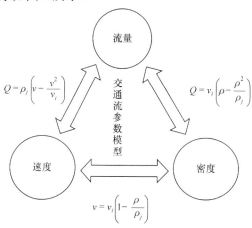

图 6　交通流参数模型之间的关系

5.2.2.2　交通流模型结论

当小区开放后交通道路路线增多时, 即交通网密度增大; 通过对参数模型公式的求解导数, 可以发现当选用交通网密度较大的 Underwood 的指数模型或者 Greenberg 的对数模型时, 模型中参数的阻塞密度 ρ_j 越接近 ρ_m , 自由流速度 v_i 越接近 v_m , 即交通密度在达到最佳密度之前, 开放后的小区会提前改善交通道路通行的能力, 交通密度在达到最佳密度以及之后状态时, 开放小区却只会加快交通流量的下降, 使得车速下降, 导致交通的堵塞.

综上所述可以发现, 开放小区也只能在一定交通密度范围内提高对周边道路通行的能力, 否则将会对道路通行引起反作用.

5.3 TOPSIS 法对周边道路通行影响力模型的建立

5.3.1 TOPSIS 法模型背景

TOPSIS 法(逼近理想排序法)是系统工程中一种多目标决策方法, 找出有限方案中的最优与最劣方案, 当某个可行解方案最靠近最优方案同时又远离最劣方案时, 这个方案解的向量集就是最优影响评价指标.

TOPSIS 法作为一种综合指标评价方法, 区别于如模糊综合评判法、层次分析法, 它的主观性比较强, 不需要目标函数, 也不需要通过相应的检验, 即限制要求大大降低, 使得适用范围较为广泛.

5.3.2 TOPSIS 影响力度算法步骤

步骤 1: 由问题一建立的评价指标体系, 建立归一化矩阵, 将数据进行标准化, 即

$$Z_{ij} = \frac{X_{ij}}{\sqrt{\sum_{i=1}^{n} X_{ij}^2}} \quad (i = 1, \cdots, m; j = 1, \cdots, n)$$

其中, i 表示选取或构建的小区的个数, j 表示所构建的指标体系个数, X_{ij} 表示第 i 个小区第 j 个评价指标体系的得分情况(也可以通过 SPSS 实现数据的归一化操作: 打开数据库 → 分析 → 描述统计 → 将数据标准化).

步骤 2: 由上述得到的 Z 矩阵, 进而得到最优向量 $Z_j^+ = \max_{1 \leqslant i \leqslant m} |Z_{ij}|$ 和最劣向量 $Z_j^+ = \min_{1 \leqslant i \leqslant m} |Z_{ij}|$.

步骤 3: 计算所选取或构建的每个小区的指标与最优向量的欧氏距离 $D^+ = \sqrt{\sum_{j=1}^{n} (Z_{ij} - Z_j^+)^2}$ 和最劣向量的距离 $D^+ = \sqrt{\sum_{j=1}^{n} (Z_{ij} - Z_j^-)^2}$.

步骤 4: 最后得到与最优值的相对接近程度 $W_i = \dfrac{D_i^-}{D_i^+ + D_i^-}$.

5.3.3 影响力度 W_i 的解释

根据问题一指标体系建立的标准, 对数据进行合理同趋化后, 可以发现与最优值的相对接近程度 W_i 表示小区开放对周边道路通行的影响, 而且 W_i 的得分指标越

大, 表示小区开放对周边道路通行影响越大, 即周边道路通行越流畅, 如图 7 所示.

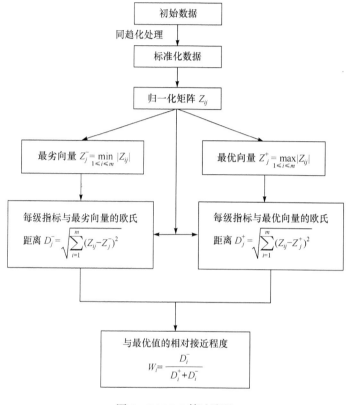

图 7 TOPSIS 算法流程

六、问题三模型的求解

6.1 评价指标体系优化

由于问题一建立的评价指标体系和问题二建立的 TOPSIS 法解决的是小区开放对周边道路通行的影响, 因此无法分析对整个道路通行(包括小区内部交通道路网以及小区周边道路交通网)的影响. 为此, 考虑将评价指标进行优化, 考虑小区内部道路通行的影响, 增加影响指标个数以及对问题一建立的评价指标都进行合理同趋化, 从而实现用 TOPSIS 法对小区开放前后交通道路通行的影响给予判断.

对于定量比较各类型小区开放后对道路通行的影响, 我们在原有评价体系的基础上引入一个新的指标: 公共交通高峰期负荷系数 α.

$$\alpha = \frac{m_t}{S}$$

其中 S 表示周边道路所占面积, m_t 表示在高峰期时间段 t 内的车辆数.

6.2 数据的收集与整理

考虑到该问题背景的提出时间较迟, 目前国内实现了小区开放的城市案例非常少, 数据难以直接收集得到, 故通过前节提到的 VISSIM 交通软件进行仿真来进行指标数据的部分收集.

6.2.1 VISSIM 交通软件仿真数据采集

根据小区内部构造的不同, 构建三种不同类型的小区 A, B, C, 以小区为底图, 先对底图进行尺度标量, 设置好标准尺度后添加路段, 将各个路段连接起来, 形成路网; 接着定义交通属性, 设置目标车速、交通构成、交通流量、路线等; 再进行信号控制交叉口设置, 确定信号参数、信号灯位置和优先权; 设定好参数后, 开始仿真; 最后对数据进行评价, 评价指标有行程时间、延误时间和排队长度, 如图 8 所示.

由于收集到的仿真数据较多, 在附录 2 中给出.

6.2.2 使用 TOPSIS 模型对数据处理

评价指标体系影响力度始终是指标得分越高, 对道路通行能力越好, 所以根据数据的特征先用算数平均数计算对应的平均值, 再将数据中的低优化指标通过倒数变换而转化为高优指标, 然后再建立同趋势化后的原始数据矩阵(表3).

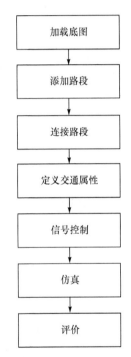

图 8 仿真数据的收集流程图

表 3 处理后的指标数据矩阵

	小区规模面积		小区内部道路结构		延误时间		人均道路面积		交叉路口车辆拥挤程度		公共交通高峰期负荷系数	
	开放前	开放前	开放前	开放后	开放前	开放后	开放前	开放后	开放前	开放后	开放前	开放后
小区 A	37175	37175	1	5	0.11	0.213	0.76	0.95	45.11	104.42	0.2	0.9

续表

	小区规模面积		小区内部道路结构		延误时间		人均道路面积		交叉路口车辆拥挤程度		公共交通高峰期负荷系数	
	开放前	开放前	开放前	开放后	开放前	开放后	开放前	开放后	开放前	开放后	开放前	开放后
小区 B	29757	29757	1	3	5.33	13.33	0.43	0.66	28.4	58.44	0.5	0.8
小区 C	59236	59236	1	4	6.67	7.463	0.32	0.5	103	60.29	0.4	0.9

6.2.3　TOPSIS 模型求解

最后将开放前的三个小区构造的矩阵以及开放后的三个小区构造的矩阵, 利用 TOPSIS 算法程序将矩阵导入 X 中(见附录 2), 计算出开放前三个小区对道路通行影响力度:

$$W_i = (0.3049, 0.4876, 0.7102)$$

计算出开放后三个小区对道路通行影响力度:

$$W_i' = (0.3488, 0.6228, 0.5090)$$

上述中定量比较可以发现, 小区 A, B 在开放后会提升整个道路通行能力, 而 C 类型的小区会因为小区开放降低道路通行能力, 如图 9 所示.

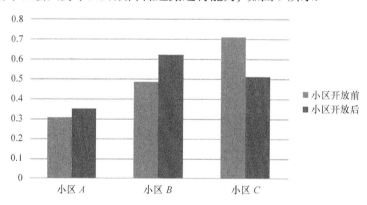

图 9　小区开放前后对道路通行影响比较

结论: 小区道路开放不一定会改善道路交通能力, 不同类型小区由于内部结构不同, 使得评价指标体系的量化数值不同, 因而模型的结果显示, 小区开放对不同小区通行能力的影响不同. 因此, 我们利用 Braess 悖论进一步研究 C 类型小区道路通行能力下降的原因, 进而检验 TOPSIS 模型的结果.

6.3 对 TOPSIS 模型的检验

6.3.1 Braess 悖论解释小区开放对道路通行的反作用

Braess 悖论强调出行者(为了模型简化将出行者用车辆行驶代替)会依据对自身的利益最优的方向去选择出发点到目的地的最佳路线, 所以在整个道路交通网中(包括小区内部交通网和小区周边道路交通网), 不考虑其他车辆对道路的使用方式、对路径选择以及行驶需求, 会导致小区开放后增加的交通道路网起到反作用, 增加交通通行能力的负担.

6.3.2 总时间刻画道路通行能力

该地域内道路交通网负担加重, 必然会使车辆在该路网上所用的通行时间增加, 参考文献[7, 8], 发现道路通行时间随着交通量的增加而不断增加, 并且与道路中路径的选取有一定的关系, 进而为了刻画 Braess 悖论对道路通行的影响, 采用车辆在路网上所用的总时间来描述, 且总时间越大表示该情况下的道路通行能力越差.

6.3.2.1 小区开放前车辆行驶所用总时间

根据图 10 简化的小区开放前道路通行方式, 假设交通道路网 MAN 和 MBN 是对称的, 以及在某时刻通过该路段的交通量为 1; 则图 10 交通路网的每个路段的道路阻抗函数分别为

$$\begin{cases} t_{MA}(f_{MA}) = 8.3 + f_{MA} \\ t_{AN}(f_{AN}) = 1.7 f_{AN} \\ t_{MB}(f_{MB}) = 1.7 f_{MB} \\ t_{BN}(f_{BN}) = 8.3 + f_{BN} \end{cases} \tag{11}$$

其中 f 表示每个路段的流量.

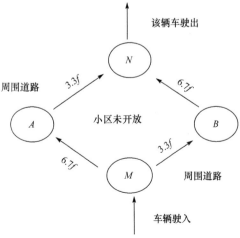

图 10 开放前道路通行简化图

而每条路径之间又满足如下时间关系:

$$\begin{cases} t_{MAN} = t_{MA} + t_{AN} \\ t_{MBN} = t_{MB} + t_{BN} \end{cases} \tag{12}$$

在道路交通网是对称的情况下, 以及道路交通流是 1 时, 则每个路段的流量 f 就会有下述等式关系:

$$f_{MA} = f_{AN} = f_{MB} = f_{BN} = 0.5 \tag{13}$$

联合式(11)和(13)得到每个路段的阻抗函数值如表 4 所示.

表 4　阻抗函数值

路段	MA	AN	MB	BN
阻抗函数值 (车辆通行所用时间)	8.8	0.85	0.85	8.8

则车辆通行该路段所用的总时间:

$$t_{总1} = 0.5 \times (t_{MA} + t_{AN}) + 0.5 \times (t_{MB} + t_{BN}) = 9.650$$

6.3.2.2　小区开放后车辆行驶所用总时间

当车辆只为了减小自身行驶的时间, 而根据开放后小区增加了一条由 B 向 A 的路径行驶, 则交通路线变成由 MAN, MBN, BA 的三种通行方式组成(图 11), 当达到交通量平衡时, 每条道路的阻抗就会一致, 就会出现这几条线路车辆通行时间的相等, 即

$$t_{MAN} = t_{MBN} = t_{MBAN}$$

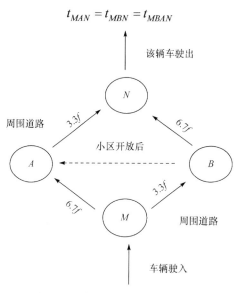

图 11　开放后小区道路通行简化图

另外, 定义新增加的道路 BA 的车辆行驶时间函数为

$$t_{BA} = f_{BA} + 1.7 \tag{14}$$

从而计算出各个路段的交通流量以及车辆通行时间, 如表 5 和表 6 所示.

表 5　各个路段的交通流

路段	MB	AN	MA	BN	BA
路段交通流	0.67	0.67	0.33	0.33	0.33

表 6　各个路段的车辆通行时间

路段	MB	AN	MA	BN	BA
抗组函数值(车辆通行时间)	1.139	7.531	8.67	1.139	8.67

根据表 6 得到的抗组函数值, 车辆通行三种线路方式分别所用时间:

$$t_{MAN} = t_{MBN} = t_{MBAN} = 9.809$$

从而容易知道当交通量为 1 时, 车辆在开放后小区的交通道路网行驶所用总时间:

$$t_{总2} = \frac{1}{3} \cdot t_{MAN} + \frac{1}{3} \cdot t_{MBN} + \frac{1}{3} t_{MBAN} = 9.809$$

6.4　对 TOPSIS 可行性检验结果

由上述分析可以发现, 开放后所用总时间 $t_{总2} = 9.809 >$ 开放前所用总时间 $t_{总1} = 9.650$, 这也就很好地解释了问题三中 TOPSIS 法定量比较小区开放前后中有的类型小区开放反而会对整个道路交通通行起到反作用的原因. 从而很好地解释了出现小区 C 这种现象的原因, 同时验证了 TOPSIS 模型的数据的合理性, 对 TOPSIS 法模型正确性给予了检验.

七、问题四合理化建议

封闭式小区带来的弊端已日益显现, 城市正在不断发展的今天, 我们不能再盲目地遵守着旧规则, 延续着旧模式. "打破旧规则, 开创新模式" 一直是事物发展的真理. 面对新式开放小区的出现, 我们要有着发展的眼光, 辩证地看待问题.

(1) 合理规划交通网.

开放小区, 优化了路网结构, 为小区周边道路起到了分流的作用, 提高了道

路的通行能力, 改善了交通状况. 小区不再是一个封闭的区域, 整个城市的路网都连通了起来. 同时, 小区开放后, 出行路径增加, 车主可以根据车中的导航, 实时选取最佳路径, 避开拥堵道路, 选择主道之外的道路, 尽管可能会增加路径长度, 但是车行时间却比选择主道的时间短.

在数学模型结论中发现, 并非是所有小区开放都会改善交通道路, 当道路的交通密度未达到最优密度时, 小区开放会因为密度网的增加而改善道路通行能力, 否则就会对道路通行有反作用, 所以在实际应用中我们需要合理规划小区内部交通网和周围道路交通网, 以及相互之间的联系.

(2) 利益最大化方案可行性.

开放小区在一定程度必然会减轻主干道上的交通压力, 但并不一定会减轻小区内部的道路通行能力, 所以要综合各种影响指标, 考虑利益最大化以及方案设计可行性. 当然除了本次建模考虑的小区内部结构、周边道路结构, 以及附近车流量, 还需要考虑成本费用因素、安全保障的问题等影响因素去追求利益可行性的最大化.

(3) 分时段开放倡导绿色出行.

在新式小区内设置四通八达的人行道, 减少居民对汽车的依赖, 提倡绿色出行, 减轻环境压力. 为了避免小区开放后对交通网依赖, 我们建议可以采用分时段进行开放, "分时段进行开放" 指的是, 在道路通行高峰期开放道路, 对主道起到分流作用, 在晚间车辆较少的时间段不进行开放, 进而提高交通效率, 避免交通系统的瘫痪. 同时在追求利益以及方案可行性的最大化情况下, 更要以保护环境为原则, 提高居民生活质量为目的, 实现绿色出行, 增加居民所需生活娱乐设施的建设, 将小区和这些设施结合起来, 形成新式小区(图 12).

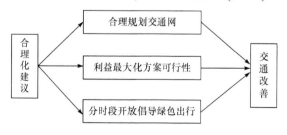

图 12　各个路段的车辆通行时间

开放小区的相关政策还不太成熟, 具体的实施可能存在一些弊端. 小区开放后, 虽然会减轻主道的压力, 但同时小区的道路压力增大, 而且小区内部人口密度较大, 交通事故在一定程度上会增加. 针对这个问题, 交通管理部门要对市民加强道路出行安全教育, 增强市民交通意识. 小区开放在一定程度上也影响了居民的生活, 交通管理部门可以采用"分时段进行开放""小区内部禁止鸣笛"等政策, 最大程度保证居民的正常生活.

尽管开放小区这个概念还没有完全被接受, 但是它已经成为城市发展的一个重要因素. 相信, 在未来的日子里, 封闭式小区很快就会被开放式小区替代, 成为主流的小区规划模式.

八、模型的优缺点评价

8.1 问题二模型评价

优点:

(1) 在问题二建立对周围道路通行的影响力度指标时, 先研究小区未开放(NS 模型)以及开放后(交通流理论)的道路通行的表现形式, 定性地分析了未开放时车辆的减速现象, 以及开放后车辆在达到一定的交通密度网时, 才会有最佳道路通行能力;

(2) TOPSIS 模型避免了数据的主观性, 不需要目标函数, 不用通过检验, 而且能够很好地刻画多个影响指标的综合影响力度.

缺点:

(1) TOPSIS 法需要每个指标的数据, 则对应的量化指标选取会有一定难度;

(2) 影响指标的选取个数为多少适宜, 才能够很好刻画指标的影响力度;

(3) 必须有两个以上的研究对象才可以进行使用.

8.2 问题三模型优缺点评价

优点:

(1) 在问题三中为了定量分析比较小区开放对整个道路通行的影响力度, 考虑引入一个新的指标体系: 公共交通高峰期负荷系数 $\alpha = \dfrac{m_t}{S}$, 从而实现由小区开放对周围道路通行的影响到小区开放对整个交通道路的影响;

(2) Braess 悖论模型很好地解释了 TOPSIS 法模型开放小区 C 对道路通行起反作用的这个现象, 从而也很好地验证了 TOPSIS 法模型的合理性;

(3) 通过 TOPSIS 法模型定量地比较了三个不同类型的小区 A, B, C 开放前后的道路通行影响力度的变化, 并且对结果进行了分析.

缺点: 利用 VISSIM 交通软件得到的仿真数据有一定误差.

九、参 考 文 献

[1] 庄焰, 吕慎. 城市道路交通流三参数关系研究[J]. 深圳大学学报理工版, 2005, 22(4): 373-376.

[2] Guo J, Wu D J. Researching the relationship among traffic flow three parameters based on swallowtail catastrophe model[C]. Proceedings of the 7th World Congress on Intelligent Control and Automation, 2008: 7187-7191.

[3] 巧王巧, 张栓红. 城市道路路阻函数研究机[J]. 重庆交通学院学报, 1992, (9): 11-13.

[4] Guo J, Chen X L, Jin H Z. Based on the cusp catastrophe to research the relationship among traffic flow three parameters[C]. Proceedings of the IEEE International Conference on Automation and Logistics, 2007: 858-861.

[5] 王殿海. 交通流理论[M]. 北京: 人民交通出版社, 2002.

[6] 杨永勤, 刘小明, 于泉, 等. 交通流三参数关系的研究[J]. 北京工业大学学报, 2006, 32(1): 43-47.

[7] Bazzan A L C, Klügl F. Case studies on the braess paradox: Simulating route recommendation and learning in abstract and microscopic models[J]. Transportation Research Partc, 2005, 13(4): 299-319.

[8] Pas E, Principio S. Braess' paradox: Some new insight[J]. Transept Res. B, 1997, (3): 265-276.

[9] Cheybani S, Kertesz J, Schreckenberg M. Stochastic boundary conditions in the deterministic Nagel-Schreckenberg traffic model. Phys. Rev. E, 2000, 63: 016107.

[10] 李雷生, 陈绪明. 基于 MATLAB 的层次分析法在拱桥安全性评价中的应用[J]. 交通标准化, 2014, (15): 180-184.

[11] 张琼, 魏子翔. 世博会传播影响力评价指标体系与模型构建[J]. 商业经济研究, 2012, (9): 34-35.

十、附　　　录

附录 1　程序代码

1. 层次分析法

```
a=[];                    % 输入判断矩阵
[v,lambda]=eig(a);       % 计算特征值特征向量
CI=(max(max(lambda))-n)/(n-1)    % n 为矩阵阶数
RI=N;                    % 输入 n 对应的 RI 值
CR=CI/RI                 % 计算 CR 值
if (CI/RI<0.1)
    for i=1:n
        w(i)=v(i,1)/sum(v(:,1));
    end
else
```

```
        disp('成对比较矩阵!!')        % 提示调整承兑比较矩阵
end
w                                    % 输出权重矩阵
```

2. TOPSIS 影响力度算法

```
x=['shuju'];   % 将数据导入矩阵 X
y=[]
[m,n]=size(x);
for i=1:n
    y(:,i)=x(:,i)/sum([x(:,i)])  % 原始矩阵归一化
end
for i=1:n
    w(i)=max(y(:,i));% 最大指标
    b(i)=min(y(:,i));% 最小指标
end
D1=zeros(m,1);
D2=zeros(m,1);
for i=1:m
    for j=1:n
            ma(i,j)=(y(i,j)-w(j))^2;% 计算到最优值距离
            mi(i,j)=(y(i,j)-b(j))^2;% 计算到最劣值距离
            D1(i,1)=D1(i,1)+ma(i,j);
            D2(i,1)=D2(i,1)+mi(i,j);
    end
    D1(i,1)=sqrt(D1(i,1));% 求 D+
    D2(i,1)=sqrt(D2(i,1));% 求 D-
end
    for i=1:m
    c(i)=D2(i,1)/(D1(i,1)+D2(i,1));% 求 c 值
    end
[x,y]=sort(c,'descend');% 排序
```

附录 2 数据

1. 延误时间

延误时间(小区 A)	延误时间(小区 B)	延误时间(小区 C)
6	0	0
11	0	0
0.7	0	0

延误时间(小区 A)	延误时间(小区 B)	延误时间(小区 C)
0.5	0	0
3	0	0
1.4	0	0
3.1	0	0
1.3	1.5	0
3.7	0	0
8.7	0.6	0
4.7	0	0
14.6	0	0
1.5	0	0
6.8	0	3
3.6	0	0
10.4	0	0.1
0.6	0	0
15	0	0
1.7	0	0
1.8	0	0
3.1	0	0
2.9	0	0
5.9	0	0.1
8.5	0	0
5	0	0
1.9	0	0
4.4	0	0.1
5.8	0	0
0.9	0	0
2.8	0	1.3
11.2	0	0
10.9	0	0
2.3	0	0
1.5	0	0.3
3.5	0	0
1.1	0	1.8
13.5	0	0

延误时间(小区 A)	延误时间(小区 B)	延误时间(小区 C)
2.7		0
2.4		0
11.8		0
0.4		0
1.3		0
2.7		0
15.1		0
1.2		0
2.4		0
1.7		0
4.3		0
1.6		0
1.2		0
9.9		0
1.2		0
2		0
29.5		0.1
0.6		0
2.6		0
8.8		0
27.5		0
1.5		1.7
28.9		0
5.7		0
17.8		0.1
3.6		0
1.1		0
0.3		0
14.3		0
8.3		0
2.8		1
0.7		0
12.3		0
1		0

续表

延误时间(小区 A)	延误时间(小区 B)	延误时间(小区 C)
2.5		0
15.1		0
7.8		0
16		0
0.9		0
7.9		0
12.7		0
33.1		0
9		0.1
1.7		0
3.9		0
2.8		0
1.2		0.1
14.4		1.5
10.6		0.2
13.2		0
2.4		0
10		0
5		1.6
13		0
16.7		0
17.8		0
9.8		0.5
4.6		0
13		0.6
3.9		0
9.4		0
2.6		0
1.1		0

2. 排队时间

(1) 小区 A.

时间	平均排队长度					
	1号拐弯处	2号拐弯处	3号拐弯处	4号拐弯处	5号拐弯处	6号拐弯处
90	0	0	4	0	1	0
180	0	0	24	0	33	0
270	0	0	58	2	77	0
360	66	1	93	63	102	0
450	137	0	143	148	157	0
540	111	34	116	122	131	1
630	99	99	104	110	119	39
650	103	103	109	114	123	131

(2) 小区 B.

时间	平均排队长度		
	1号拐弯处	2号拐弯处	3号拐弯处
90	2	0	3
180	27	0	6
270	59	0	10
360	104	0	32
450	133	5	45
540	90	20	80
630	67	86	74
650	43	43	23

(3) 小区 C.

时间	平均排队长度			
	1号拐弯处	2号拐弯处	3号拐弯处	4号拐弯处
90	0	5	0	4
180	43	20	0	9
270	56	59	0	38
360	99	78	0	66
450	159	120	56	157
540	123	134	87	134
630	104	109	97	113
650	100	104	90	107

悬链线式系泊系统设计

(学生: 项婷婷 杨思园 张文静 指导老师: 张 琼 国家二等奖)

摘 要

本文研究的是系泊系统的设计问题, 系泊系统的设计问题最终归结为传输节点各部分间的受力分析, 主要为浮标系统与系泊系统间的受力分析、系泊系统内部不同材质连接处的受力分析. 我们依据题意、查阅参考文献和对不同受力体做力的分析构建了悬链线式系泊系统模型.

针对问题一: 我们分为三个步骤构建系泊动力系统模型. 锚链的受力规律符合悬链线理论, 竖直方向上在钢桶连接处输出一个合力 T_g, 建立了三个力与锚链位置的方程; 钢桶的受力规律符合刚性物体受力, 做力的分析得到竖直方向上在浮标连接处输出一个合力 T_m; 通过系泊系统传递给浮标系统的竖向合力 T_m, 由受力平衡, 可以得到一个关于海水深度的方程. 这三个步骤构建了一个由四个方程组成的方程组, 即悬链线式系泊动力系统模型.

由上面的模型, 我们输入相应的变量, 得到锚链刚好被拉起来的临界风速 $v \approx 24.3105503 \, (\text{m/s})$, 并求得第一问的结果如下表:

风速/(m/s)	吃水深度/m	游动区域半径/m	钢桶角度	钢管1角度	钢管2角度	钢管3角度	钢管4角度
12	0.7348	7.5072	1.002465682	0.996736104	0.991006526	0.985276948	0.979547371
24	0.7492	17.2669	3.872984236	3.850065924	3.827147612	3.804229301	3.787040567

针对问题二: 由悬链线式系泊系统模型, 分析锚临界条件, 得到当风速 $v \approx 34.20359419 \, (\text{m/s})$ 时锚刚好离开海床, 此时整个系统会重新达到平衡, 沿风的方向匀速运动, 游动区域为无限. 水的阻力替代锚摩擦力平衡风力, 我们仍求解得到钢桶和各个钢管的角度, 只不过这时候锚不着地, 无法求得吃水深度:

风速/(m/s)	钢桶	钢管1	钢管2	钢管3	钢管4
36	8.651452247	8.599886046	8.554049422	8.502483221	8.456646597

为了使得系泊系统有效, 依据角度的两个临界值和浮标刚好完全浸入水中的临界值对重物球进行调控, 求得重物球的质量范围: 2763—5303(kg).

针对第三问: 我们分为三步解决问题. 第一步, 明确系泊系统的设计即为锚链型号、锚链长度和重物球质量的设计, 明确恶劣环境的临界条件是什么; 第二步, 根据角度的限制条件, 得到不同型号锚链的临界设计方案; 第三步, 根据上一步求得结果, 初步预判, 更改重物球质量和锚链长度来检验预判结果的稳定性和确定最优的选择——型号 V, 锚链长度为 18.72 m, 重物球的质量为 2221.024409 kg 时是最佳的系泊系统. 对应情况下的钢桶、钢管的倾斜角度、锚链形状、浮标的吃水深度和游动区域的值见正文.

关键词: 系泊系统　悬链线理论　系泊动力系统模型　临界条件

一、问 题 重 述

近浅海观测网的传输节点由浮标系统、系泊系统和水声通信系统组成. 三个系统的数据整理如表 1 所示.

表 1　三个系统的数据表

		质量/kg	底面直径(或外径)/m	长度(或高度)/m
浮标系统	浮标	1000	2	2
系泊系统	钢管	10	1	1
	钢管(总)	40	4	4
	钢桶	100	1	1
	重物球	1200	不计	不计
	锚链			
	锚	600	不计	不计

锚链选用无挡普通链环, 近浅海观测网的常用型号及其参数如表 2 所示.

表 2　锚链在近浅海观测网中的常用型号及其参数

型号	长度/mm	单位长度的质量/(kg/m)
I	78	3.2
II	105	7
III	120	12.5
IV	150	19.5
V	180	28.12

注: 长度是指每节链环的长度.

　　系泊系统要求锚链末端与锚的链接处的切线方向与海床的夹角不超过 16 度, 否则锚会被拖行, 致使节点移位丢失. 水声通信系统安装在的密封圆柱形钢桶内, 设备和钢桶总质量为 100 kg. 钢桶上接第 4 节钢管, 下接电焊锚链. 钢桶竖直时, 水声通信设备的工作效果最佳. 若钢桶倾斜, 则影响设备的工作效果. 钢桶的倾斜角度(钢桶与竖直线的夹角)超过 5 度时, 设备的工作效果较差. 为了控制钢桶的倾斜角度, 钢桶与电焊锚链链接处可悬挂重物球.

　　系泊系统的设计问题就是确定锚链的型号、长度和重物球的质量, 使得浮标的吃水深度和游动区域及钢桶的倾斜角度尽可能小.

　　问题 1　建立模型, 使得在环境条件已知、系泊系统和水声通信系统已经搭建好的情况下, 求解: 钢桶和各节钢管的倾斜角度、锚链形状、浮标的吃水深度和游动区域. 其中该型传输节点布放在水深 18 m、海床平坦、海水密度为 1.025×10^3 kg/m³ 的海域, 海水静止, 海面风速分别为 12 m/s, 24 m/s, 48 m/s, 选用 II 型电焊锚链 22.05 m, 选用的重物球的质量为 1200 kg.

　　问题 2　在问题 1 的假设下, 请调节重物球的质量, 使得钢桶的倾斜角度不超过 5 度, 锚链在锚点与海床的夹角不超过 16 度.

　　问题 3　由于潮汐等因素的影响, 布放海域的实测水深介于 16—20 m. 布放点的海水速度最大可达到 1.5 m/s、风速最大可达到 36 m/s. 请给出考虑风力、水流力和水深情况下的系泊系统设计, 分析不同情况下钢桶、钢管的倾斜角度, 锚链形状、浮标的吃水深度和游动区域.

　　说明　近海风荷载可通过近似公式 $F = 0.625 \times Sv^2$(N)计算, 其中 S 为物体在风向法平面的投影面积(m²), v 为风速(m/s). 近海水流力可通过近似公式 $F = 374 \times Sv^2$(N)计算, 其中 S 为物体在水流速度法平面的投影面积(m²), v 为水流速度(m/s).

二、问题的假设

　　(1) 由于浮标吃水深度变化幅度不大, 本章假设浮标受风力面积近似算做定值;

　　(2) 系泊系统各段连接处光滑, 不产生阻力;

　　(3) 忽略锚链和重力球的体积, 即不计算它们的浮力;

　　(4) g 取 9.8 N/kg;

　　(5) 假设海面风速方向水平, 且在水平面上任意方向的分析都是一样的;

　　(6) 由于钢管和钢桶的倾斜角度都十分小, 经计算验证这种变化对模型的影响可以忽略, 故本章假设钢管和钢桶受海水面积近似算做定值.

三、名词解释与符号说明

3.1 名词解释

3.1.1 系泊系统

系泊系统指的是通过缆绳或其他机械装置将水面结构实施与固定点连接, 使被系泊结构物具有抵御一定环境条件的能力, 保证设计环境的作业需求, 遭遇极端海况时, 能保证结构物和系泊系统本身安全.

3.1.2 系泊分类

(1) 多点系泊: 采用多个系锚点供一条船舶或浮体进行海上系泊.

(2) 单点系泊. 按系泊方式分为: 悬链线式系泊方式、张紧式系泊方式. 其中在悬链式系泊方式中, 系泊线的外形是弯曲的悬链线, 一般由锚链和钢缆多个部分组成, 锚链与海底水平相接, 常用于相对较浅的海域. 本题即为这样的系泊方式.

3.1.3 按锚的分类

(1) 重力锚: 主要靠材料本身重量来抵抗外力, 部分靠锚与土壤间的摩擦力来抵抗;

(2) 拖曳嵌入式锚: 部分或全部深入海底, 主要靠锚前部与土壤的摩擦力来抵抗外力;

(3) 桩锚: 中空的钢管通过打桩安于海底, 靠管侧与土壤的摩擦力来抵抗外力. 本题分析重力锚.

3.2 符号说明

符号	意义
F	风力
U	浮力
T	拉力
S	锚链长度
G	物体重力
H	海平面到海床总高度
f	锚所受的摩擦力
N	支持力
ρ	海水的密度

续表

符号	意义
θ	锚的连接处的锚链与海床的夹角
G_w	物体在水中除去浮力的有效重力
T_x	锚链受到的水平力
T_m	锚链对与刚体连接处的竖向合力
T_g	刚体对与浮标连接处的竖向合力
h	锚链悬浮高度
h_g	浮标底部到钢桶的竖直距离
h_c	浮标的吃水深度
V	物体的体积
v	风速
θ_2	锚链的上端与水平面的夹角
θ_1	锚链的下端与海床的夹角
α_1	钢桶的倾斜角度
α_i	第 i 根钢管的倾斜角度(从下数起), $i = 2, 3, 4, 5$
b	浮标重量
q	钢桶和重物球的重量

四、模型的建立及求解

4.1 对比以往模型的问题分析

4.1.1 整体分析

系泊系统的分类有很多种, 本章讨论的是单点系泊系统, 采用悬链线系泊方式和重力锚. 锚与系泊方式的设计需要使被系泊结构物具有抵御一定环境条件的能力, 系泊系统的设计问题最终归结为传输节点各部分间的受力分析, 它设计难点在于连接锚与浮标的物质不是均匀分布的, 难以明确每个部分为浮标贡献的力. 物质由不同的材质组成, 这涉及弹性物体与刚性物体不同的力的传递方式. 所以只有分别做出刚性物体与弹性物体的受力分析, 进而得到材质 a 到材质 b 连接处力的传递大小与方向, 问题就迎刃而解了.

本题的弹性物体为锚链, 刚性物体为钢桶钢管. 经过阅读大量文献我们发现, 锚链处的受力分析可用多边形近似法[1], 将每段的质量等信息集中到几何中心计算. 这种方法相当于近似化为刚性物体计算, 失去了弹性物体连续的性质, 会产生较大误差, 尤其在分段的时候会有许多种分法.

　　仔细观察锚链并对比悬链线的定义, 我们发现在系泊系统受力平衡时, 锚链相当于两端被固定住, 中间具有弹性性质, 仅仅受到重力作用, 满足悬链线的性质. 悬链线的形状可以用双曲余弦函数表示, 那我们锚链的形状也就确定了, 形状一旦确定下来, 断点处的角度值可以求得, 进而求得力的大小, 也就解决了我们的设计难点. 下面为具体的设计方案:

　　首先, 根据守恒法则, 我们发现根据水平方向的受力分析得不出有用的等式, 于是专注于竖直方向的受力分析, 以海水深度 18 m 为突破口试图建立动力守恒方程.

　　其次, 我们将锚泊系统的受力分析分成 a, b, c 三个小部分的模型分别解决, a 模型输出对 b 模型施加的力, b 模型输出对 c 模型施加的力, c 模型输出 a, b, c 三个部分竖直方向高度守恒方程. 通过求解方程得到未知数的值.

　　最后, 我们整合三个模型为一个大的模型: 锚泊动力系统模型(TXHJ), 这个模型可以计算不同风力、海水阻力、锚链性质、重物球重量下, 系泊系统的形态, 例如吃水深度、游动区域、钢桶的倾斜角度等因素. 即 TXHJ 模型可以根据使用者对环境和浮标的不同需求, 求得满足这个需求的设计方案, 即锚链的型号、长度以及重物球重量.

　　我们给出的模型具有普适性, 利用本章的环境(风速、水深等)、锚链型号、重物球等条件可以简化模型计算. 只要连接段具有悬链线和刚体的受力性质, 就可以沿用我们的受力分析与计算模型.

4.1.2　受力分析

对系泊系统做整体的受力分析, 如图 1 所示.

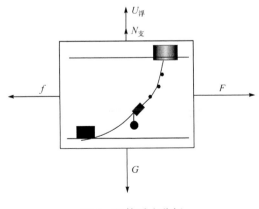

图 1　整体受力分析

可以发现, 在水平方向只受风力时, 该系统任一点上的水平分力都等于该风力, 而竖直方向上各部分的受力分析则比较复杂. 由此我们将整个系统分成如下两个供需系统进行受力分析.

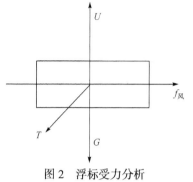

图 2　浮标受力分析

(1) 需求浮标系统.

由浮标组成, 在海面上浮标需要外力来帮助自身的活动范围固定在某一区域. 水平方向上, 与它链接的锚链系统为其提供牵引力. 竖直方向上, 它为锚链系统付出悬浮的竖向力, 这部分力由浮力的改变承担, 浮标受力分析图见图 2. 此外, 活动范围其实是由平衡状态下锚链的水平位移决定的.

(2) 供应锚链系统.

由两个牵引, 一个固定组成. 在系泊系统组装完毕后, 锚链为不改变质量的牵引一号. 钢管、钢桶、重物球三个物体, 由于重物球的重量可随时更换, 所以三者构成可改变质量的牵引二号. 最后, 整个系泊系统抵抗外界的横向力均由放在海床的锚提供, 由于摩擦力, 在一些情况下可视其为固定. 在一些必要情况下, 锚也提供竖向的牵引力来阻止浮标的移动. 即供应系统仅仅由固定的锚来提供横向外来力, 重物球质量的改变仅仅是为了调节两个牵引之间的形状, 调整角度, 保证锚为系统提供最大的水平力.

如图 3 所示, 力从左到右分别为锚对锚链的拉力 F、锚与锚链对刚体的竖向拉力 T_m、供应系统对浮标的竖向拉力 T_g.

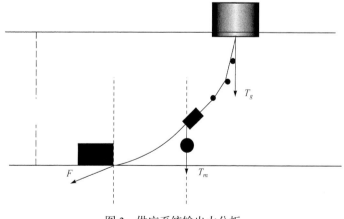

图 3　供应系统输出力分析

4.2 锚泊动力系统模型

首先通过上面的受力分析可以得到以下结论:

(1) 平衡浮标水平方向的力只由锚提供;

(2) 重物球用于调节两个临界角度, 即海床切线夹角与钢桶倾斜角;

(3) 平衡浮标竖直方向的力一部分来自锚, 其余全部来自锚链和刚体的水下重量.

所以, 只要分别建立锚链部分、刚体部分力的传递规律和分布规律, 就可以根据风速变化求得浮标、刚体、锚链各个部分的状态.

4.2.1 锚链受力模型

4.2.1.1 简介

浅海区域多用的悬链式锚链, 也正是本节主要探讨的锚链. 分析悬链式锚链非线性效应时, 由于浅海环境相对温和, 不会出现极端荷载, 通常用悬链线理论[2]简化问题, 从而求得锚链力.

4.2.1.2 模型建立

从几何上说, 我们研究的锚链在其两端固定时的自然状态称作悬链线, 经研究发现它是一种双曲余弦曲线. 两端固定时的受力分析如图 4 所示.

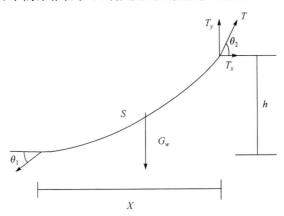

图 4　悬链线受力分析

其中: S 为锚链长度, T_x 为水平方向上锚链所受外力, x 为悬浮状态锚链的水平距离, h 为锚链悬浮于水中的高度, G_w 为锚链的浮重力.

我们先分析 $\theta_1 = 0$ 的情况:

首先, 根据受力平衡与积分性质, 推出

$$G_{w0} = \int_0^\theta \frac{T_x}{\cos^2\theta} d\theta = T_x \tan\theta \tag{1}$$

其次, 通过双曲余弦曲线已知研究出来的分析性质, 有

$$x_0 = \int_0^\theta \cos\theta ds = \frac{T_x}{w}\ln\left(\frac{1}{\cos\theta} + \tan\theta\right) \tag{2}$$

$$h_0 = \int_0^\theta \sin\theta ds = \frac{T_x}{w}\left(\frac{1}{\cos\theta} - 1\right) \tag{3}$$

$$\sinh\left(\frac{x_0 w}{T_x}\right) = \frac{1}{2}\left(\frac{1+\sin\theta}{\cos\theta} - \frac{\cos\theta}{1+\sin\theta}\right) = \tan\theta \tag{4}$$

$$\cosh\left(\frac{x_0 w}{T_x}\right) = \frac{1}{2}\left(\frac{1+\sin\theta}{\cos\theta} + \frac{\cos\theta}{1+\sin\theta}\right) = \frac{1}{\cos\theta} \tag{5}$$

将式(4)和式(5)代入式(1)和式(2)中, 整理得到

$$x_0 = \frac{T_x}{w}\operatorname{arcsh}(\tan\theta) \tag{6}$$

$$h_0 = \frac{T_x}{w}(\operatorname{ch}[\operatorname{arcsh}(\tan\theta)] - 1) \tag{7}$$

利用(1), (6), (7)三个公式相减, 就可得到同一悬链式上任意两个点之间受力和位置距离的关系.

$$G_w = T_x(\tan\theta_2 - \tan\theta_1) \tag{8}$$

$$x = \frac{T_x}{w}[\operatorname{arcsh}(\tan\theta_2) - \operatorname{arcsh}(\tan\theta_1)] \tag{9}$$

$$h = \frac{T_x}{w}(\operatorname{ch}[\operatorname{arcsh}(\tan\theta_2)] - \operatorname{ch}[\operatorname{arcsh}(\tan\theta_1)]) \tag{10}$$

其中 $w = \frac{(m - \rho V)g}{S}$ 为单位长浮重度, 即浮力与重力的合力, 此处单位化.

由上面公式可以得到一个力与位置的方程组, 如图5所示, 方程组有规律:
$(x_1, x_2, x_3, x_4, x_5, x_6) \in (S, T_x, \theta_1, \theta_2, x, h)$ 且 $x_1, x_2, x_3, x_4, x_5, x_6$ 相互不同.

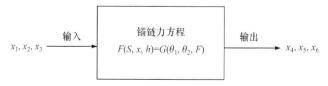

图 5　锚链力方程的输入输出关系

4.2.1.3　模型求解

通过上面的模型建立, 根据本题实际情况构建如图6所示的算法.

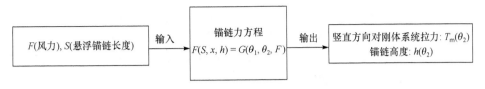

图 6   锚链模型算法

(1) 风力计算.

整个系统竖直受力平衡:

$$U_b = \rho g V_b = \rho g \pi h_c = m_b g + m_g g + m_m g + m_n g \tag{11}$$

水深高度平衡:

$$H = h_c + h_g + h \tag{12}$$

通过上面两个受力平衡, 联立方程(11)和(12)可求得风向法平面投影面积 $S \approx 0.728(\text{m}^2)$.

已知近海风载荷近似公式:

$$F = 0.625 \times S v^2 (\text{N}) \tag{13}$$

通过公式(13)给出下列对照表 3.

表 3   风速风力转换表

风速/(m/s)	12	24	36
风力/N	228.8961771	915.5847083	2060.065594

(2) 角度计算.

由图 6 的算法, 输出锚链系统对刚体系统的竖向合力 T_m, 计算公式如下:

$$T_m = T_x \tan\theta_2 \tag{14}$$

上式代入公式(10), 整理得到锚链悬浮高度为

$$h = \frac{T_x}{w}\left\{ \text{ch}[\text{arcsh}(\tan\theta_2)] - \text{ch}\left[\text{arcsh}\left(\tan\theta_2 - \frac{G_w}{T_x}\right)\right] \right\} \tag{15}$$

式(14)代入公式(9), 锚链悬浮水平距离为

$$x = \frac{T_x}{w}\left[\text{arcsh}(\tan\theta_2) - \text{arcsh}\left(\tan\theta_2 - \frac{G_w}{T_x}\right)\right] \tag{16}$$

4.2.2   刚性连接受力分析

4.2.2.1   模型建立

由图 7 受力分析知, 钢管与钢桶竖直方向受力平衡满足

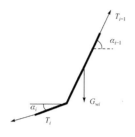

图 7　刚体受力分析

$$T_x \tan \alpha_i = T_x \tan \alpha_{i-1} + G_{wi} \qquad (17)$$

其中 α_i 为第 i 个刚体与水平方向的夹角, G_{wi} 为第 i 个刚体的浮重度. 重复公式(17), 最后输出一个作用在浮标上的竖直方向的合力

$$T_g = T_x \tan \alpha_k = T_x \tan \theta_2 + G_{w1} + \cdots + G_{wk} \qquad (18)$$

力的分析见图 7.

刚体竖向所占高度为

$$h_g = \sum_i \sin \alpha_i S_i \qquad (19)$$

其中 S_i 为刚体长度.

4.2.2.2　模型求解

通过上面的模型建立, 我们构建如图 8 所示的算法.

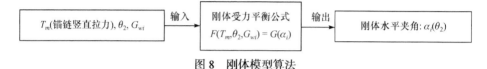

图 8　刚体模型算法

根据公式(17)计算刚体倾斜角:

$$\alpha_i = \arctan \left(\tan(\alpha_{i-1}) + \frac{G_{wi}}{T_x} \right) \qquad (20)$$

刚体水平距离:

$$x_g = \sum_i \cos \alpha_i S_i \qquad (21)$$

4.2.2.3　浮标受力分析

由图 2 分析可知, 浮标竖直方向上受力平衡:

$$U = G + T_g \qquad (22)$$

由浮力的定义可知

$$U = \rho g V = \rho g \pi h_c \qquad (23)$$

即如图 9 所示.

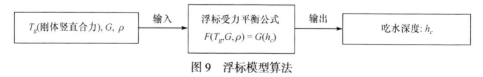

图 9　浮标模型算法

4.2.2.4　模型综合

由上面三个模型的受力分析可以得出第四个方程:

$$H = h_c + h_g + h \qquad (24)$$

其中 H 为水深.

通过方程(8)—(10), (24)以及上面三个模型, 可以合并成锚泊系统受力平衡方程组和算法(图 10)如下:

$$\begin{cases} G_w = T_x(\tan\theta_2 - \tan\theta_1) \\ x = \dfrac{T_x}{w}[\text{arcsh}(\tan\theta_2) - \text{arcsh}(\tan\theta_1)] \\ h = \dfrac{T_x}{w}(\text{ch}[\text{arcsh}(\tan\theta_2)] - \text{ch}[\text{arcsh}(\tan\theta_1)]) \\ H = h_c + h_g + h \end{cases} \quad (*)$$

$(x_1, x_2, x_3, x_4, x_5, x_6, x_7, x_8) \in (S, T_x, \theta_1, \theta_2, x, h, h_c, h_g)$ 且 $x_1, x_2, x_3, x_4, x_5, x_6, x_7, x_8$ 相互不同.

程序代码见附录 1.

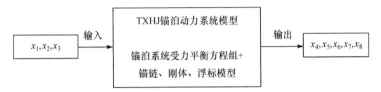

图 10 锚泊动力系统模型算法

4.3 问题求解

4.3.1 问题一

4.3.1.1 角度临界条件分析——锚链切线角为零时的最大风速

由于不知道多大的风速时锚链全部被拉起, 会不会有一部分拖在地上, 进而无法求得锚链的长度, 增加未知量的个数, 所以我们分析锚链刚好被拉起、锚链左端水平夹角为零时的风速($\theta_1 = 0$).

依据临界条件及问题一提供的条件, 输入如表 4 所示.

表 4 角度临界输入值表

F/N	S/m	θ_1	θ_2	x/m	h/m
	22.05	0			

通过 TXHJ(锚泊动力系统模型)以及方程组(*)输出: $F = 939.4326(N)$, 通过风速风力转换公式求得 $v \approx 24.3105503(m/s)$, 在这个风速下, 锚链刚好不离开海床.

4.3.1.2 锚临界条件分析——锚被拖行的最小风速

由于不知道多大的风速时锚刚好全部被拉起, 锚泊系统会随着风的方向移动,进而系泊系统失效, 所以我们分析锚链刚好被拉起、锚链左端水平夹角 $\theta_1 = 16°$ 时的风速.

依据临界条件及问题一提供的条件, 输入如表 5 所示.

表 5   锚临界输入值表

F/N	S/m	θ_1	θ_2	x/m	h/m
	22.05	16			

通过 TXHJ(锚泊动力系统模型)以及方程组(*)输出: $F = 1859.6(N)$, 通过风速风力转换公式求得 $v \approx 34.20359419(m/s)$, 在这个风速下, 锚刚好离开海床.

4.3.1.3   问题一的解答

通过刚角度临界条件分析我们发现风速为 12 m/s 和 24 m/s 时锚链都没有被全部拉起. 依据题中所给数据, 输入如表 6 所示.

表 6   问题一数据输入表

$v/(m/s)$	S/m	θ_1	θ_2	x/m	h/m
12/24		0			

通过 4.2 节的模型以及数学表达式可以求得悬浮在水中的锚链长度分别是 $S_{12} \approx 15.24198251(m)$, $S_{24} \approx 21.85568513(m)$.

进而通过 TXHJ(锚泊动力系统模型)以及方程组(*)输出如表 7 所示.

表 7   问题一结果

风速/(m/s)	吃水深度/m	游动半径/m	钢桶	钢管 1	钢管 2	钢管 3	钢管 4
12	0.7348	7.5072	1.002465682	0.996736104	0.991006526	0.985276948	0.979547371
24	0.7492	17.2669	3.872984236	3.850065924	3.827147612	3.804229301	3.787040567

其中钢桶钢管的角度为与竖直方向的夹角, 单位是角度值. 由下到上依次是钢管 1—钢管 4.

4.3.1.4   锚链形状的计算.

上面的模型分析中已经用到锚链的悬链线性质. 我们知道它的形状是一种双曲余弦曲线, 不妨建立直角坐标系, 设

$$y = a\cosh\left(\frac{x}{a}\right) \tag{25}$$

其中 a 为缩放因子, 这个函数表达式也叫做悬链式方程[3], 通过锚链力模型部分的计算, 结合函数(25), 通过 MATLAB 编程(代码见附录 2)可以输出如表 8 所示.

表 8　锚链形状参数

风速/(m/s)	x(水平距离)	h(悬浮高度)	拖地长度	a
12	7.4207	12.2659	6.808017493	3.3367
24	16.9331	12.262	0.194314869	13.3467

并通过参数 a 画出图 11 和图 12, MATLAB 代码见附录 3.

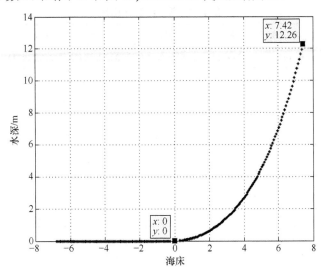

图 11　风速 12 m/s 锚链形状图

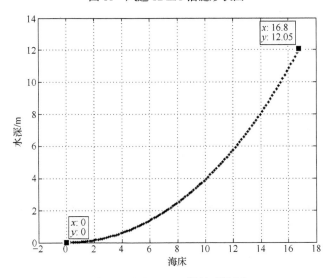

图 12　风速 24 m/s 锚链形状图

4.3.2　问题二

4.3.2.1　风速为 36 m/s 下的参数求解

在问题一的假设之下, 我们根据锚临界条件分析发现此时的风速已经让锚脱离海床, 但仍可以直接利用 TXHJ 模型计算锚链与钢桶的参数, 输出结果如表 9 所示.

表 9　问题二结果输出表

风速/(m/s)	游动半径/m	钢桶	钢管 1	钢管 2	钢管 3	钢管 4
36	21.1794	8.651452247	8.599886046	8.554049422	8.502483221	8.456646597

其中钢桶钢管的角度为与竖直方向的夹角, 单位是角度值. 由下到上依次是钢管 1—钢管 4.

我们根据悬链线函数性质可以求得如表 10 所示.

表 10　锚链形状参数

风速/(m/s)	x(水平距离)	h(悬浮高度)	拖地长度	右端夹角	a
36	20.4358	7.2259	0	18.1398437	30.0301

通过参数 a 画出图 13, MATLAB 代码见附录 3.

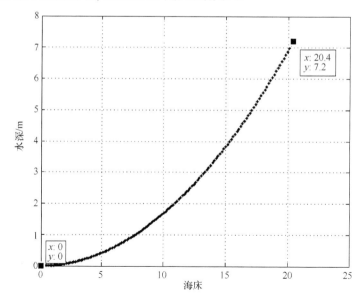

图 13　风速 36 m/s 锚链形状图

4.3.2.2 重物球调节

直接利用 TXHJ 模型, 分别计算临界值 $\theta_1 = 16°$, $90° - \alpha_1 = 5°$ 下的重物球质量, 输出结果如表 11 所示.

表 11 重物球临界值表

角度	重物球质量/kg
$\theta_1 = 16°$	2111.228491
$90° - \alpha_1 = 5°$	2763.371348

浮标刚好完全浸入海平面时, 重物球的质量为: 5303.768252 kg.
范围控制在: 2763—5303 kg.

4.3.3 问题三

4.3.3.1 问题分析与模型的建立

系泊系统的设计最终归结为锚链型号、锚链长度和重物球质量的设计. 建立系泊系统, 目的在于抗风浪, 抵御恶劣的气候环境.

对于问题三, 我们的思路如图 14 所示.

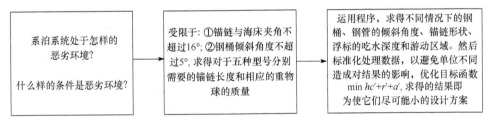

图 14 问题三思路

步骤 1: 确定恶劣环境的具体情况.

问题三中布放海域的实测水深介于 16—20 m, 即该水域退潮时水深最低为 16 m, 涨潮时最深为 20 m. 而且该片海域最大海水速度可达到 1.5 m/s, 最大风速可达到 36 m/s, 即为极端恶劣气候环境, 所以我们将以海水速度为 1.5 m/s 和风速为 36 m/s 为恶劣环境;

对于水深因素, 我们利用 TXHJ 模型, 计算出一定水深时, 锚链与海床的夹角 θ_1 和钢桶的倾斜角度 α (以下图示中, r_1 代表 θ_1, e_1 代表 α), 所得关系示意图如图 15 所示.

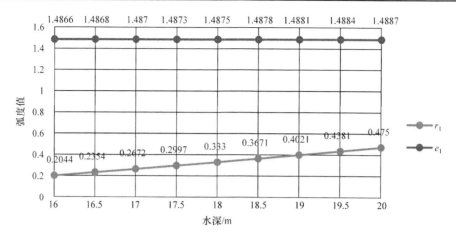

图 15　水深改变对角度的影响

由示意图 15 我们可以发现, 布放海域涨潮时(水深增大时), 对锚链与海床的夹角 θ_1 的影响更明显, θ_1 随着水深增大而增大, 锚可能面临移位的风险, 致使节点移位丢失.

步骤 2: 依据角度限制条件, 求得相应数据.

根据 TXHJ 模型, 求出临界值 $\theta_1 = 16°$, $\alpha = 5°$ 情况下, 对于五种不同型号的锚链, 需要锚链长度和重物球的质量的值. 因为在这种临界情况下, 增加重物球的质量或者增加锚链长度都不会打破这种限制条件, 所以这便是满足条件的临界设计方案.

步骤 3: 根据步骤 2 求解的数据和变量间的关系, 求得钢桶、钢管的倾斜角度、锚链形状、浮标的吃水深度和游动区域的值. 根据此时所做出的初步的锚链型号的判断, 我们将做进一步的稳定性分析, 即分别改变重物球的质量和锚链的长度, 求得相应的游动区域等因素, 进行比较分析, 对预判结果的稳定性检验, 得出最终结论.

4.3.3.2　模型求解

步骤 1: 确定恶劣环境的具体情况.

由上述分析, 我们可以确定恶劣环境的条件为风速为 36 m/s, 海水速度为 1.5 m/s, 且布放海域涨潮时, 将面临抗风浪的考验.

步骤 2: 根据限制条件, 求得相应数据.

选择型号 I 的锚链, 在重物球质量和锚链质量未知的情况下, 求得此时的临界设计方案为重物球质量为 2645.718287 kg(程序中运行结果 q 为重物球和钢桶重力和), 锚链的质量为 101.6745204 kg.

同理, 选择型号 II 的锚链, 求得重物球质量为 2564.697879 kg, 锚链的质量为

182.6632653 kg.

选择型号Ⅲ的锚链, 求得重物球质量为 2466.12645 kg, 锚链的质量为 281.2755102 kg.

选择型号Ⅳ的锚链, 求得重物球质量为 2352.657062 kg, 锚链的质量为 394.6836735 kg.

选择型号Ⅴ的锚链, 求得重物球质量为 2221.024409 kg, 锚链的质量为 526.3163265 kg.

对于以上结果, 我们求出相应的锚链的节数, 因为这是临界设计方案, 增加锚链的节数也不会打破限制, 所以, 我们将对不为整数的节数取不小于本身的最小整数值, 求得结果如表 12 所示.

表 12 临界设计方案表

型号	重物球质量/kg	锚链节数	锚链长度/m	重物球的上限值/kg	增长后锚链的长度/m
Ⅰ	2645.718287	408	31.824	5339.168252	39
Ⅱ	2564.697879	249	26.145	—	—
Ⅲ	2466.12645	188	22.56	—	—
Ⅳ	2352.657062	135	20.25	—	—
Ⅴ	2221.024409	104	18.72	5015.208252	19.8

步骤 3: 预判与稳定性分析.

根据上一步求得的结果, 我们求得对应情况下的钢桶、钢管的倾斜角度、锚链形状、浮标的吃水深度和游动区域的值, 如表 13 所示.

表 13 稳定性分析表

型号	钢桶倾斜角度/(°)	钢管1倾斜角度/(°)	钢管2倾斜角度/(°)	钢管3倾斜角度/(°)	钢管4倾斜角度/(°)	吃水深度/m	游动区域/m	上限游动区域/m	变动后游动区域/m
Ⅰ	1.4835	1.4838	1.484	1.4843	1.4845	1.2043	28.943	29.1204	36.5794
Ⅱ	1.4835	1.4838	1.484	1.4842	1.4845	1.2043	22.2855	—	—
Ⅲ	1.4835	1.4838	1.484	1.4842	1.4845	1.2043	17.7215	—	—
Ⅳ	1.4835	1.4838	1.484	1.4843	1.4845	1.2043	14.5152	—	—
Ⅴ	1.4835	1.4838	1.484	1.4843	1.4845	1.2044	12.1852	12.6897	13.4672

由临界的设计方案所得出的数据, 我们可以发现: 型号Ⅴ比较优. 我们尝试

分别改变重物球的质量和锚链长度(表 12 后两列给出了改变后的重物球质量和锚链长度, 表 13 给出了相应的游动区域), 以检验型号 V 的稳定性.

当我们仅改变重物球的质量(利用各自的重物球质量的上限), 求得上限情况下的游动区域后, 发现型号 V 的稳定性比较好.

当我们增加锚链的长度, 求得变动后游动区域后, 发现也是型号 V 的稳定性比较好.

所以, 我们确定选择型号 V 的锚链, 再对比三种情况下的游动区域等因素, 发现临界的设计方案是最优的情况.

此时锚链形状如图 16 所示.

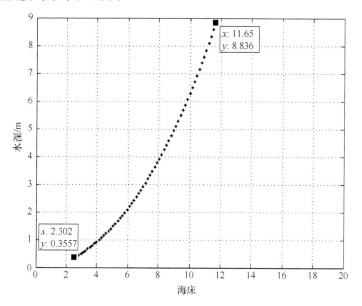

图 16　最优系统的锚链形状图

五、模型的优缺点及改进

5.1　模型的改进

关于假设中浮标受风力面积近似算作定值的这一部分, 我们可以建立修正系统, 当浮标的吃水深度发生改变时, 则在模型中的风力作用面积这个指标上添加一个权重, 用以修正风力的输入初值, 减少误差.

5.2 模型的优缺点

(1) 模型的优点.

① 本文建立的系泊动力系统模型(TXHJ)具有普适性, 可以根据使用者对环境和浮标的不同需求, 求得满足这个需求的设计方案. 利用本文的环境(风速、水深等)、锚链型号、重物球等条件可以简化模型.

② 将传输节点系统整体的受力分析整合成一个模型, 任意输入足够个数的参数可以求解其余剩下的全部参数.

③ 在问题三的求解中, 充分利用了临界值计算以及稳定性分析求解最优方案, 避免了大量的数据计算与处理.

(2) 模型的缺点.

没有考虑锚链与重物球的浮力.

六、参 考 文 献

[1] 王磊. 单点系泊系统的动力学研究[D]. 青岛: 中国海洋大学, 2012.

[2] 杨鑫. 锚泊系统的快速计算及其应用[D]. 大连: 大连理工大学, 2015.

[3] 顾祖德. 悬链线型状态方程式及其解法[J]. 电力建设, 1984, 4: 31-34.

[4] 杜度, 张宁, 马骋, 等. 系泊系统的时域仿真及其非线性动力学特性分析[J]. 船舶力学, 2005, 9(4): 37-45.

[5] Fang M C, Lee M L, Lee C K. Time simulation of water shipping for a ship advancing in large longitudinal waves[J]. J S R, 1993, 37:126-137.

七、附   录

附录 1

```
function y=TXHJ(r2)
p=1025;g=9.8;    % 密度, 重力系数
F=2019.653443;          % 风力
m=68.6;            % 锚链单位长度重力

%-------------------锚链整体受力分析--------------------%
G=1512.63;
r1=atan(tan(r2)-G/F);
x=(F/m)*(asinh(tan(r2))-asinh(tan(r1)));
% x 为锚链水平长度, 锚链没有浮力, 用单位质量代替
```

```
h=(F/m)*(cosh(asinh(tan(r2)))-cosh(asinh(tan(r1))));
                             % h 为锚链竖直高度
T1=F*tan(r2);                % 锚链系统整体提供的竖向力


%--------------------刚性受力分析--------------------%
q=269.9607904+11760;         % 重物球与钢桶在水中的重力
G1=78.27668862;              % 单节钢管在水中的重力
e1=atan(tan(r2)+q/F);        % 钢桶角度
e2=atan(tan(e1)+G1/F);       % 以下皆为钢管角度
e3=atan(tan(e2)+G1/F);
e4=atan(tan(e3)+G1/F);
e5=atan(tan(e4)+G1/F);
T2=T1+q+4*G1;                % 为浮标提供的力
 hg=sin(e1)+sin(e2)+sin(e3)+sin(e4)+sin(e5);   % 刚力系统竖直高度
%--------------------浮标受力分析-------------- ------------%
Gf=9800;           % 浮标重量
hc=(Gf+T2)/(p*g*pi);         % 吃水深度


%--------------------18--------------------%
y=h+hc+hg-18;                % 单参数方程
[r1,r2,e1,e2,e3,e4,e5,hc]
```

附录 2

```
function c=ch(a)
% x=7.4207;                  % 风速12，注意函数值与高度差的区别
% y=12.2659+a;
% % x=16.9331;               % 风速24
% % y=12.262+a;
% c=a*cosh(x/a)-y;

%x=18.0321;                  % 风速36，注意函数值与高度差的区别
y=12.2782;
c=a*(cosh(18.3541/a)-cosh(0.322/a))-y;
```

附录 3

```
% x1=[0:0.07:7.4207];     % 12
% a1=3.3367;
% y1=a1*cosh(x1/a1)-a1;
% t=[-6.808017493:0.07:0];
% s=0;
```

```
%
% x2=[0:0.15:16.9331];      % 24
% a2=13.3467;
% y2=a2*cosh(x2/a2)-a2;
% t=[-0.194314869:0.07:0];
% s=0;

x3=[0.322:0.15:18.3541];      % 36
a3=15.4137;
y3=a3*cosh(x3/a3)-a3;
x=[0:20];      % 36
y=0

%plot(x1,y1,'.k',t,s,'.k')
% plot(x2,y2,'.k',t,s,'.k')
plot(x3,y3,'.k',x,y)
grid on;
title('风速36m/s锚链形状图');      % 标题
xlabel('海床');          % x轴标题
ylabel('水深');          % y轴标题
```

"拍照赚钱"APP中任务定价的研究

(学生: 甄 磊 范贝贝 葛美君 指导老师: 何道江 国家二等奖)

摘 要

本文围绕分析 APP 项目中任务的定价规律和任务完成情况, 不断运用优化目标变量的思想, 先采用 BP 神经网络模型, 对样本进行训练, 得到以提高任务完成度为最终目标的最优价格方案. 其中, 在研究任务完成原因时, 引入 Logistic 回归模型, 考察任务完成率与价格的函数关系. 对于打包任务点, 采用多目标最优化模型, 确定最优价格, 综合得到关于任务点的一整套定价方案.

针对问题一, 为分析任务定价规律, 我们先将每个任务点的地理位置和标价标在地图中, 发现任务点主要集中在广州、深圳、东莞和佛山四个城市, 然后通过 t 检验分析研究四个城市的任务点标价差异显著性. 为了进一步分析影响任务定价的决策指标, 我们建立了 BP 神经网络模型, 选取任务点的地理位置、会员聚集度、会员信誉值作为输入变量, 对价格进行预测. 最终, 预测价格与原价格的相对误差率基本控制在 1% 之内. 可见, 我们所选取的决策指标是合理的. 最后, 采用 Logistic 回归模型来分析任务完成率与任务定价、会员密集度和会员信誉值的定量关系, 得到任务未完成的主要原因有: 任务点标价过低, 任务点周围会员密度较低, 任务点分布地理位置不佳.

针对问题二, 结合问题一中任务未完成的原因, 以及定价优化目标是基于任务完成进度和完成时间而设定的, 在进行 BP 神经网络训练时, 引入新的变量——任务预定时间, 继续对样本数据进行训练, 得到最优的定价方案, 且与原任务执行情况对比, 任务完成率由原来的 61.7% 提升到 89.6%.

针对问题三, 我们选取广州市作为研究对象, 由于打包任务点时需要考虑距离因素, 先用 DBSCAN 密度聚焦法, 结合 K 均值聚类法, 对原任务点进行聚类, 得到 30 个打包点. 为研究任务打包发布时的最优价格, 引入多目标最优化模型. 即对于商家而言, 在控制成本最小时, 任务点完成率最大的双目标优化模型. 求解时, 将之转化为单目标优化模型进行求解, 运用 MATLAB 非线性规划方法解出最优价格.

针对问题四, 首先将新项目的任务点定位在上海市, 采用问题二改进的定价方案对新项目进行定价. 同时结合上海市自身特点, 将2000多个任务点进行打包, 得到 100 个任务打包点. 然后, 运用问题三的多目标优化模型, 得到任务打包发布的最优价格. 最后, 运用 Logistic 回归模型, 得出任务完成率为 90.45%.

综上, 在提高任务完成率与控制商家成本的基础上, 得出了任务点定价的最优模型, 运用于新的项目中.

关键词: BP 神经网络　Logistic 回归模型　DBSCAN 密度聚焦法　多目标最优化模型

一、问 题 重 述

1.1　问题背景

现如今随着网络的发展和各类 APP 的普及, 各种基于互联网的新式服务模式开始出现. "拍照赚钱"就是一种由会员在某些 APP 上领取如在超市检查某种商品的商家情况的拍照任务来获得相应的报酬. 由于这种通过互联网就可进行的自主式劳务众包平台的模式, 可以大大缩减调查成本, 有效地提高了调查数据的真实性, 故而已经成了该平台运行的核心. 研究这种"拍照赚钱"中的定价问题, 是我们本次建模的关键.

1.2　问题提出

本文搜集了相关数据, 运用数学模型解决以下问题:

(1) 选取合理的指标分析任务定价的规律; 建立相应模型进行分析, 研究任务未完成的原因.

(2) 在问题一的基础上, 设计得出新的任务定价方案; 把新方案中的定价与原来的方案定价进行对比.

(3) 根据位置的分布情况, 考虑任务联合, 打包发布时, 对最终任务完成情况的影响.

(4) 对附件三中的新项目, 建立定价方案, 评价该方案的实施效果.

二、问 题 分 析

2.1　数据处理的分析

在附件一与附件二中, 给出任务和会员的经纬度, 以及会员的信誉值等信息, 由于数据样本较分散, 为避免影响后面问题的分析, 应用 SPSS 剔除异常值. 在研究任务点与会员相对位置的关系时, 以任务点为圆心, 设定的固定值 θ 为半径, 算出任务点到每个会员的距离, 只要小于 θ, 都视为这些会员分布在该任务点的附近, 在 MATLAB 中编写成程序, 找出每个任务周围的会员聚集度, 以及每个任务点周围会员自身的信誉值. 这样, 任务点的指标就与会员的相关指标信息结合起来, 对提高后面模型分析的准确度有重要作用.

2.2　问题一的分析

问题一分为两部分, 第一部分要求找出任务定价规律, 首先定性分析, 在地图上将完成和未完成的任务点定位标出(图 1), 分析未完成的任务点主要分布的地理位置, 画出 MATLAB 中任务价格与地理位置的关系, 发现价格主要在四个不同城市中呈现不同水平, 然后通过假设检验验证任务标价在各个城市中的高低; 其次采用定量分析, 由于 BP 神经网络可以处理大量数据以及解决指标间不明确的函数关系的问题, 而且预测结果的精确度较高, 本题采用 BP 神经网络进行训练, 以任务地理位置、任务周围会员数、会员信誉值为输入量, 价格为输出量, 将样本分成两部分, 一部分训练, 一部分预测, 最终从数量上分析定价规律.

图 1　任务执行情况与会员分布

问题一的后半部分要求分析任务未完成的原因, 因此需考虑影响任务完成的主要影响因素. 由前一部分分析可知, 在会员分布较密集的地方, 任务点的完成度明显增高, 而由众包产品的特点, 任务本身带有的价格属性也会影响其是否能被完成, 又根据附件所给出的会员信誉值会影响任务开始预订时间和预订限额,而且原则上会员信誉越高, 越优先开始挑选任务, 其配额也就越大. 因此任务能否被完成, 就取决于三个因素, 分别是任务价格、任务周围分布的会员人数, 以及会员的信誉值. 在分析任务完成程度与上述三个影响因素之间的函数关系时, 由于任务完成情况是一个二分类变量, 因此考虑采用 Logistic 回归分析, 该回归方法适用于因变量事件发生或不发生二值变量, 并且通过回归得出事件发生的非线性概率模型, 即本题中的任务完成概率.

2.3　问题二的分析

根据问题一中得出的任务点未完成的原因, 为了达到更高的任务完成率, 需要对 BP 神经网络模型所选取的指标进行修改. 查阅相关资料, 定价优化目标是基于任务完成进度与完成任务时间而设定的, 故在本题中, 将预约时间考虑进去, 以 6:00 为基准, 计算每个会员从开始预约与 6:00 之间的间隔, 用 MATLAB 循环语句得出每个任务点被会员预定的时间先后, 作为衡量定价的一个因素, 重新进行神经网络的训练, 用 150 个任务点进行价格的最优化预测, 将得出的价格代入问题一的 Logistic 模型, 计算任务被完成的概率, 从而和原方案中定的价格得出的任务完成率进行比较.

2.4　问题三的分析

采用多目标优化模型分析每个任务打包点的价格, 本题研究多个较密集的任务一起打包发布时的定价问题, 由于附件所给出的任务点分布在广东省的不同地区, 考虑到不同城市的任务点之间距离相差太大, 一起打包发布的可能性极小, 因此本题选取广州市这一地区进行研究, 广州市共含有 319 个任务点, 首先将这些任务点使用 DBSCAN 密度聚类算法结合 K 均值聚类法, 进行聚类, 得到 30 个聚类中心点以及每个聚类中心点所汇集的任务点数. 设每个聚类中心的任务单价为 (x_i), 将所有聚类中心的任务点价格汇总, 同时考虑问题中提出的任务完成度的概率, 以概率对每个打包点的价格加权汇总, 考虑到每个任务打包点的任务不一定会被完成, 因此引入示性变量, 将每个打包点价格汇总后乘以该示性变量, 得到厂商为了完成任务点需要付出的期望成本, 考虑到厂商为了使期望成本最小化, 同时将打包点任务完成概率达到最大, 建立多目标优化模型, 得出最优的价格.

2.5　问题四的分析

首先将附件三中的新项目信息进行地理位置定位, 得到新项目的任务点主要位于上海市周围, 根据要求中对附件三中的新项目给出任务定价方案, 并评价该方案的实施效果, 由前面的模型结果, 采用问题二中改进的 BP 神经网络模型给出新任务点价格, 由于问题三中考虑到打包集中的任务点时, 价格的修改问题, 因此, 本题考虑到上海市任务的密集度较大, 厂商在发布任务时, 若采用打包发布, 既节省成本, 又提高任务完成概率, 所以将新项目中的任务点, 采用 DBSCAN 密度聚类算法结合 K 均值聚类法, 进行聚类, 得到打包后的定价.

三、模 型 假 设

(1) 假设附件数据真实有效, 部分指标符合正态分布;

(2) 假设项目任务发布时间均从早上六点开始;

(3) 假设会员的信誉值是随着会员任务的完成而逐步增加的;

(4) 假设新会员只能预定一个任务;

(5) 假设会员信誉值为零时也能预定任务;

(6) 假设会员在做打包任务时, 最多能预定一个打包点;

(7) 假设同一任务打包点处的每个任务点价格相等.

四、符号说明名词解释

符号	符号说明	名词解释
i	任务	第 i 个任务($i=1,2,\cdots,835$)
j	会员	第 j 个会员($j=1,2,\cdots,1877$)
L_i	会员聚集度	单位区域内的会员人数
∂_i	信誉均值	单位区域内每个会员人数信誉度的均值
ζ_j	会员积极性	第 j 个会员领取任务与任务发布时间的差值
pr_i	任务标价	第 i 个任务的标价
pc_i	预测价格	预测出的第 i 个任务的标价
$E_{(\mathrm{或}j)}$	经度	第 i 个任务的经度
$W_{(\mathrm{或}j)}$	纬度	第 j 个会员纬度
x	打包密度	单位区域内的任务量

符号	符号说明	名词解释
c	评价标准	任务完成的示性变量
δ_r	任务执行情况	任务执行情况的示性变量
δ_p	预测执行情况	预测执行情况的示性变量

五、模型的建立与求解

5.1 问题一模型的建立与求解

5.1.1 任务定价规律的模型

(1) 研究定价规律时,从定性和定量两个方面进行分析;

(2) 定性分析: 任务执行成败情况和会员分布位置如图 2 所示.

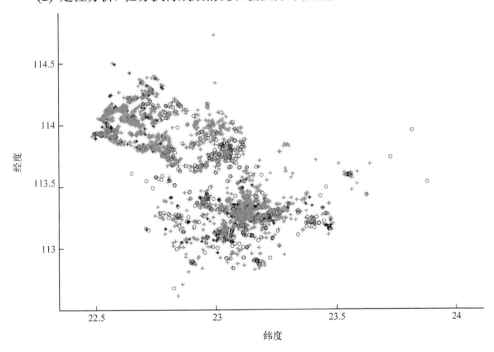

图 2 任务执行成败情况与会员分布

在上图中, 所有散点形成的框架大约显示了广东省的轮廓图, 其中, 灰色加号表示会员分布, 黑色星号与黑色圆圈分别表示附件一已完成项目的任务完成的成功与失败. 从图中可以得出, 会员分布与任务分布呈现相同的态势, 因此, 会员分布情况并不是影响任务完成情况的主要因素. 在图中, 任务主要集中在佛山、东莞、深圳、广州四市, 计算出四市与广东省的任务定价均值如表 1 所示.

表 1　主要地区任务定价均值

地区	佛山市	东莞市	深圳市	广州市	广东省
定价均值	71.5	70.3	67.2	68.1	69.1

可以看出, 佛山与东莞市的任务定价均高于整个省的平均定价, 且在图 1 中可以看出, 这两个市的任务完成情况均很好. 同时, 深圳与广州市的任务均值低于广东省的均值, 结合图 1, 这两个市的任务完成情况并不好. 为定量分析定价均值与任务完成情况, 接下来做假设检验.

首先, 检验佛山市与广东省之间的显著性, 原假设为 $H_0: \mu_1 = \mu_5$, 备择假设为 $H_1: \mu_1 \neq \mu_5$.

检验统计量为

$$t = \frac{\overline{x} - \overline{y}}{\sqrt{\dfrac{(n_1-1)s_1^2 + (n_2-1)s_2^2}{n_1+n_2-2}} \sqrt{\dfrac{1}{n_1} + \dfrac{1}{n_2}}}$$

根据附件一数据服从正态分布的规律, 随机选取一部分数据, 计算出上式的参数, 得到 t 值, 通过与查表所得的 t 值进行比较, 得到拒绝原假设的结论. 为提高验证的准确性, 利用随机性, 选取了若干组数据进行检验, 最后得到伴随概率在 10% 附近波动. 因此, 大约有 90% 的把握认为佛山市与广东省的任务定价均值有显著差异. 同理, 得到佛山与深圳的定价均值业存在显著性差异. 分析这四个城市的地理位置等因素可知, 深圳、广州均为发达地区, 这里汇聚着各类精英人才, 大部分的人们并不是主动愿意花费时间去完成某个项目任务, 人们更多的是随性而为, 顺手做完拍照任务. 而在佛山、东莞等二三线城市, 是大量务工人员聚集地, 人们非常乐意通过拍照任务获取利益.

定量分析: 采用 BP 神经网络训练出影响价格的因素, 神经网络的原理如下.

BP 网络模型处理信息的基本原理是: 输入信号通过中间节点(隐层点)作用于输出节点, 经过非线性变换, 网络训练的每个样本包括输入向量和期望输出量、网络输出值与期望输出值之间的偏差, 随后调整输入节点与隐层节点的连接强度取值和隐层节点与输出节点之间的连接强度以及阈值, 使误差沿梯度方向下降, 经过反复学习训练, 确定与最小误差相对应的网络参数(权值和阈值), 训练即告停止. 此时经过训练的神经网络即能对类似样本的输入信息, 自行处理输出误差和进行线性转换, 神经网络流程图如图 3 所示.

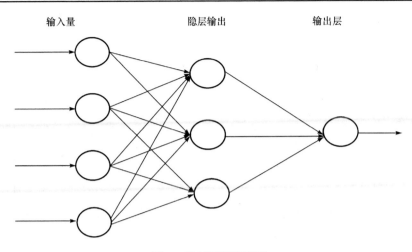

图 3   神经网络流程图

研究任务定价规律时, 本章考虑了任务的地理位置、任务周围会员密集度、会员的信誉值, 利用 BP 神经网络模型, 将任务所标定的酬金作为期望输出量. 这里, 根据 BP 神经网络的原理, 选取 200 组训练样本, 预测 150 组定价, 再多次选择不同的样本数据, 进行训练. 做相对误差率的检验, 得到相对误差率数据. 部分样本检验结果如表 2 所示.

表 2   相对误差率表

任务号码	原定价	预测定价	绝对误差率
A0201	67	66.8	0.0023
A0202	70	67.0	0.0423
A0203	67	66.8	0.0034
A0204	66.5	66.6	0.0015
A0205	66.5	66.4	0.0018
A0206	70	67.0	0.0422
A0207	70	66.7	0.0468
A0208	75	66.3	0.1163
A0209	70	66.6	0.0482
A0210	67	66.6	0.0058
A0211	66	72.3	0.0953

因此, 平均相对误差率大约为3.79%, 该模型对任务定价的预测很准确. 结果如图 4 所示.

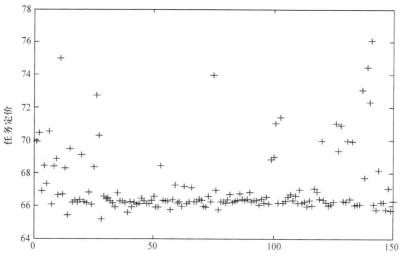

图 4 预测的任务定价

对比附件一的任务标价, 从预测的价格的趋势来看, 大约有 60% 的预测定价高于原来的定价, 预测的准确度在 83% 附件波动. 这里, 定义数据的整体差异率

$$\text{NUM} = \left\| \frac{\text{pc} - \text{pr}}{\text{pc}} > 0.01 \right\|$$

则整体差异率为

$$r = \frac{\text{NUM}}{N} \times 100\%$$

这里, NUM 表示满足条件的个数, N 表示选取的样本个数.

通过多次训练可知, 整体差异率在 23% 附件波动, 说明预测的价格很准确. 因此所选取的影响价格指标因素具有较强的代表性, 用来预测价格可到较高的准确性.

5.1.2 任务完成概率模型的建立

由 BP 神经网络的训练结果, 分析影响任务完成与否的影响因素. 由于任务完成情况是一个二分类变量, 因此考虑采用 Logistic 回归分析.

$$\text{任务完成度} Y = \begin{cases} 1, & \text{任务完成} \\ 0, & \text{任务未完成} \end{cases}$$

自变量为 X_1, X_2, X_3, 在这三个自变量的作用下, $Y = 1$(发生)的概率记作

$$P = P(Y = 1 \mid X_1, X_2, X_3) \quad (0 \leqslant P \leqslant 1)$$

回归模型为

$$P = \frac{\exp(\beta_0 + \beta_1 X_1 + \beta_2 X_2 + \beta_3 X_3)}{1 + \exp(\beta_0 + \beta_1 X_1 + \beta_2 X_2 + \beta_3 X_3)}$$

转换之后得到

$$1 - P = \frac{1}{1 + \exp(\beta_0 + \beta_1 X_1 + \beta_2 X_2 + \beta_3 X_3)}$$

由前面分析可知, 任务的定价规律随着地理位置、周围会员信息的改变而改变, 且任务价格的提高并不会一直将任务完成度提高, 因此需要将 836 个任务点分为两类, 如表 3 所示.

表 3　原任务点按价格分类结果

类别	价格范围	样本数
1	65—67.5	442
2	68—85	394

5.1.3　模型的求解

首先, 将第一段 422 个数据导入 SPSS 中, 进行多项 Logistic 回归, 得到如表 4—表 6 所示回归结果.

表 4　第一段样本回归结果

任务完成情况	B	标准误	Wald	df	显著水平	Exp(B)	Exp(B) 的置信区间 95%	
							下限	上限
截距	−0.01	0.1	0.009	1	0.001			
任务标价	0.024	0.106	0.052	1	0.002	1.024	0.832	1.262
信誉值	−0.061	0.012	26.962	1	0	0.94	0.919	0.963
任务周围会员数	0.455	0.11	17.194	1	0	1.576	1.271	1.953

表 5　第一段样本的拟合优度参数

模型	模型拟合标准	似然比检验		
	2 倍对数似然值	卡方	df	显著水平
仅截距	604.15			
最终	558.473	45.677	3	0.00

表 6　第二段回归结果

任务完成情况	B	标准误	Wald	df	显著水平	Exp(B)	Exp(B) 的置信区间 95%	
							下限	上限
截距	−1.142	0.12	90.104	1	0.00			
任务标价	−0.11	0.122	0.821	1	0.00	0.895	0.705	1.137
会员信誉值	−0.016	0.016	1.038	1	0.00	0.984	0.953	1.015
任务周围会员数	0.382	0.114	11.288	1	0.00	1.466	1.173	1.832

同理, 第二段回归结果如表 7 所示.

表 7　第二段样本的拟合优度参数

模型	模型拟合标准	似然比检验		
	−2 倍对数似然值	卡方	df	显著水平
仅截距	434.64			
最终	420.468	14.172	3	0.003

由以上回归结果中的拟合优度及相关参数的显著性得到, 各变量的显著性水平对应的概率值均小于 0.05, 方程总体也通过了显著性检验, 故说明该模型是合理的.

由系数输出表汇总得到模型结果为

$$\begin{cases} P = \dfrac{\exp(-0.01 + 0.024X_1 - 0.061X_2 + 0.455X_3)}{1 + \exp(-0.01 + 0.024X_1 - 0.061X_2 + 0.455X_3)}, & 65 \leqslant X_1 \leqslant 67.5 \\[3mm] P = \dfrac{\exp(-1.142 - 0.11X_1 - 0.016X_2 + 0.382X_3)}{1 + \exp(-1.142 - 0.11X_1 - 0.016X_2 + 0.382X_3)}, & 68 \leqslant X_1 \leqslant 85 \end{cases}$$

5.1.4　模型的检验

误差分析: 上述概率表达式揭示了任务点被完成的可能性概率, SPSS 中输出结果显示了每一个任务被完成的概率, 当 $P \geqslant 0.5$ 时, 预测该任务点能够被完成, 当 $P < 0.5$ 时, 任务失败. 在检验 Logistic 回归分析预测结果时, 统计预测结果与实际情况相同的任务点数为 N_1, 总任务点为 N, 精确度用 $\lambda = \dfrac{N_1 - N}{N}$ 表示, 由输出结果得 $N_1 = 615, N = 835, \lambda = 73.65\%$, 由数值方面分析, 该模型的精确较高.

图像分析: 上述预测的未完成任务点与原样本中未完成任务点在地图上分布如图 5 所示.

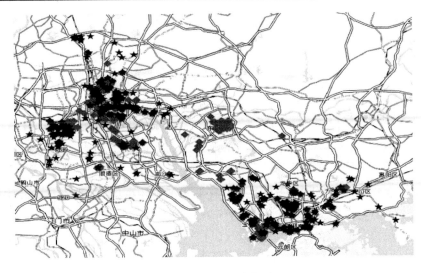

图 5　任务点的分布图

由图像可知, 该模型预测的任务未完成点与原附件一给出的未完成点在地图上重合性很高, 有 **89.67%** 的预测点的任务执行情况与原数据相一致, 且未完成点主要分布在广州和深圳两个城市. 任务点的执行情况如图 6 所示.

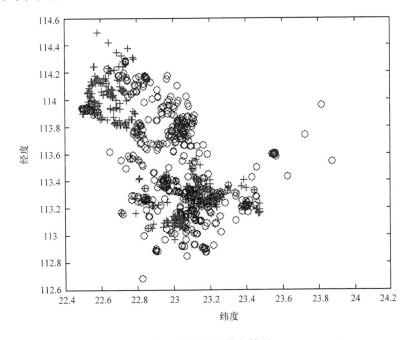

图 6　任务点的执行情况

从数值上看, 这些未完成点的三个指标参数的平均值与原来 835 个任务点进行比较, 得到表 8.

表 8　未完成点与原任务点参数对比

	价格	信誉值	会员数
未完成	66.92038	−1.14522	148.2803
总体	69.11078	0.281625	60.90419

由上表得到, 任务标价明显低于原任务点的平均价格, 虽然会员数高于原任务点很多, 但会员数的过多会造成对任务点的竞争, 降低任务点被完成的效率, 且这些会员自身的信誉值低于原任务点的平均值很多, 会员的信誉值影响了任务开始预订时间和预订限额, 直接影响了任务是否能被完成.

基于以上分析, 任务未完成的原因主要如表 9 所示.

表 9　"拍照赚钱" APP 中任务定位的研究

序号	原因
1	图像上, 任务点主要分布于广州、深圳两座城市
2	未完成的任务标价偏低
3	未完成的任务点周围聚集会员数过多, 降低任务被完成效率
4	未完成任务点周围聚集的会员信誉值过低
5	会员密集度过高, 由于道路施工, 天气原因(广州、深圳台风频发), 反而使任务失败率增加

5.2　问题二模型的建立与求解

在问题一中, 已经清楚任务未完成的原因, 同时, BP 神经网络的精确度不是非常理想, 因此, 任务定价的指标选取存在一定的缺陷, 在新的任务定价方案中, 根据会员预约时间的先后, 加入了时间分布频率, 重新预测定价. 经计算, 价格相对误差率约束在 2.5% 以内.

此时, 模型的准确度高达 92%. 相较于原方案, 从价格上看, 原方案的定价大约还有 6% 的任务的价格需要上调, 上调的幅度在 3% 以内. 两次价格差别对比如图 7 所示.

因此, 原方案的定价规律考虑不全面, 在新的定价方案中, 指标的加入使得模型更加合理, 预测更加可信. 接下来, 分析任务执行情况, 即在新的模型下, 任务成功的概率.

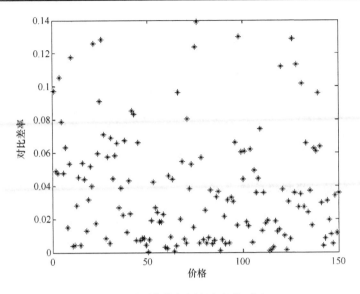

图 7　预测价格与原任务标价对比

本文依照任务周围会员分布、预测的定价、时间分布频率、信誉值, 再次使用 BP 神经网络模型, 对任务的成败作了预测. 在附件一中, 原方案的成功率(完成的数量占任务数量的比例)是 62.52%, 新方案下, 通过不断训练, 任务完成比例大约可提高 26%. 即可大概认为在新的定价方案下, 任务成功的概率为 88.52%. 因此, 新的任务定价方案可以作为一个项目对任务的定价, 并且, 任务成功执行的概率很好.

5.3　问题三模型的建立与求解

5.3.1　问题三模型的建立

在此, 仍可以利用问题二的 BP 神经网络模型进行训练, 但由于打包时, 存在较为严重的数据丢失, 因此, 本题选取广州市这一地区进行研究, 对位于广州市的 319 个任务点, 用 DBSCAN 密度聚类算法结合 K 均值聚类法, 得到 30 个聚类中心及聚集相应的任务点数, 考虑建立多目标非线性最优化模型.

(1) 商家成本最小化.

$$\min z = \sum_{i=1}^{30} c_i x_i \cdot q_i$$

$$\text{s.t.}\quad x_i \geqslant 0$$

(2) 任务完成率最大化.

$$\max \sum_{i=1}^{30} c_i = Q$$

其中,

$$c_i = \begin{cases} 1, & p_i > 0.5 \\ 0, & p_i < 0.5 \end{cases}$$

$$p_i = \frac{\exp(\beta_0 + \beta_1 x_i)}{1 + \exp(\beta_0 + \beta_1 x_i)}$$

(3) 双目标优化模型.

$$\max W = 0.5R - 0.5Q$$

5.3.2　问题三模型的求解

在 MATLAB 中编辑程序, 得到基于厂商期望成本最小的 30 个打包点的定价如表 10 所示.

表 10　打包点任务单价预测值

打包点序号	纬度	经度	打包点任务单价/元
1	23.15662	113.6311	69.4
2	23.23671	113.2904	68.2
3	22.98978	113.4044	70.8
4	23.39679	113.2101	68
5	23.21642	113.248	70.5
6	23.44811	113.3063	68
7	22.96318	113.449	70.7
8	23.11092	113.5132	68.7
9	23.37477	113.2706	68.9
10	23.11145	113.329	68.2
11	22.82672	113.3821	71.7
12	22.94496	113.3792	68
13	22.89143	113.449	70.9
14	23.0132	113.3207	71
15	23.44287	113.4619	69.8
16	23.13464	113.4102	71.2
17	23.38501	113.3728	74.1
18	23.1811	113.3459	74.1
19	23.72312	113.7394	71
20	23.10255	113.2623	68.2
21	23.81611	113.9579	71.4
22	23.33887	113.1111	67.9

续表

打包点序号	纬度	经度	打包点任务单价/元
23	22.81326	113.5445	73.2
24	23.46541	113.1792	67.6
25	22.75156	113.5649	68.2
26	23.30171	113.34	70.1
27	23.55264	113.5947	69.2
28	22.64946	113.613	66.8
29	23.62348	113.4314	66.9
30	23.16342	113.2398	74.1

接下来, 应用问题二的 BP 神经网路模型, 预测上面 30 个打包点的任务执行情况, 得到任务成功完成的概率约为 86%.

在本题中, 成功率之所以没有问题二中的高, 是因为一些主观因素导致, 比如店铺拒访、道路施工等. 因此仍然可以说明打包发布任务的优势, 由于任务集中发布, 打包任务单价则会降低, 满足 APP 软件效益最大化的原则.

5.4 问题四模型的建立与求解

首先, 根据任务点的位置, 大致画出任务分布的散点图(图 8).

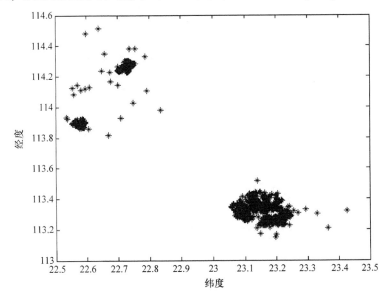

图 8　附件三会员分布

从图中可以清晰地看到, 任务点分为三个区域, 如果直接根据问题二的模型来求解, 会造成很大的误差; 这里, 根据问题三打包发布的优点建立模型求解.

根据附件三的任务点的位置的分布, 问题四采取问题三中的打包分布来考虑. 根据问题三中的分类理论, 对附件三中的任务进行聚类, 得到一百个经纬度代表的中心位置. 然后, 采用问题二中新的 BP 神经网络模型, 得到预测的价格及任务执行情况如表 11 所示.

表 11 预测的价格及任务执行情况

预测价格	任务执行情况	预测价格	任务执行情况
65.9	1	70.6	1
68.8	1	66.1	1
65.8	1	63.7	1
65.9	1	66.0	1
66.0	1	66.1	1
72.4	1	66.0	1
66.0	1	78.2	1
66.1	1	66.2	1
66.1	1	70.1	1
68.3	1	69.8	1
71.5	1	65.7	1
67.0	1	66.2	1
73.2	1	68.4	1
66.2	0	66.4	1
65.9	1	64.6	1
66.0	1	69.7	1
66.0	1	77.6	1
66.2	0	66.3	0
72.1	1	65.8	1
70.9	1	66.3	1
65.9	1	65.9	1
65.9	1	69.0	1
65.9	1	66.0	1
66.0	1	66.0	1
66.0	1	66.3	1
66.1	0	69.7	1
66.3	0	66.2	1
66.2	1	65.6	1
71.6	1	66.3	1
66.0	1	66.0	0
66.2	1	66.4	1
65.1	1	66.1	1
70.4	1	72.7	1

续表

预测价格	任务执行情况	预测价格	任务执行情况
68.8	1	66.2	1
71.2	1	66.4	1
66.1	1	65.8	1
66.4	1	66.3	0
65.9	1	70.3	1
68.2	1	66.3	0
65.9	1	65.9	1
65.9	1	66.8	1
65.3	1	70.6	1
66.2	1	73.1	1
65.8	1	66.0	1
64.1	1	66.3	0
65.9	1	66.1	1
66.0	1	65.8	1
66.0	1	68.1	1
69.6	1	69.4	1
72.1	1	70.2	1

由上表计算出任务执行成功的概率为 91%, 能够取得很好的结果. 预测的价格分布如图 9 所示.

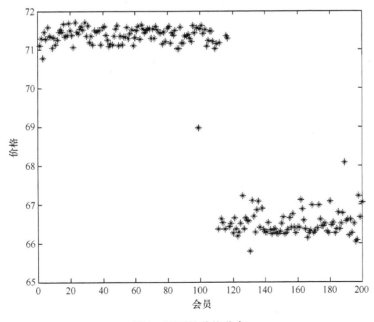

图 9　预测的价格分布

因此, 对于问题四, 分类求解具有很高的可信度. 通过问题二的BP神经网络, 对任务聚类, 大约可以准确预测 96% 的任务标价, 经计算, 相对误差率可以约束在 3% 以内.

六、模型的评价

6.1　模型的优点

(1) BP 神经网络善于处理大量数据, 通过直接观测预测结果, 方便得出结论;

(2) 由 BP 神经网络建立的新的任务定价方案对任务标价的准确度非常高;

(3) 在分析任务点与会员的相对地理位置时, 引入会员密集度作为衡量指标, 会提高后节模型的精确度.

6.2　模型的缺点

(1) 任务点周围会员密集度是按照经纬度直接进行计算的, 会产生相应的误差;

(2) 引用多目标优化模型时, 没有考虑其他影响定价指标.

七、参 考 文 献

[1] 陈婷, 胡国清, 谭红专. 浅谈 logic 回归[J]. 中国卫生统计, 2009, 26(6): 667-671.

[2] 黄丽. BP 神经网络算法改进及应用研究[D]. 重庆: 重庆师范大学, 2008.

[3] 董文永, 刘进. 最优化技术与数学建模[M]. 北京: 清华大学出版社, 2010.

[4] 卓金武. MATLAB 在数学建模中的应用[M]. 2 版. 北京: 电子工业出版社, 2016.

[5] 丁菓蔽. 新产品定价策略注意问题. [2017-09-17]. https://wenku.baidu.com/view/c38e49c68bd63186bcebbc 4a.html.

[6] 王小川, 史峰, 郁磊, 等. MATLAB 神经网络 43 个案例分析[M]. 北京: 北京航空航天大学出版社, 2013.

[7] 杨宝华. 基于 Matlab 的 BP 神经网络应用[J]. 电脑知识与技术, 2008, (19): 124, 125, 134.

[8] 唐冲. 基于 Matlab 的非线性规划问题的求解[J]. 计算机与数字工程, 2013, 41(7): 1100-1185.

八、附　　录

附录 1　求解任务点会员分布个数, 信誉值累加, 时间分布

```
format long
```

```
for i = 1:835
     N=0;
     M = 0;
     n = 1;
     for j = 1:1:1877
          d = U(i,:)-V(j,:);
          D = d(1)^2+d(2)^2;
          if D<0.005
               n= n+1;
               N = W(j)+N;
                  M=B(j)+M;
          end
             m(i) = n;
             A(i) = M;
     B(i)=M/m(i);
     end
end
m
A
B
```

附录 2　问题一：BP 神经网络程序

```
% 读取训练数据
[a1,a2,a3,a4,c] = textread('trainData.txt' ,'%f%f%f%f%f',200);
% 特征值归一化
[input,minI,maxI] = premnmx([a1, a2, a3, a4]');
output = c;
% 创建神经网络
net = newff( minmax(input), [4 10 1], {'logsig' 'logsig' 'purelin'
'logsig'}, 'traingdx') ;
% 设置训练参数
net.trainparam.show = 50;
net.trainparam.epochs = 1000;
net.trainparam.goal = 0.01;
net.trainParam.lr = 0.01;
% 开始训练
net = train(net, input, output');
% 读取测试数据
[b1 b2 b3 b4 ] = textread('testData.txt' , '%f%f%f%f',150);
```

```
% 测试数据归一化
testInput = tramnmx ([b1,b2,b3,b4]', minI, maxI);
% 仿真
Y = sim(net, testInput)
% 计算原值与预测值差异
[s1, s2] = size(Y);
Num = 0;
for i = 1 : s2
    if((c(i)-Y(i))/c(i)>=0.01)
        Num = Num + 1;
    end
end
sprintf('差异率是 %3.3f%%',100 * Num / s2 )
```

附录 3　问题二: BP 神经网络模型程序

```
% 读取训练数据
[a1,a2,a3,a4,a5,c] = textread('trainData1.txt', '%f%f %f%f%f', 200);
% 特征值归一化
[input,minI,maxI] = premnmx([a1,a2,a3,a4,a5]');
% 构造输出矩阵
output = c;
% 创建神经网络
net = newff( minmax(input), [5 10 1], {'logsig' 'logsig' 'purelin'
'logsig' 'logsig'}, 'traingdx');
% 设置训练参数
net.trainparam.show = 50;
net.trainparam.epochs = 1000;
net.trainparam.goal = 0.01;
net.trainParam.lr = 0.01;
% 开始训练
net = train(net, input, output');
% 读取测试数据
[b1 b2 b3 b4 b5] = textread('testData1.txt', '% f%f%f%f f',150);
% 测试数据归一化
testInput = tramnmx ([b1,b2,b3,b4,b5]', minI, maxI);
% 仿真
Y = sim(net, testInput)
% 计算原值与预测值差异
[s1, s2] = size(Y);
```

```
hitNum = 0;
for i = 1 : s2
       if((c(i)-Y(i))/c(i)>=0.1)
           hitNum = hitNum + 1;
       end
end
sprintf('差异率是 %3.3f%%',100 * hitNum / s2 )
```

智能 RGV 的动态调度策略

(学生: 朱世奇 张卫东 吴芬芬 指导老师: 黄旭东 国家一等奖)

摘　　要

　　本文分析了智能 RGV 在加工系统中的动态调度策略问题. 针对三种具体情况, 由浅及深, 不断完善动态调度模型, 编写求解算法, 在系统作业参数的三组数据里分别检验模型算法的有效性、实用性和稳健性, 并对调度策略和效率进行分析.

　　针对动态调度策略, 我们采用变邻域搜索法, 不断遍历局部初始点, 为 RGV 的调度找到最好的局部最优解.

　　对于一道工序的情况, 定义最优目标函数、任务优先级函数和约束条件方程, 构建 RGV 的动态调度模型, 并编程求解算法.

　　对于两道工序的情况, 首先, 采用动态规划法对 CNC 安装刀具进行科学分配. 其次, 在任务优先级的设计上, 我们优化调度算法, 定义混合目标距离为 $S_k = |X_i + Y_j|$, 按其数值大小重新排序, 作业执行时实时循环调用, 减少小车循环往复的时间, 同时在约束条件中增加因配对导致的 CNC 闲置时间方程, 进一步补充 RGV 的动态调度模型.

　　最后考虑到实际加工过程中 CNC 可能会出现故障, 假设人工维修时间服从10 到 20 分钟的均匀分布, 重新定义目标函数为原目标函数减去因故障导致物料报废的个数, 在约束方程中对 CNC 维修时间不能发送需求信号定义新的约束方程, 再次补充了 RGV 的动态调度模型.

　　利用题目表 1 里三组参数数据, 分别模拟出 8 小时里加工系统的实时状态, 最终得到的成品数如下:

组别	各情况下成料数			
	一道工序	两道工序	故障一道工序	故障两道工序
第 1 组	384	258	378	243
第 2 组	360	198	358	194
第 3 组	396	233	387	219

再对得到的各项数据结果进行实用性和有效性检验, 从横向和纵向两个角度对比分析. 优化后的算法调度得到的成料有显著增加, 同时多次重复模拟, 优化后算法得到成料的方差较小(见正文), 稳健性良好, 说明模型的实用性与算法的有效性很好, 并给出 RGV 的调度策略和系统效率.

最后, 对变邻域搜索法进行了客观的评价, 在调度策略的改进方向提出了新的展望.

关键词: 变邻域搜索法 贪婪算法 优先级函数 RGV 调度策略模型 Python

一、问题重述

1.1 问题背景

随着我国科学技术的发展, 现代自动化生产观念深入人心, 继之而来的就是自动化系统和自动化生产仓库. 随着自动化的发展, 生产流水线暴露出一些问题, 为了能够弥补这些缺点, RGV 随之产生, 它可以十分方便地实现生产线中的自动化连接, 例如, 上下料、清洗、往返递送等, 按照计划实现物料的加工清洗与运送. 另外, 它无须技术人员操作, 运行速度快, 显著地降低了生产车间人员的工作量, 提高了劳动生产率, 同时穿梭车的应用使得自动化加工变得非常便捷. 因此研究智能 RGV 的动态调度策略成为具有十分重要的研究价值和现实意义.

在这样的背景下, 提出本文数学建模的研究方向, 目的在于解决自动化立体仓库车间 RGV 小车的作业调度问题, 提高 RGV 的利用率, 减少 RGV 的等待时间, 提升智能加工系统的整体运行效率.

1.2 研究现状

生产调度问题是柔性制造系统优化的经典问题, 对于离散的事件动态系统, 调度决策具有较高的复杂度, 近年来, 许多研究学者非常重视 FMS 实时调度方法的研究, 在调度过程中每一步决策都需要实时关注, 并影响着整体系统的作业效率. 在求最优解时, 文献[2]和[3]给出的传统的方法有专家打分法、微分方程法、约束条件法等, 由于求解调度的最优解理论上属于文献[1]中的 NP-hard 问题, 因而这些方法都具有一定的局限性. 近十几年来, 通用及专用的 FMS 仿真语言层出不穷, 具有很强的对 FMS 仿真的能力, 基于初始状态为零状态, 文献[5]为解决 FMS 的实时在线状态的获取及调度优化问题提供了一条有效的途径.

1.3 问题提出

本文搜集了智能 RGV 的相关资料和数据, 运用数学模型解决以下问题:

(1) 针对一道工序和两道工序的物料加工作业情况, 制定合理科学的 RGV 动态调度规则, 建立相应数学模型进行研究, 并写出相应的求解算法;

(2) 若考虑 CNC 在加工过程中可能发生故障的情况, 对(1)中的 RGV 动态调度模型及算法进行扩充完善;

(3) 利用题目已给的三组数据, 在一个班次八小时连续工作时间里, 分别检验模型的实用性和算法的有效性, 给出 RGV 的调度策略及系统的作业效率.

二、问 题 分 析

2.1　任务一的分析

2.1.1　一道工序的问题分析

起初 RGV 在 CNC1# 和 CNC2# 正中间的初始位置, 每一台 CNC 所加工的程序及所需时间完全相同, 未加工的生料仅需经过一次加工后清洗即可成为成料, 经过系统八小时的连续工作后, 我们希望生产加工并清洗后的成料数目越多越好. 我们首先规定任务请求的优先级, 时间越早的作业任务优先级越高, 距离 RGV 越近的作业任务优先级越高, 奇数编号 CNC 作业任务优先级比偶数编号 CNC 作业任务优先级高. 这样在起始阶段, RGV 同时收到八个任务请求, 距离最近的是 CNC1 与 CNC2, 同时 CNC1 为奇数编号, 即 RGV 最先在 CNC1 上完成上料作业, 以此类推, 我们发现, RGV 运动轨迹可能有一定的规律. 同时考虑到 CNC 加工所需时间远大于 RGV 移动、上下料与清洗的时间, 大概会出现 RGV 等待的状况, 我们增加作业指令, 使得处于等待的 RGV 提前到达下一个任务所在地, 节约了一些 RGV 移动所需时间, 极大提高了系统的作业效率.

2.1.2　两道工序的问题分析

在问题 2.1 的基础上增添了物料加工的步骤, 需要经过两次有顺序的加工物料才可以成为熟料, 进而清洗后变为成料放在下料传送带上. 新增的问题有两个: 其一是如何分配八个 CNC 安装的刀具, 使其整体系统的作业效率最高, 我们首先设计遍历的循环取法, 即方便找到具体情形下最优的设计方案, 然后对于较多 CNC 的情况下, 给出约束方程求解整数最优解; 其二是任务请求多了第一道加工与第二道加工, 在任务优先级的设计上, 优化调度算法, 定义混合目标距离为 $S_k = |X_i + Y_j|$, 按其数值大小重新排序, 作业执行时实时循环调用, 减少小车循环往复的时间.

2.1.3　加工发生故障的问题分析

在问题 2.1 和问题 2.2 的基础上增添了 CNC 加工环节中可能发生故障的情况,

更加贴近实际生产, 我们将正在工作的 CNC 里, 以概率 1% 随机选择发生故障的计算机数控机床, 标记其中正在加工的物料, 记为废料, 每当故障发生时, 立即人工检修, 检修时间取 10 至 20 分钟的随机数, 最后 8 小时连续工作完成后, 对有效的成料进行计数. 即我们得到完善的 RGV 动态调度模型和相应的求解算法, 可以应对题目中所有发生的情况.

2.2 任务二的分析

2.2.1 模型实用性分析

模型实用性是对所选模型解决资源调度及工作流程的性能进行评估的指标, 具有良好实用性的模型可以缩短工作时间, 提高系统工作效率, 并且能够流畅地响应各个 CNC 工作台的需求信号. 一般调度策略可近似为 RGV 小车在 CNC1 与 CNC8 之间平均移动, 其中会增加等待时间和移动时间. 我们采用的模型综合考虑了 CNC 工作台响应优先级、RGV 小车移动距离和物料加工过程中流水线的可并行性等因素, 实现资源的合理调度. 通过比较 8 小时内一般模型和我们采用的模型完成的物料加工完成总数, 即可评估模型的实用性.

2.2.2 算法有效性分析

正确有效的算法至少应该具备有穷性、确定性、一个或多个输出结果等特性. 我们设计的算法针对 RGV 接收到不同 CNC 工作台的需求信号进行资源合理调度, 将 RGV 小车的初始位置、CNC 工作台编号、发出请求信号前后顺序、工作内容及表 1 中的数据作为算法的输入, 如果算法能够在有限时间内给出确定合理的调度策略即为算法有效, 同时对算法的稳健性和计算复杂度进行分析, 多次重复模拟, 计算优化后算法得到成料的方差, 判断算法的稳健性, 并记录算法运行时长, 得出其收敛速度.

2.2.3 RGV 调度策略和系统作业效率分析

为了能够流畅地响应不同 CNC 工作台在不同时刻发出的请求信号, 我们将接收信号的先后顺序存放到队列中, 依此响应. 如果不同 CNC 工作台在同一时刻发出需求信号, 则 RGV 按照距离优先、奇数工作台优先响应等多原则进行响应. 对于系统作业效率评估, 如果规定时间内 CNC 工作台得到响应, 则视为效率合格. 在固定工作时间内, RGV 小车处理的响应越多, 系统的作业效率越高.

三、模 型 假 设

(1) 假设所查询的相关文献数据来源全部真实、有效、科学;

(2) 假设 RGV 瞬间接收和发送信号, 即过程时间为 0;

(3) 假设机械手爪旋转过程的时间为 0, 忽略不计, 即上一个物料下料时间与下一个物料上料时间相同;

(4) 假设在两道工序加工的情况下, 完成第一道工序的物料称为半熟料, 不需要清洗;

(5) 假设每次故障排除的时间服从 10—20 分钟之间的均匀分布;

(6) 假设 8 台 CNC 工作时相互独立、互不影响.

四、符号说明与名词解释

a	搜索方向的一个起点
b	搜索方向不同于 a 的一个起点
$J(\theta_0, \theta_1)$	完成成料总数的目标函数
CNC_i	加工第一道工序的第 t 个 CNC
$CNC_{j(8-t)}$	加工第二道工序的第 $(8-t)$ 个 CNC
T	RGV 的移动时间
x_1	对物料进行第一道加工的 CNC 的个数
x_2	对物料进行第二道加工的 CNC 的个数
t_1	完成第一道工序的时间
t_2	完成第二道工序的时间
y_{th}	RGV 为奇数与偶数 CNC 一次上下料所需时间差 RG
W	优先级分数
生料	未加工的物料
熟料	需要一道工序已完成一道工序的加工与需要两道工序已完成两道工序的加工的物料
半熟料	需要两道工序已完成一道工序的加工的物料
成料	已完成所有加工及清洗的物料
废料	在加工过程中 CNC 出现故障, 未完成的物料

五、模型的建立与求解

5.1 RGV 动态调度模型的构建及其相应求解算法

5.1.1 变邻域搜索法的思想

采用多个邻域结构, 从不同初始点进行局部搜索以得到局部最优解, 在此局部最优解的基础上, 重新更换邻域结构再次搜索, 从而获得另一个局部最优解, 以此循环, 直至遍历所有的邻域结构, 循环结束, 比较得到整体最优解. 搜索的概念由图 1 和图 2 表示.

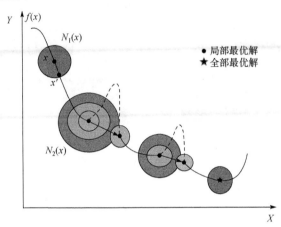

图 1　变邻域搜索求解过程图

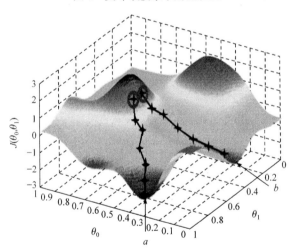

图 2　局部最优解的搜索过程图

5.1.2　一道工序加工的情况

初始状态时, RGV 处在 CNC1 与 CNC2 的正中间, 通过初次接受 CNC 的指令, 在上料传送带上抓取未加工生料, 上料至该 CNC 上进行加工, 当 RGV 再次接受 CNC 的作业指令时, RGV 运动到该 CNC 前, 先抓取上料传送带上的未加工生料, 再移动机械臂对该 CNC 上已加工熟料进行下料, 进而旋转机械手爪, 将生料放入 CNC 中加工, 最后对熟料进行清洗后, 将成料放进下料传送带, 以此循环,直至 8 小时工作完成, 如图 3 所示.

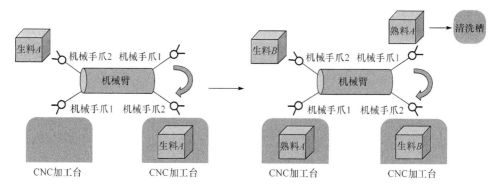

图 3　一道工序加工流程图

5.1.2.1　RGV 动态调度模型的构建

(1) 目标函数.

本章 RGV 作业调度的目的是使加工系统在 8 小时连续工作的时间内, 将生料尽可能多的转化为成料, 即成料的数量越多, 动态调度模型越好, 故我们定义目标函数可表示为

$$\max Z = \sum_{i=1}^{28800} s_{ih}, \quad h = 1, 2, \cdots, 8$$

(2) 优先级函数.

当 RGV 接到多条任务信号时, 需要选择执行这些任务的先后顺序, 即我们定义一个优先级函数, 当函数值高时, 优先级高, 任务被优先执行. 在一道工序的加工过程中, 影响优先级函数的因素有 RGV 接到任务信号的时间和距离上下料地的轨道距离, 故我们定义优先级函数为

$$W = \omega_{ih} d_{ih} + (1 - \omega_{ih}) t_{ih}, \quad i = 1, 2, \cdots, 28800; \quad h = 1, 2, \cdots, 8$$

(3) 约束条件.

因为一轮 CNC 的加工时间多于 RGV 在这之间移动的时间, 故 RGV 必定会出现停止等待的情况, 对 CNC 加工过程时间的刻画, 记录发送需求信号的时间, 同时实时标记 RGV 所在的位置, 又因为一台 CNC 同一时间只能加工一个生料, 综上写出约束方程组:

$$s_{ih} \geqslant r_{ih} + m(x_{ih} + x_{i(8-h)} - y_{ih}), \quad i = 1, 2, \cdots, 28800; \quad h = 1, 2, \cdots, 8$$

$$\sum_{h=1}^{n} x_{ih} = 1, \quad h = 1, 2, \cdots, 8$$

$$\sum_{h=1}^{n} y_{ih} = 1, \quad h = 1, 2, \cdots, 8$$

5.1.2.2 求解算法步骤

步骤 1: 参数的初始化, 将流程中涉及的各参数赋值, 给出算法的初始状态, 记录下当前的相关数据, 确定算法的终止原则.

步骤 2: RGV 的动态调度过程, 在基于信号优先调度的基础上, 即已发送信号的 CNC 排成一个队列; 然后在多于一个 CNC 的情况下, 服从短距离优先原则; 并根据物料完成的相关参数的具体数值, 确定 RGV 的大概运动路径.

步骤 3: 物料工作过程, 明确物料从开始加工到完成的一系列步骤, 如上下料、完成工序、清洗等, 并根据 RGV 的实际运动轨迹情况, 进行所需结果的计算.

步骤 4: 重复步骤 2—步骤 3, 直至满足算法终止原则, 并输出所求结果.

为了更加直观地表达算法的流程, 给出简略的求解算法流程图, 如图 4 所示.

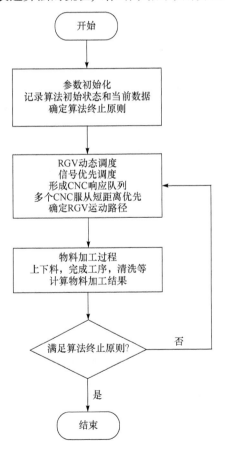

图 4 一道工序加工求解算法流程图

5.1.3 两道工序加工的情况

初始状态时, RGV 处在 CNC1 与 CNC2 的正中间, 通过初次接受装有第一种刀具的 CNC 的指令, 在上料传送带上抓取未加工生料, 上料至该 CNC 进行第一道工序, 对于同一序号的物料, 需在完成第一道工序成为半熟料后, 由 RGV 将其带入装有第二种刀具的 CNC 进行第二道工序, 两次加工有先后顺序, 且全部完成后成为熟料, 最后再由 RGV 将其下料, 放入物料清洗槽清洗为成料, 下放至下料传送带上. 如此循环, 直至 8 小时工作完成, 记录完成两道工序的物料, 如图 5 所示.

5.1.3.1 RGV 动态调度模型的补充

在一道工序构建的 RGV 动态调度模型(I)的基础上, 我们发现新出现的问题有: 8 台 CNC 刀具种类、个数及序号摆放问题, 第一道工序与第二道工序加工时间不同及顺序可能会导致整体的效率下降, 优先级函数的因变量增多需要进一步扩充.

(1) CNC 刀具的分配.

为了确定 CNC 两道工序中刀具的分配, 我们采用两阶段法.

第一阶段, 确定刀具的数目, 从题中数据可以得出, CNC 完成加工一个两道工序物料的第一道工序所需时间和第二道工序所需时间远远大于一次上下料时间和 RGV 移动时间, 故我们首先初步确定 CNC 中完成加工一个两道工序物料的第一道工序和第二道工序所需要刀具的个数, 基于使 CNC 空闲时间最短, 利用效率最高的原则, 我们定义单位工序差为 w, 第一道工序所需要刀具个数为 x_1, 第二道为 x_2, 第一道工序所需时间为 t_1, 第二道工序所需时间为 t_2, 则 $w = \left| \dfrac{t_1}{x_1} - \dfrac{t_2}{x_2} \right|$, 于是得到如下规划方程组:

$$\min w = \left| \frac{t_1}{x_1} - \frac{t_2}{x_2} \right|$$

$$x_1 + x_2 = 8$$

$$x_1 \geqslant 0; \quad x_2 \geqslant 0$$

第二阶段, 考虑刀具分配的位置, 采用遍历枚举 8 个小时工作的方法来选最佳的刀具分配位置, 时间复杂度较高. 从表中可以看出, CNC 的奇数号和偶数号上下料时间相差较小, 对刀片的分配影响较小, 在这一阶段, 主要影响因素是 RGV 在移动过程中浪费的时间, 我们定义 RGV 移动时间为 T, 通过对刀片位置的遍历计算当第一轮物料完成时, RGV 移动时间最小值极为最佳刀具分配.

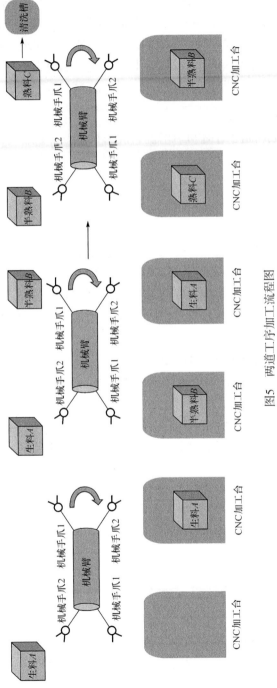

图5 两道工序加工流程图

(2) 优先级函数的扩充.

在一道工序优先级函数的基础上, 发现两道工序加工时, 实际的第一道工序加工时间与第二道加工时间不同, 为了提高 CNC 工作效率, 降低 CNC 空闲等待时间, 我们将加工时间长的 CNC 发出的需求信号任务优先级定高, 将加工时间短的 CNC 发出的需求信号任务优先级低, 扩充优先级函数为

$$W = \omega_{ih} d_{ih} + (1 - \omega_{ih}) t_{ih} + v_g, \quad i = 1, 2, \cdots, 28800; \quad h = 1, 2, \cdots, 8; \quad g = 1, 2$$

(3) 约束条件的扩充.

因为生料完成两道工序才可以清洗后成为我们想得到的成料, 所以我们将同一序号的物料的第一道加工与第二道加工配对处理, 写成约束方程, 加入约束函数组,

$$J(\theta_0, \theta_1) = \min\{x_{ih}, y_{ih}\}$$

5.1.3.2　求解算法步骤

步骤 1: 参数的初始化, 将流程中的相关系数根据题设表 1 的数据给予赋值, 给出算法的初始状态, 记录下当前的相关系数, 确定算法的终止原则.

步骤 2: CNC 的处理过程, 基于安装两种不同刀片的 CNC, 申请了两个队列: 队列一和队列二; 在整个的工作流程中, 对应类型发送信号的 CNC 将排在相应的队列上.

步骤 3: RGV 的动态调度, RGV 通过接收信号来进行工作, 并严格按照一二道工序的顺序依次执行, 处在相应队列上的 CNC 同时基于优先级函数的原则, RGV 对其信号进行响应.

步骤 4: CNC 的工序过程, 当 RGV 响应了其中一个 CNC 的信号时, 进行上下料处理、完成工序及清洗等系列步骤; 同时依据 RGV 的实际运动轨迹和 CNC 的工作情况, 记录相关数据.

步骤 5: 重复步骤 2—步骤 3—步骤 4, 直至满足算法终止原则, 并输出所求结果.

为了更加直观地表达算法的流程, 给出简略的求解算法流程图, 如图 6 所示.

5.1.4　加工过程发生故障的情况

CNC 在加工过程中有 1% 的概率发生故障, 这就导致了正在加工的物料报废, 成为废料. 同时该出现故障的 CNC 需要人工维修, 在模型假设里, 我们假设维修的时间服从在 600 秒到 1200 秒的均匀分布, 且在维修期间, 该 CNC 不会对 RGV 发送需求信号, 这会对整个加工系统的效率带来不良的影响.

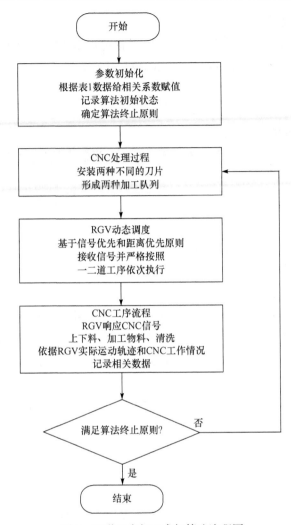

图 6　两道工序加工求解算法流程图

5.1.4.1　RGV 动态调度模型的再补充

(1) 维修时间随机数的生成.

$$p(x) = \begin{cases} 0, & x < 10 \text{ 或 } x > 20 \\ \dfrac{1}{10}, & 10 \leqslant x \leqslant 20 \end{cases}$$

$$F(x) = \begin{cases} 0, & x < 10 \\ \dfrac{x-10}{10}, & 10 \leqslant x \leqslant 20 \\ 1, & x > 20 \end{cases}$$

(2) 目标函数的扩充.

由于废料的出现, 不是所有加工的物料都可以最终转化为成料, 同时废料的个数等于发生故障的次数, 故扩充目标函数的计数方式:

$$\max Z = \sum_{i=1}^{28800} (s_{ih} - u_{ih}), \quad h = 1, 2, \cdots, 8$$

(3) 约束条件的再扩充.

出故障的 CNC 在维修期间不能对 RGV 发送需求信号, 对维修状态的 CNC 补充约束方程,

$$s_{ih} \geqslant r_{ih} + m(x_{ih} + x_{i(8-h)} - y_{ih}) - \text{rand}, \quad i = 1, 2, \cdots, 28800; \quad h = 1, 2, \cdots, 8$$

5.1.4.2 求解算法步骤

(1) 一道工序发生故障基本步骤如下.

步骤 1: 参数的初始化, 将流程中涉及的各参数赋值, 给出算法的初始状态, 记录下当前的相关数据, 确定算法的终止原则.

步骤 2: RGV 的动态调度过程, 在基于信号优先调度的基础上, 即已发送信号的 CNC 排成一个队列; 然后在多于一个 CNC 的情况下, 服从短距离优先原则; 并根据物料完成的相关参数的具体数值, 确定 RGV 的大概运动路径.

步骤 3: 物料工作过程, 明确物料从开始加工到完成的一系列步骤, 如上下料、确定模拟实现故障的产生时间和持续时间、完成工序、清洗等, 并根据 RGV 的实际运动轨迹情况, 进行所需结果的计算.

步骤 4: 重复步骤 2—步骤 3, 直至满足算法终止原则, 并输出所求结果.

(2) 两道工序发生故障基本步骤如下.

步骤 1: 参数的初始化, 将流程中的相关系数根据题设表 1 的数据给予赋值, 给出算法的初始状态, 记录下当前的相关系数, 确定算法的终止原则.

步骤 2: CNC 的处理过程, 基于安装两种不同刀片的 CNC, 申请了两个队列: 队列一和队列二; 在整个的工作流程中, 对应类型发送信号的 CNC 将排在相应的队列上.

步骤 3: RGV 的动态调度, RGV 通过接收信号来进行工作, 并严格按照一二道工序的顺序依次执行, 处在相应队列上的 CNC 同时基于短距离优先原则, RGV 对其信号进行响应.

步骤 4: CNC 的工序过程, 当 RGV 响应了其中一个 CNC 的信号时, 进行上下料处理、确定模拟实现故障的产生时间和持续时间、完成工序及清洗等系列步骤; 同时依据 RGV 的实际运动轨迹和 CNC 的工作情况, 记录相关数据.

步骤 5: 重复步骤 2—步骤 3—步骤 4, 直至满足算法终止原则, 并输出所求结果.

5.2 算法的实现(Python 代码见附录 1—附录 3)

5.2.1 无故障的一道工序情况

依据算法结果统计得到, 在 8 小时的工作时间里, 第一组可以加工成料 384 个, 第二组可以加工成料 360 个, 第三组可以得到成料 396 个, 造成三组加工成料个数不同的主要原因是 CNC 完成一个一道工序的物料所需时间长短的不同, 同时, 加工时间越短, 加工成料的数目越多, 结果符合理论解释(表 1).

表 1　无故障的一道工序算法实现部分结果表

加工物料序号	加工 CNC 编号			上料开始时间			下料开始时间		
	第 1 组	第 2 组	第 3 组	第 1 组	第 2 组	第 3 组	第 1 组	第 2 组	第 3 组
1	1	1	1	0	0	0	588	610	572
2	2	2	2	28	30	27	641	670	624
3	3	3	3	79	88	77	717	758	699
4	4	4	4	107	118	104	770	818	751
5	5	5	5	158	176	154	846	906	826
6	6	6	6	186	206	181	899	966	878
⋮	⋮	⋮	⋮	⋮	⋮	⋮	⋮	⋮	⋮
200	8	8	8	14552	15581	14161	15140	16210	14733
201	1	1	1	14700	15706	14300	15288	16335	14872
202	2	2	2	14753	15766	14352	15341	16395	14924
⋮	⋮	⋮	⋮	⋮	⋮	⋮	⋮	⋮	⋮
349	5	5	5	25542	27324	24850	26130	27953	25422
350	6	6	6	25595	27384	24902	26183	28013	25474
⋮	⋮	⋮	⋮	⋮	⋮	⋮	⋮	⋮	⋮

5.2.2 无故障的两道工序情况(Python 代码见附录 4—附录 6)

表 2 给出了依据无故障两道工序算法实现的部分结果, 对所有结果进行简单的统计运算, 可以得到, 在 8 小时的工作时间里, 第一组可以加工成料 258 个, 第二组可以加工成料 198 个, 第三组可以加工成料 233 个, 造成三组加工成料个数不同的主要原因是 CNC 完成第一道工序和第二道工序所需时间不同, 从配对的角度上看, 效率大概依赖于所需时间长的工序, 同时, 加工工序时间越长, 加工成料的数目越少, 结果符合理论解释.

表 2　无故障的两道工序算法实现部分结果表

加工物料序号	工序 1 的 CNC 编号			工序 1 上料时间			工序 1 下料时间		
	第 1 组	第 2 组	第 3 组	第 1 组	第 2 组	第 3 组	第 1 组	第 2 组	第 3 组
1	1	1	1	0	0	0	428	310	482
2	3	3	3	29	31	28	489	377	543
⋮	⋮	⋮	⋮	⋮	⋮	⋮	⋮	⋮	⋮
150	3	1	3	16132	20717	17895	16566	21282	18377
⋮	⋮	⋮	⋮	⋮	⋮	⋮	⋮	⋮	⋮
190	3	1	22715	20472	26367	22715	20906	26932	23197
⋮	⋮	⋮	⋮	⋮	⋮	⋮	⋮	⋮	⋮

加工物料序号	工序 2 的 CNC 编号			工序 2 上料时间			工序 2 下料时间		
	第 1 组	第 2 组	第 3 组	第 1 组	第 2 组	第 3 组	第 1 组	第 2 组	第 3 组
1	2	2	2	457	341	510	885	876	726
2	4	4	4	518	408	571	971	973	1053
⋮	⋮	⋮	⋮	⋮	⋮	⋮	⋮	⋮	⋮
150	4	4	4	16595	21313	18405	17029	21878	18887
⋮	⋮	⋮	⋮	⋮	⋮	⋮	⋮	⋮	⋮
190	4	4	4	20935	26963	23225	21369	27528	23707
⋮	⋮	⋮	⋮	⋮	⋮	⋮	⋮	⋮	⋮

5.2.3　可能发生故障的工序情况(Python 代码见附录 7—附录 12)

表 3 展示了发生故障的部分案例, 对所有案例进行统计, 我们发现在一道工序中, 第一组发生了三次故障, 第二组发生了两次故障, 第三组发生了三次故障. 在两道工序中, 第一组发生了六次故障, 第二组发生了四次故障, 第三组发生了四次故障, 同时每组发生故障的概率相同, 均约为 1%, 出现差异的因素主要来源于 8 小时系统连续工作时间里每组加工总次数不同和随机时间带来的误差, 结果符合理论解释.

表 3　发生故障的部分案例表

一道工序	第 1 组				第 2 组				第 3 组			
	故障物料序号	故障CNC编号	故障开始时间	故障结束时间	故障物料序号	故障CNC编号	故障开始时间	故障结束时间	故障物料序号	故障CNC编号	故障开始时间	故障结束时间
	148	4	10884	11700	91	3	6840	7971	244	4	17766	18585
	277	6	20393	21492	154	4	11687	12491	307	4	22499	23473

续表

两道工序	第1组				第2组				第3组			
	故障物料序号	故障CNC编号	故障开始时间	故障结束时间	故障物料序号	故障CNC编号	故障开始时间	故障结束时间	故障物料序号	故障CNC编号	故障开始时间	故障结束时间
	87	5	9647	10832	53	2	7754	8465	17	5	1754	2505
	110	1	12232	13254	59	8	8336	9510	41	7	4789	5756
	107	4	12498	13282	134	4	18257	19327	129	3	15761	16371
	157	4	17927	19119	181	1	24384	25543	217	4	27578	28575

六、模型的检验

6.1 模型实用性检验

我们利用表 1 中的数据并结合模型算法进行了 5 次模型实例验证, 并且将一般方法作为对照组, 第 1 组、第 2 组和第 3 组作为实验组, 得出图 7.

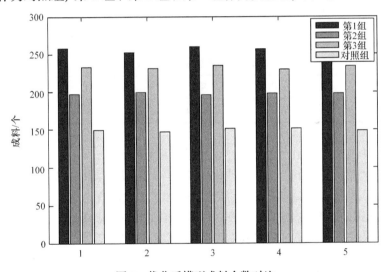

图 7 优化后模型成料个数对比

从模型的横向对比中, 我们可以看出: 优化后的模型相对于优化后算法的成料个数、效率均提高, 完成物料数目更多, 其中第 1 组的成料个数远大于未优化组, 有了质的突破, 在时间一定的情况下, 模型的功效显著, 在实际应用中可以带来更大的利润, 模型有很强的实用性.

6.2 算法有效性检验

从算法的纵向对比中, 由图 8 我们可以看出, 优化后的 3 组算法在 10 次模拟中完成物料数量近似一条直线, 偶见尖点, 走势趋于平稳; 而一般对照组的成料完成情况波动较大, 成料个数并不稳定, 在实际中不能很好地估计其收益, 并通过计算 10 次模拟不同组成料的方差, 绘制成表(表 4).

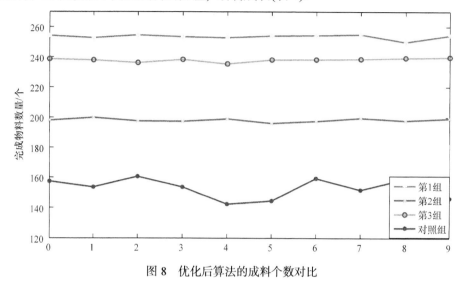

图 8　优化后算法的成料个数对比

表 4　优化后算法成料个数方差

组别	第 1 组	第 2 组	第 3 组	对照组
方差	5.7879	5.3183	4.4594	12.2908

从表 4 中可以看出未优化组方差较大, 稳健性较差, 而优化后的稳健性有了明显的提升, 对于不同的 CNC 信号皆可合理安排调度, 最终完成物料加工. 在算法的复杂度方面, 优化后的 3 组算法求解时间虽然会随着求解规模的增大而增加, 相对于未优化的求解时间没有优势, 但是求解时间都在 0.41 s 到 0.48 s 之间, 说明算法的收敛速度是较好的, 求解效率很高, 是完全有效的.

6.3　RGV 的调度策略

在任意时刻的一组 RGV 任务处理序列中, 通过增加智能调度搜索, 使得 RGV 可以提前移动到下一个优先级最高的任务前, 省去了中间 RGV 的移动时间. 其中在优先级的处理上, 优化就近原则, 结合贪婪算法, 使得 RGV 总是会提前或准时到目标 CNC 前, 另外, 若 RGV 处于等待状态, 即没有一个可执行的任务时, 触发以下策略.

策略 1: 当 RGV 处在停止等待状态时, 会提前感知运动到下一个任务, 节省下 RGV 和 CNC 同时空闲时, RGV 的移动时间.

策略 2: 当出现多任务序列, 系统规划最短路线时, 以优先级分数作为第一判断因素, 如若出现相同分数的情形, 以空间统筹比较更优的方案.

6.4　作业效率的求解

由于系统的作业效率和 CNC 有关, 即 RGV 的调度影响着 CNC 的工作效率, 作业效率 = 实际完成物料工时/总作业工时, 我们设 E_j 为第 i 种情况下第 j 组的作业效率, n_{ij} 为第 i 种情况下第 j 组完成的物料总数, t_j 为在第 j 组情况下完成一个物料所需时间, 完成一个物料所需时间 t_j = CNC 加工完成一个物料两道工序所需时间+RGV 两次上下料所需时间, $i = 1,2,3,4; j = 1,2,3.$ T 为总作业工时,

$$E_{ij} = \frac{n_{ij} \times t_j}{8T} \times 100\%, \quad i = 1,2,3,4; \quad j = 1,2,3.$$

我们将公式统一在以时间为秒单位的情况下, 且 T 定值 8 小时, 得到

$$E_{ij} = \frac{n_{ij} \times t_j}{8 \times 60 \times 60 \times 8} \times 100\%, \quad i = 1,2,3,4; \quad j = 1,2,3.$$

依次代入数据可得作业效率见表 5.

表 5　系统作业效率

组别	系统作业效率			
	一道工序	两道工序	故障一道工序	故障两道工序
第 1 组	98.3%	93.7%	99.0%	88.3%
第 2 组	95.7%	72.6%	96.5%	74.5%
第 3 组	98.7%	70.4%	96.5%	66.2%

七、模型的评价与改进

7.1　数据处理的优缺点

(1) 利用统计数据软件 Python 与 MATLAB 对数据进行预处理并进行可视化表达, 形象生动;

(2) 本文所采用的原始数据均是从题目及附件中获得的, 真实可靠;

(3) 模型中为计算简便, 使所得结果更理想化, 忽略了一些次要影响因素.

7.2　变邻域搜索算法的优缺点

(1) 在 RGV 调度上有良好的求解质量及求解效率, 同时在稳健性上也有良好体现.

(2) 利用 RGV 不同的感知信息, 构成邻域结构交替搜索, 达到调度动态平衡.

(3) 在 8 小时即 28800 秒的工作时间里, 算法的全局寻优能力还有提升的空间.

7.3 调度策略的改进

在 RGV 处理任务优先级的排序中, 对实时小车的状态运用仿真实验模拟平台、超大的智能计算机数据库以及更先进的硬件支撑, 对所有可能的情况进行遍历模拟, 可以得到效率更加高的动态调度策略. 同时, 将本文里的数学模型与优化算法作为仿真实验里的一个主要环节, 对于简化计算复杂度, 仍具有非常重要的意义.

7.4 优先级在实时训练中的改进

我们使用遗传算法在最优化方案判断中的应用来弥补精度误差问题, 基于遗传算法工具箱, 选取函数 gaopt()直接解决最优化.

选择初始种群, 设置代数, 从第一代开始, 以概率的形式规则选择若干个体, 不从同一个点开始搜索最优的算法.

由图 9 观察可知, 路径的效果优于不加训练的搜索方法. 在作业效率上绘制差异函数图.

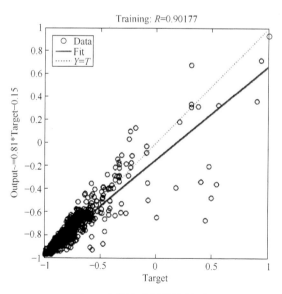

图 9   遗传算法训练效果图

由误差图 10 可知, 训练结果误差稳定, 保持在 0.01 左右, 并且遗传算法在有约束条件下更加能突显出其结果精度的优越性.

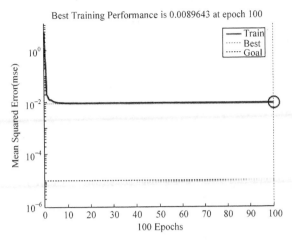

图 10　作业效率差异图

八、参 考 文 献

[1] Basnet C, Mize J H. Scheduling and control of flexible manufacturing systems: A critical review[J]. International Journal of Computer Integrated Manufacturing, 1994, 7(6): 340-355.

[2] Falkenauer E, Bouffouix S. A genetic algorithm for job shop[C]. ICRA, 1991: 824-829.

[3] Holland J H. Adaptation in Natural and Artificial Systems: An Introductory Analysis with Applications to Biology, Control, and Artificial Intelligence[M]. Cambridge: MIT press, 1992.

[4] Reeves C R. A genetic algorithm for flowshop sequencing[J]. Computers & Operations Research, 1995, 22(1): 5-13.

[5] 田国会. 复杂动态系统若干建模、分析、控制与调度问题研究[D]. 济南: 山东大学, 2001.

[6] 姜启源. 数学模型[M]. 北京: 高等教育出版社, 2011.

[7] 张桂琴, 张仰森. 直线往复式轨道自动导引车智能调度算法[J]. 计算机工程, 2009, (15): 176-178.

[8] 王宏洲, 李学文, 董岩, 等. 数学建模方法进阶[M]. 北京: 清华大学出版社, 2008.

[9] 贺一. 禁忌搜索及其并行化研究[D]. 重庆: 西南大学, 2006: 104.

[10] 董红宇, 黄敏, 王兴伟. 变邻域搜索算法综述[J]. 控制工程, 2009, (S2): 1-5.

九、附　　　录

附录 1　一道工序第一组 Python 代码

```python
import xlwt
def main():
    working_time=560
```

```
CNC_time=[0,0,0,0,0,0,0,0,0]
start=[]
finish=[]
start_by=[]
odd=28
even=31
clean=25
steps=[0,20,33,46]
total=0
current_time=0
for i in range(1,9):              #初始上料
    if i%2==1:
        start.append(current_time)
        start_by.append(i)
        current_time+=odd
        CNC_time[i]=current_time
    if i%2==0:
        start.append(current_time)
        start_by.append(i)
        current_time+=even
        CNC_time[i] = current_time
        if i ==8:
            current_time+=steps[3]
        else:
            current_time+=steps[1]
print(CNC_time)
while True:
    current_time+=1
    print(current_time)
    if current_time>=28800:
        break
    if current_time-CNC_time[1]==working_time:
        for i in range(1,9):
            if i%2==1:
                start.append(current_time)
                start_by.append(i)
                finish.append(current_time)
                current_time+=odd
                total+=1
                CNC_time[i]=current_time
```

```
                        current_time+=clean
                if i%2==0:
                        start.append(current_time)
                        start_by.append(i)
                        finish.append(current_time)
                        current_time+=even
                        total+=1
                        CNC_time[i]=current_time
                        current_time+=clean
                        if i == 8:
                                current_time += steps[3]
                        else:
                                current_time += steps[1]
    print(total)
    wbk = xlwt.Workbook()
    sheet = wbk.add_sheet("sheet1")
    for i in range(len(start)):
        sheet.write(i,1,start[i])
        sheet.write(i,0,start_by[i])
    for j in range(len(finish)):
        sheet.write(j,2,finish[j])
    wbk.save('./data.xls')
```

附录 2　一道工序第二组 Python 代码

```
import xlwt
def main():
    working_time=580
    CNC_time=[0,0,0,0,0,0,0,0,0]
    start=[]                    #上料开始时间
    finish=[]                   #下料开始时间
    start_by=[]                 #序号
    odd=30                      #奇数 CNC 上下料时间
    even=35                     #偶数 CNC 上下料时间
    clean=30                    #清洁时间
    steps=[0,23,41,59]          #移动时间
    total=0                     #成品数量
    current_time=0              #当前时间
    for i in range(1,9):        #初始上料
        if i%2==1:              #奇数 CNC 上料部分
            start.append(current_time)
```

```
            start_by.append(i)
            current_time+=odd
            CNC_time[i]=current_time
        if i%2==0:                    #偶数CNC上料部分
            start.append(current_time)
            start_by.append(i)
            current_time+=even
            CNC_time[i] = current_time
            if i ==8:
                    current_time+=steps[3]
            else:
                    current_time+=steps[1]
print(CNC_time)
while True:
    current_time+=1
    print(current_time)
    if current_time>=28800:
            break
    if current_time-CNC_time[1]>=working_time:
        for i in range(1,9):
            if i%2==1:
                    start.append(current_time)
                    start_by.append(i)
                    finish.append(current_time)
                    current_time+=odd
                    total+=1
                    CNC_time[i]=current_time
                    current_time+=clean
            if i%2==0:
                    start.append(current_time)
                    start_by.append(i)
                    finish.append(current_time)
                    current_time+=even
                    total+=1
                    CNC_time[i]=current_time
                    current_time+=clean
                    if i == 8:
                            current_time += steps[3]
                    else:
                            current_time += steps[1]
```

```
            print(CNC_time)
      print(total)
      wbk = xlwt.Workbook()
      sheet = wbk.add_sheet("sheet1")
      for i in range(len(start)):
            sheet.write(i,1,start[i])
            sheet.write(i,0,start_by[i])
      for j in range(len(finish)):
            sheet.write(j,2,finish[j])
      wbk.save('./data.xls')


  if __name__=="__main__":
  main()
```

附录 3   一道工序第三组 Python 代码

```
import xlwt
def main():
    working_time=545
    CNC_time=[0,0,0,0,0,0,0,0,0]
    start=[]                      #上料开始时间
    finish=[]                     #下料开始时间
    start_by=[]                   #序号
    odd=27
    even=32
    clean=25
    steps=[0,18,32,46]
    total=0
    current_time=0
    for i in range(1,9):                   #初始上料
        if i%2==1:
            start.append(current_time)
            start_by.append(i)
            current_time+=odd
            CNC_time[i]=current_time
        if i%2==0:
            start.append(current_time)
            start_by.append(i)
            current_time+=even
            CNC_time[i] = current_time
```

```
                if i ==8:
                        current_time+=steps[3]
                else:
                        current_time+=steps[1]
        print(CNC_time)
        while True:
            current_time+=1
            print(current_time)
            if current_time>=28800:
                    break
            if current_time-CNC_time[1]==working_time:
                    for i in range(1,9):
                            if i%2==1:
                                    start.append(current_time)
                                    start_by.append(i)
                                    finish.append(current_time)
                                    current_time+=odd
                                    total+=1
                                    CNC_time[i]=current_time
                                    current_time+=clean
                            if i%2==0:
                                    start.append(current_time)
                                    start_by.append(i)
                                    finish.append(current_time)
                                    current_time+=even
                                    total+=1
                                    CNC_time[i]=current_time
                                    current_time+=clean
                                    if i == 8:
                                            current_time += steps[3]
                                    else:
                                            current_time += steps[1]
            print(CNC_time)
        print(total)
        wbk = xlwt.Workbook()
        sheet = wbk.add_sheet("sheet1")
        for i in range(len(start)):
                sheet.write(i,1,start[i])
                sheet.write(i,0,start_by[i])
        for j in range(len(finish)):
```

```
        sheet.write(j,2,finish[j])
    wbk.save('./data.xls')


if __name__=="__main__":
main()
```

附录 4　二道工序第一组 Python 代码

```
import xlwt


def getmin(list):
    min = list[0]
    for i in list:
        if i < min:
            min = i
    return list.index(min)


def main():
    count=0
    total=0
    steps=[0,20,33,46]
    put=[31,28]
    clean=25
    process=[0,400,378]
#工作时间　process[1]- 第一道工序时间　process[2]-第二道工序时间
    CNC_for=[0,0,0,0,0,0,0,0,0]
    CNC_befor=[0,0,0,0,0,0,0,0,0]
    CNC_start=[0,-28800,-28800,-28800,-28800,-28800,-28800,-28800,
               -28800]        #CNC 开始时间
    CNC_status=[0,0,0,0,0,0,0,0,0]
#CNC 当前状态 0-空　　1-工作中　　2-工作完成
    CNC_type=[0,1,2,1,2,1,2,1,2]
#CNC 的刀片类型　1-第一道刀片　2-第二道刀片
    quest1_list=[]                              #CNC 请求队列
    quest2_list=[]
    RGV_take=0
    RGV_poz=1                               #RGV 当前位置
    RGV_status=1                            #RGV 状态
```

1-空手状态　　　2-持半熟料状态

```
current_time=0                                    #实时时间
wbk=xlwt.Workbook()
sheet=wbk.add_sheet("sheet1")

while True:
    prior = [1000, 1000, 1000, 1000]
    print(current_time)
    if current_time>=28800:                       #程序结束节点
        break
    for i in range(1,9):
        if CNC_status[i]==0:
            if CNC_type[i]==1:
                if i not in quest1_list:
                    quest1_list.append(i)
            else:
                if i not in quest2_list:
                    quest2_list.append(i)
        if CNC_status[i]==1:
            if current_time-CNC_start[i]>=process[CNC_type[i]]:
                CNC_status[i]=2
                if CNC_type[i]==1:
                    if i not in quest1_list:
                        quest1_list.append(i)
                else:
                    if i not in quest2_list:
                        quest2_list.append(i)
    print(quest1_list,quest2_list)
    if RGV_status==1:
        if process[1]>process[2]:
            if len(quest1_list)>0:
                for i, j in enumerate(quest1_list):
                    prior[i] = steps[abs((j + 1) // 2 -
                    RGV_poz)] + put[j % 2]
                goto=quest1_list.pop(getmin(prior))
                RGV_poz = (goto + 1) // 2  #移动
                current_time += steps[abs((goto + 1) // 2
                - RGV_poz)]
                if CNC_status[goto] == 0:
                    current_time += put[goto%2]
```

```python
            CNC_status[goto]=1
            CNC_start[goto]=current_time
            RGV_status = 1
            count+=1
            CNC_for[goto]=count
            sheet.write(CNC_for[goto],0,CNC_for[goto])
            sheet.write(CNC_for[goto], 1, goto)
            sheet.write(CNC_for[goto],2,current_
            time-put[goto%2])
            print(goto, "start" ,count)
        elif CNC_status[goto] == 2:
            current_time += put[goto%2]
            CNC_status[goto] = 1
            CNC_start[goto] = current_time
            RGV_status = 2
            CNC_befor[goto]=CNC_for[goto]
            sheet.write(CNC_befor[goto], 3, current_
            time- put [goto%2])
            count+=1
            CNC_for[goto]=count
            sheet.write(CNC_for[goto],2,cur rent_
            time-put[goto%2])
            sheet.write(CNC_for[goto],1,goto)
            sheet.write(CNC_for[goto],0,CNC_ for
            [goto])
            RGV_take = CNC_befor[goto]
            print(goto, "tofinish",CNC_befor [goto],
            "start", CNC _for[goto])
    elif len(quest2_list)>0:
        for i, j in enumerate(quest2_list):
            prior[i] = steps[abs((j + 1) // 2 - RGV_
            poz)] + put[j % 2]
        goto = quest2_list.pop(getmin(prior))
        RGV_poz = (goto + 1) // 2    #移动
        current_time += steps[abs((goto + 1) // 2 -
        RGV_poz)]
        if CNC_status[goto] == 0:
            pass
        elif CNC_status[goto] == 2:
            current_time += put[goto%2] + clean
```

```
                    CNC_status[goto] = 0
                    CNC_befor[goto]=CNC_for[goto]
                    CNC_for[goto]=0
                    RGV_status = 1
                    sheet.write(CNC_befor[goto],6,current_
                    time-clean-put[goto%2])
                    print(goto, "finish", CNC_befor[goto])
                    total += 1
            else:
                pass
        else:
            if len(quest2_list)>0 and (CNC_status[2]==2 or CNC_
            status [4]==2 or CNC_status[6]==2 or CNC_status
            [8]==2):
                for i, j in enumerate(quest2_list):
                    if CNC_status[j]==0:
                        pass
                    else:
                        prior[i] = steps[abs((j + 1) // 2 -
                        RGV_poz)] + put[j % 2]
                goto = quest2_list.pop(getmin(prior))
                RGV_poz = (goto + 1) // 2   #移动
                current_time += steps[abs((goto + 1) // 2
                - RGV_poz)]
                if CNC_status[goto] == 0:
                    pass
                elif CNC_status[goto] == 2:
                    current_time += put[goto%2] + clean
                    CNC_status[goto] = 0
                    CNC_start[goto] = current_time
                    CNC_befor[goto]=CNC_for[goto]
                    RGV_status = 1
                    sheet.write(CNC_befor[goto], 6, current_
                    time - clean)
                    print(goto, "finish" ,CNC_befor[goto])
                    total += 1
            elif len(quest1_list)>0:
                for i, j in enumerate(quest1_list):
                    prior[i] = steps[abs((j + 1) // 2 -
                    RGV_poz)] + put[j % 2]
```

```python
        goto = quest1_list.pop(getmin(prior))
        RGV_poz = (goto + 1) // 2  #移动
        current_time += steps[abs((goto + 1) // 2
        - RGV_poz)]
        if CNC_status[goto] == 0:
            current_time += put[goto%2]
            CNC_status[goto] = 1
            CNC_start[goto] = current_time
            count+=1
            CNC_for[goto]=count
            RGV_status = 1
            sheet.write(CNC_for[goto],0,CNC_for
            [goto])
            sheet.write(CNC_for[goto],1,goto)
            sheet.write(CNC_for[goto],2,current_
            time-put[goto%2])
            print(goto, "start" ,CNC_for[goto])
        elif CNC_status[goto] == 2:
            current_time += put[goto%2]
            CNC_status[goto] = 1
            CNC_start[goto] = current_time
            CNC_befor[goto]=CNC_for[goto]
            count+=1
            CNC_for[goto]=count
            RGV_status =2
            RGV_take=CNC_befor[goto]
            sheet.write(CNC_befor[goto],3,current_
            time-put[g oto%2])
            sheet.write(CNC_for[goto],2,current_
            time-put[goto%2])
            sheet.write(CNC_for[goto],1,goto)
            sheet.write(CNC_for[goto], 0, CNC_for.
            [goto])
            print(goto, "finish",CNC_befor[goto],
            "start",CNC_for[goto])
            total += 1
    else:
            pass
elif RGV_status==2:                        #持半成品状态
    if len(quest2_list)>0:        #第二道工序请求
```

```
                        for i ,j in enumerate(quest2_list):
                            prior[i]=steps[abs((j+1)//2- RGV_poz)] + put
                            [j%2]
                        goto = quest2_list.pop(getmin(prior))
                        RGV_poz=(goto+1)//2                    #移动
                        current_time+=steps[abs((goto+1)//2-RGV_ poz)]
                        if CNC_status[goto]==0:
                            current_time+=put[goto%2]
                            CNC_status[goto] = 1
                            CNC_start[goto] = current_time
                            CNC_for[goto]=RGV_take
                            RGV_status=1
                            sheet.write(CNC_for[goto],5,current_ time-
                            put[goto%2])
                            sheet.write(CNC_for[goto],4,goto)
                            print(goto,"start",CNC_for[goto])
                        elif CNC_status[goto]==2:

                            current_time+=put[goto%2]+clean
                            CNC_status[goto] = 1
                            CNC_start[goto] = current_time
                            CNC_befor[goto]=CNC_for[goto]
                            CNC_for[goto]=RGV_take
                            RGV_status=1
                            sheet.write(CNC_for[goto],5,current_ time-
                            clean-put[go to%2])
                            sheet.write(CNC_for[goto],4,goto)
                            sheet.write(CNC_befor[goto],6,current_time-
                            clean-put[g oto%2])
                        print(goto,"finish",CNC_befor[goto],"start",
                        CNC_for[goto])
                            total+=1

                else:
                    pass


        current_time+=1
    print(quest1_list,quest2_list,current_time,CNC_status)
    print(goto)
    print(total)
    wbk.save("./data2.xls")
```

```
if __name__=="__main__":
main()
```

附录 5　二道工序第二组 Python 代码

```
import xlwt

def getmin(list):
    min = list[0]
    for i in list:
            if i < min:
                    min = i
    return list.index(min)



def main():
    count=0
    total=0
    steps=[0,23,41,59]
    put=[35,30]
    clean=30
    process=[0,280,500]
#工作时间  process[1]-第一道工序时间  process[2]-第二道工序时间
    CNC_for=[0,0,0,0,0,0,0,0,0]
    CNC_befor=[0,0,0,0,0,0,0,0,0]
    CNC_start=[0,-28800,-28800,-28800,-28800,-28800,-28800,-28800,
                -28800]        #CNC 开始时间
    CNC_status=[0,0,0,0,0,0,0,0,0]
#CNC 当前状态   0-空    1-工作中    2-工作完成
    CNC_type=[0,1,2,1,2,1,2,1,2]
#CNC 的刀片类型  1-第一道刀片  2-第二道刀片
    quest1_list=[]                              #CNC 请求队列
    quest2_list=[]
    RGV_take=0
    RGV_poz=1                                  #RGV 当前位置
    RGV_status=1                               #RGV 状态
    1-空手状态    2-持半熟料状态
    current_time=0                             #实时时间
    wbk=xlwt.Workbook()
```

```
sheet=wbk.add_sheet("sheet1")

while True:
    prior = [1000, 1000, 1000, 1000]
    print(current_time)
    if current_time>=28800:                      #程序结束节点
        break
    for i in range(1,9):
        if CNC_status[i]==0:
            if CNC_type[i]==1:
                if i not in quest1_list:
                    quest1_list.append(i)
            else:
                if i not in quest2_list:
                    quest2_list.append(i)
        if CNC_status[i]==1:
            if current_time-CNC_start[i]>=process[CNC_type[i]]:
                CNC_status[i]=2
                if CNC_type[i]==1:
                    if i not in quest1_list:
                        quest1_list.append(i)
                else:
                    if i not in quest2_list:
                        quest2_list.append(i)
    print(quest1_list,quest2_list)
    if RGV_status==1:
        if process[1]>process[2]:
            if len(quest1_list)>0:
                for i, j in enumerate(quest1_list):
                    prior[i] = steps[abs((j + 1) // 2 - RGV_
                    poz)] +put[j % 2]
                goto = quest1_list.pop(getmin(prior))
                RGV_poz = (goto + 1) // 2   #移动
                current_time += steps[abs((goto + 1) // 2
                - RGV_poz)]
                if CNC_status[goto] == 0:
                    current_time += put[goto%2]
                    CNC_status[goto]=1
                    CNC_start[goto]=current_time
                    RGV_status = 1
```

```
                    count+=1
                    CNC_for[goto]=count
                    sheet.write(CNC_for[goto],0,CNC_for[goto])
                    sheet.write(CNC_for[goto], 1, goto)
                    sheet.write(CNC_for[goto],2,current_
                    time-put[goto%2])
                    print(goto, "start" ,count)
                elif CNC_status[goto] == 2:
                    current_time += put[goto%2]
                    CNC_status[goto] = 1
                    CNC_start[goto] = current_time
                    RGV_status = 2
                    CNC_befor[goto]=CNC_for[goto]
                    sheet.write(CNC_befor[goto], 3, current_
                    time-put[g oto%2])
                    count+=1
                    CNC_for[goto]=count
                    sheet.write(CNC_for[goto],2,current_
                    time-put[goto%2])
                    sheet.write(CNC_for[goto],1,goto)
                    sheet.write(CNC_for[goto],0,CNC_for
                    [goto])
                    RGV_take = CNC_befor[goto]
                    print(goto, "tofinish",CNC_befor[goto],
                    "start",CNC _for[goto])
        elif len(quest2_list)>0:
            for i, j in enumerate(quest2_list):
                prior[i] = steps[abs((j + 1) // 2 - RGV_
                poz)] + put[j % 2]
            goto = quest2_list.pop(getmin(prior))
            RGV_poz = (goto + 1) // 2  #移动
            current_time += steps[abs((goto + 1) // 2 -
            RGV_poz)]
            if CNC_status[goto] == 0:
                pass
            elif CNC_status[goto] == 2:
                current_time += put[goto%2] + clean
                CNC_status[goto] = 0
                CNC_befor[goto]=CNC_for[goto]
                CNC_for[goto]=0
```

```
                              RGV_status = 1
                              sheet.write(CNC_befor[goto],6,current_
                              time-clean-put[goto%2])
                              print(goto, "finish", CNC_befor[goto])
                              total += 1
                 else:
                      pass
            else:
                 if len(quest2_list)>0 and (CNC_status[2]==2 or CNC_
                 status[4]==2 or CNC_status[6]==2 or CNC_status
                 [8]==2):
                      for i, j in enumerate(quest2_list):
                           if CNC_status[j]==0:
                                pass
                           else:
                                prior[i] = steps[abs((j + 1) // 2 -
                                RGV_poz)] + put[j % 2]
                      goto = quest2_list.pop(getmin(prior))
                      RGV_poz = (goto + 1) // 2  #移动
                      current_time += steps[abs((goto + 1) // 2
                      - RGV_poz)]
                      if CNC_status[goto] == 0:
                           pass
                      elif CNC_status[goto] == 2:
                           current_time += put[goto%2] + clean
                           CNC_status[goto] = 0
                           CNC_start[goto] = current_time
                           CNC_befor[goto]=CNC_for[goto]
                           RGV_status = 1
                           sheet.write(CNC_befor[goto], 6, current_
                           time - clean)
                           print(goto, "finish" ,CNC_befor[goto])
                           total += 1
                 elif len(quest1_list)>0:
                      for i, j in enumerate(quest1_list):
                           prior[i] = steps[abs((j + 1) // 2 -
                           RGV_poz)] + put[j % 2]
                      goto = quest1_list.pop(getmin(prior))
                      RGV_poz = (goto + 1) // 2  #移动
                      current_time += steps[abs((goto + 1) // 2
```

```
        - RGV_poz)]
        if CNC_status[goto] == 0:
            current_time += put[goto%2]
            CNC_status[goto] = 1
            CNC_start[goto] = current_time
            count+=1
            CNC_for[goto]=count
            RGV_status = 1
            sheet.write(CNC_for[goto],0,CNC_for
            [goto])
            sheet.write(CNC_for[goto],1,goto)
            sheet.write(CNC_for[goto],2,current_
            time-put[g oto%2])
            print(goto, "start" ,CNC_for[goto])
        elif CNC_status[goto] == 2:
            current_time += put[goto%2]
            CNC_status[goto] = 1
            CNC_start[goto] = current_time
            CNC_befor[goto]=CNC_for[goto]
            count+=1
            CNC_for[goto]=count
            RGV_status =2
            RGV_take=CNC_befor[goto]
            sheet.write(CNC_befor[goto],3,current_
            time-put[go to%2])
            sheet.write(CNC_for[goto],2,current_
            time-put[go to%2])
            sheet.write(CNC_for[goto],1,goto)
            sheet.write(CNC_for[goto], 0, CNC_for
            [goto])
            print(goto, "finish",CNC_befor[goto],
            "start",CNC_ for[goto])
            total += 1
    else:
        pass

elif RGV_status==2:                          #持半成品状态
    if len(quest2_list)>0:          #第二道工序请求
        for i ,j in enumerate(quest2_list):
            prior[i]=steps[abs((j+1)//2-RGV_poz)]+put
```

```
                         [j%2]
                goto = quest2_list.pop(getmin(prior))
                RGV_poz=(goto+1)//2                    #移动
                current_time+=steps[abs((goto+1)//2-RGV_poz)]
                if CNC_status[goto]==0:
                    current_time+=put[goto%2]
                    CNC_status[goto] = 1
                    CNC_start[goto] = current_time
                    CNC_for[goto]=RGV_take
                    RGV_status=1
                    sheet.write(CNC_for[goto],5,current_time-
                    put[goto%2])
                    sheet.write(CNC_for[goto],4,goto)
                    print(goto,"start",CNC_for[goto])
                elif CNC_status[goto]==2:
                    current_time+=put[goto%2]+clean
                    CNC_status[goto] = 1
                    CNC_start[goto] = current_time
                    CNC_befor[goto]=CNC_for[goto]
                    CNC_for[goto]=RGV_take
                    RGV_status=1
                    sheet.write(CNC_for[goto],5,current_time-
                    clean-put[goto%2])
                    sheet.write(CNC_for[goto],4,goto)
                    sheet.write(CNC_befor[goto],6,current_time-
                    clean-put[goto%2])
                print(goto,"finish",CNC_befor[goto],"start",
                CNC_for[goto])
                    total+=1
            else:
                pass

        current_time+=1
    print(quest1_list,quest2_list,current_time,CNC_status)
    print(goto)
    print(total)
    wbk.save("./data2.xls")

if __name__=="__main__":
main()
```

附录 6   二道工序第三组 Python 代码

```python
import xlwt

def getmin(list):
    min = list[0]
    for i in list:
        if i < min:
            min = i
    return list.index(min)



def main():
    count=0
    total=0
    steps=[0,18,32,46]
    put=[32,27]
    clean=25
    process=[0,455,182]
#工作时间  process[1]-第一道工序时间  process[2]-第二道工序时间
    CNC_for=[0,0,0,0,0,0,0,0,0]
    CNC_befor=[0,0,0,0,0,0,0,0,0]
    CNC_start=[0,-28800,-28800,-28800,-28800,-28800,-28800,-28800,
            -28800]        #CNC 开始时间
    CNC_status=[0,0,0,0,0,0,0,0,0]
#CNC 当前状态    0-空    1-工作中    2-工作完成
    CNC_type=[0,1,2,1,2,1,2,1,2]
#CNC 的刀片类型  1-第一道刀片  2-第二道刀片
    quest1_list=[]                        #CNC 请求队列
    quest2_list=[]
    GV_take=0
    RGV_poz=1                             #RGV 当前位置
    RGV_status=1
#RGV 状态   1-空手状态    2-持半熟料状态
    current_time=0                        #实时时间
    wbk=xlwt.Workbook()
    sheet=wbk.add_sheet("sheet1")

    while True:
```

```
prior = [1000, 1000, 1000, 1000]
print(current_time)
if current_time>=28800:                    #程序结束节点
    break
for i in range(1,9):
    if CNC_status[i]==0:
        if CNC_type[i]==1:
            if i not in quest1_list:
                quest1_list.append(i)
        else:
            if i not in quest2_list:
                quest2_list.append(i)
    if CNC_status[i]==1:
        if current_time-CNC_start[i]>=process[CNC_type[i]]:
            CNC_status[i]=2
            if CNC_type[i]==1:
                if i not in quest1_list:
                    quest1_list.append(i)
            else:
                if i not in quest2_list:
                    quest2_list.append(i)
print(quest1_list,quest2_list)
if RGV_status==1:
    if process[1]>process[2]:
        if len(quest1_list)>0:
            for i, j in enumerate(quest1_list):
                prior[i] = steps[abs((j + 1) // 2 - RGV_
                poz)] + put[j % 2]
            goto = quest1_list.pop(getmin(prior))
            RGV_poz = (goto + 1) // 2  # 移动
            current_time += steps[abs((goto + 1) // 2
            - RGV_poz)]
            if CNC_status[goto] == 0:
                current_time += put[goto%2]
                CNC_status[goto]=1
                CNC_start[goto]=current_time
                RGV_status = 1
                count+=1
                CNC_for[goto]=count
                sheet.write(CNC_for[goto],0,CNC_for[goto])
```

```
                    sheet.write(CNC_for[goto], 1, goto)
                    sheet.write(CNC_for[goto],2,current_
                    time-put[goto%2])
                    print(goto, "start" ,count)
            elif CNC_status[goto] == 2:
                    current_time += put[goto%2]
                    CNC_status[goto] = 1
                    CNC_start[goto] = current_time
                    RGV_status = 2
                    CNC_befor[goto]=CNC_for[goto]
                    sheet.write(CNC_befor[goto], 3, current_
                    time-put[g oto%2])
                    count+=1
                    CNC_for[goto]=count
                    sheet.write(CNC_for[goto],2,current_
                    time-put[goto%2])
                    sheet.write(CNC_for[goto],1,goto)
                    sheet.write(CNC_for[goto],0,CNC_for
                    [goto])
                    RGV_take = CNC_befor[goto]
                    print(goto, "tofinish",CNC_befor[goto],
                        "start",CNC_for[goto])
        elif len(quest2_list)>0:
                for i, j in enumerate(quest2_list):
                    prior[i] = steps[abs((j + 1) // 2 - RGV_
                    poz)] + put[j % 2]
                goto = quest2_list.pop(getmin(prior))
                RGV_poz = (goto + 1) // 2  #移动
                current_time += steps[abs((goto + 1) // 2 -
                RGV_poz)]
                if CNC_status[goto] == 0:
                    pass
                elif CNC_status[goto] == 2:
                    current_time += put[goto%2] + clean
                    CNC_status[goto] = 0
                    CNC_befor[goto]=CNC_for[goto]
                    CNC_for[goto]=0
                    RGV_status = 1
                    sheet.write(CNC_befor[goto],6,current_
                    time-clean-put[goto%2])
```

```
                        print(goto, "finish", CNC_befor[goto])
                        total += 1
            else:
                pass
        else:
            if len(quest2_list)>0 and (CNC_status[2]==2 or CNC_
            status[4]==2 or CNC_status[6]==2 or CNC_status
            [8]==2):
                for i, j in enumerate(quest2_list):
                    if CNC_status[j]==0:
                        pass
                    else:
                        prior[i] = steps[abs((j + 1) // 2 -
                        RGV_ poz)] + put[j % 2]
                goto = quest2_list.pop(getmin(prior))
                RGV_poz = (goto + 1) // 2  #移动
                current_time += steps[abs((goto + 1) // 2 -
                RGV_poz)]
                if CNC_status[goto] == 0:
                    pass
                elif CNC_status[goto] == 2:
                    current_time += put[goto%2] + clean
                    CNC_status[goto] = 0
                    CNC_start[goto] - current_time
                    CNC_befor[goto]=CNC_for[goto]
                    RGV_status = 1
                    sheet.write(CNC_befor[goto], 6, current_
                    time - clean)
                    print(goto, "finish" ,CNC_befor[goto])
                    total += 1
        elif len(quest1_list)>0:
            for i, j in enumerate(quest1_list):
                prior[i] = steps[abs((j + 1) // 2 -
                RGV_poz)] + put[j % 2]
            goto = quest1_list.pop(getmin(prior))
            RGV_poz = (goto + 1) // 2   #移动
            current_time += steps[abs((goto + 1) // 2 -
            RGV_poz)]
            if CNC_status[goto] == 0:
                current_time += put[goto%2]
```

```
                    CNC_status[goto] = 1
                    CNC_start[goto] = current_time
                    count+=1
                    CNC_for[goto]=count
                    RGV_status = 1
                    sheet.write(CNC_for[goto],0,CNC_for
                    [goto])
                    sheet.write(CNC_for[goto],1,goto)
                    sheet.write(CNC_for[goto],2,current_
                    time-put[goto%2])
                    print(goto, "start" ,CNC_for[goto])
                elif CNC_status[goto] == 2:
                    current_time += put[goto%2]
                    CNC_status[goto] = 1
                    CNC_start[goto] = current_time
                    CNC_befor[goto]=CNC_for[goto]
                    count+=1
                    CNC_for[goto]=count
                    RGV_status =2
                    RGV_take=CNC_befor[goto]
                    sheet.write(CNC_befor[goto],3,current_
                    time-put[go to%2])
                    sheet.write(CNC_for[goto],2,current_
                    time-put[goto%2])
                    sheet.write(CNC_for[goto],1,goto)
                    sheet.write(CNC_for[goto], 0, CNC_for
                    [goto])
                    print(goto, "finish",CNC_befor[goto],
                    "start",CNC_ for[goto])
                    total += 1
        else:
            pass

elif RGV_status==2:                         #持半成品状态
    if len(quest2_list)>0:          #第二道工序请求
        for i ,j in enumerate(quest2_list):
            prior[i]=steps[abs((j+1)//2-RGV_poz)]+put
            [j%2]
        goto = quest2_list.pop(getmin(prior))
        RGV_poz=(goto+1)//2                     #移动
```

```
                    current_time+=steps[abs((goto+1)//2-RGV_poz)]
                    if CNC_status[goto]==0:
                        current_time+=put[goto%2]
                        CNC_status[goto] = 1
                        CNC_start[goto] = current_time
                        CNC_for[goto]=RGV_take
                        RGV_status=1
                        sheet.write(CNC_for[goto],5,current_time-
                        put[goto%2])
                        sheet.write(CNC_for[goto],4,goto)
                        print(goto,"start",CNC_for[goto])
                    elif CNC_status[goto]==2:
                        current_time+=put[goto%2]+clean
                        CNC_status[goto] = 1
                        CNC_start[goto] = current_time
                        CNC_befor[goto]=CNC_for[goto]
                        CNC_for[goto]=RGV_take
                        RGV_status=1
                        sheet.write(CNC_for[goto],5,current_time-
                        clean-put[go to%2])
                        sheet.write(CNC_for[goto],4,goto)
                        sheet.write(CNC_befor[goto],6,current_time-
                        clean-put[g oto%2])
                    print(goto,"finish",CNC_befor[goto],"start",
                    CNC_for[goto])
                        total+=1
                else:
                    pass

        current_time+=1
    print(quest1_list,quest2_list,current_time,CNC_status)
    print(goto)
    print(total)
    wbk.save("./data2.xls")


if __name__=="__main__":
main()
```

附录 7　一道工序故障第一组 Python 代码

```
#一道程序的故障情况
```

```python
import xlwt
import random

def getmin(list):
    min = list[0]
    for i in list:
        if i < min:
            min = i
    return list.index(min)


def main():
    working_time=560
    steps=[0,20,33,46]
    puts=[31,28]
    clean=25
    CNC_status=[0,0,0,0,0,0,0,0,0]          #-1 代表异常
    CNC_start=[0,0,0,0,0,0,0,0,0]
    CNC_start_wrong=[28801,28801,28801,28801,28801,28801,28801,
    28801,28801]
    CNC_wrong_time=[0,0,0,0,0,0,0,0,0]
    CNC_for=[0,0,0,0,0,0,0,0,0]
    CNC_befor=[0,0,0,0,0,0,0,0,0]
    RGV_poz=1
    quest_list=[]
    current_time=0
    count=0
    count_mistake=-1
    wbk=xlwt.Workbook()
    sheet1=wbk.add_sheet("sheet1")
    sheet2=wbk.add_sheet("sheet2")

    while True:
        prior=[1000,1000,1000,1000,1000,1000,1000,1000]
        print(CNC_status)
        print(current_time)
        if current_time>=28800:
            break
        for i in range(1,9):
            if CNC_status[i]==-1:
```

```
                if current_time-CNC_start_wrong[i]>= CNC_wrong_
                time[i]:
                        CNC_status[i]=0
                        CNC_start_wrong[i]=28801
            if CNC_status[i]==0:
                if i not in quest_list:
                    quest_list.append(i)
            elif CNC_status[i]==1:
                if CNC_start_wrong[i]<=current_time:
                    CNC_status[i]=-1
                elif current_time-CNC_start[i]>=working_time:
                    CNC_status[i]=2
            if CNC_status[i]==2:
                if i not in quest_list:
                    quest_list.append(i)

        if len(quest_list)>0:
            for i ,j in enumerate(quest_list):
                prior[i]=steps[abs((j+1)//2-RGV_poz)]+puts[j%2]
            goto = quest_list.pop(getmin(prior))
            RGV_poz=(goto+1)//2
            current_time += steps[abs((goto + 1) // 2 - RGV_poz)]
            if CNC_status[goto]==0:
                count+=1
                current_time+=puts[goto%2]
                if random.randint(0,1000)<=10:
                    CNC_start_wrong[goto] = current_time +
                    random.randint (0, working_time)
                    CNC_wrong_time[goto] = random.randint(600,
                    1200)
                    count_mistake += 1
                    sheet2.write(count_mistake, 0, count)
                    sheet2.write(count_mistake, 1, goto)
                    sheet2.write(count_mistake, 2, CNC_start_
                    wrong[goto])
                    finish = CNC_start_wrong[goto]_+_CNC_wrong_
                    time [goto]
                    sheet2.write(count_mistake, 3, finish)
                CNC_start[goto]=current_time
                CNC_status[goto]=1
```

```
            CNC_for[goto]=count
            sheet1.write(CNC_for[goto],0,CNC_for[goto])
            sheet1.write(CNC_for[goto],1,goto)
            sheet1.write(CNC_for[goto],2,current_time-
            puts[goto%2])
        elif CNC_status[goto]==2:
            count+=1
            current_time += puts[goto % 2]
            if random.randint(0,1000)<=10:
                CNC_start_wrong[goto]=current_time+random.
                randint(0,working_time)
                CNC_wrong_time[goto]=random.randint(600,
                1200)
                count_mistake+=1
                sheet2.write(count_mistake,0,count)
                sheet2.write(count_mistake,1,goto)
                sheet2.write(count_mistake,2,CNC_start_
                wrong[goto])
                finish=CNC_start_wrong[goto]+CNC_wrong_
                time[goto]
                sheet2.write(count_mistake,3,finish)
            CNC_befor[goto]=CNC_for[goto]
            CNC_for[goto]=count
            sheet1.write(CNC_befor[goto],3,current_time-
            puts[goto%2])
            sheet1.write(CNC_for[goto], 0, CNC_for[goto])
            sheet1.write(CNC_for[goto], 1, goto)
            sheet1.write(CNC_for[goto], 2, current_time -
            puts[goto % 2])
            CNC_start[goto]=current_time
            CNC_status[goto]=1

            current_time+=clean


    else:
            current_time+=1
    wbk.save("./mistake1.xls")


if __name__=="__main__":
main()
```

附录 8　一道工序故障第二组 Python 代码

```python
def main():
    working_time=580
    steps=[0,23,41,59]
    puts=[35,30]
    clean=30
    CNC_status=[0,0,0,0,0,0,0,0,0]         #-1代表异常
    CNC_start=[0,0,0,0,0,0,0,0,0]
    CNC_start_wrong=[28801,28801,28801,28801,28801,28801,28801,
    28801,28801]
    CNC_wrong_time=[0,0,0,0,0,0,0,0,0,0]
    CNC_for=[0,0,0,0,0,0,0,0,0,0]
    CNC_befor=[0,0,0,0,0,0,0,0,0,0]
    RGV_poz=1
    quest_list=[]
    current_time=0
    count=0
    count_mistake=-1
    wbk=xlwt.Workbook()
    sheet1=wbk.add_sheet("sheet1")
    sheet2=wbk.add_sheet("sheet2")

    while True:
        prior=[1000,1000,1000,1000,1000,1000,1000,1000]
        print(CNC_status)
        print(current_time)
        if current_time>=28800:
            break
        for i in range(1,9):
            if CNC_status[i]==-1:
                if current_time-CNC_start_wrong[i]>=CNC_wrong_
                time[i]:
                    CNC_status[i]=0
                    CNC_start_wrong[i]=28801
            if CNC_status[i]==0:
                if i not in quest_list:
                    quest_list.append(i)
            elif CNC_status[i]==1:
                if CNC_start_wrong[i]<=current_time:
```

```
            CNC_status[i]=-1
        elif current_time-CNC_start[i]>=working_time:
            CNC_status[i]=2
    if CNC_status[i]==2:
        if i not in quest_list:
            quest_list.append(i)


if len(quest_list)>0:
    for i ,j in enumerate(quest_list):
        prior[i]=steps[abs((j+1)//2-RGV_poz)]+puts[j%2]
    goto = quest_list.pop(getmin(prior))
    RGV_poz=(goto+1)//2
    current_time += steps[abs((goto + 1) // 2 - RGV_poz)]
    if CNC_status[goto]==0:
        count+=1
        current_time+=puts[goto%2]
        if random.randint(0,1000)<=10:
            CNC_start_wrong[goto] = current_time +
            random.randint (0, working_time)
            CNC_wrong_time[goto] = random.randint(600,
            1200)
            count_mistake += 1
            sheet2.write(count_mistake, 0, count)
            sheet2.write(count_mistake, 1, goto)
            sheet2.write(count_mistake, 2, CNC_start_
            wrong[goto])
            finish = CNC_start_wrong[goto] + CNC_wrong_
            time [goto]
            sheet2.write(count_mistake, 3, finish)
        CNC_start[goto]=current_time
        CNC_status[goto]=1
        CNC_for[goto]=count
        sheet1.write(CNC_for[goto],0,CNC_for[goto])
        sheet1.write(CNC_for[goto],1,goto)
        sheet1.write(CNC_for[goto],2,current_time-
        puts[goto%2])
    elif CNC_status[goto]==2:
        count+=1
        current_time += puts[goto % 2]
        if random.randint(0,1000)<=10:
```

```
                              CNC_start_wrong[goto]=current_time+random.
                              randint(0,working_time)
                              CNC_wrong_time[goto]=random.randint(600,
                              1200)
                              count_mistake+=1
                              sheet2.write(count_mistake,0,count)
                              sheet2.write(count_mistake,1,goto)
                              sheet2.write(count_mistake,2,CNC_start_
                              wrong[goto])
                              finish=CNC_start_wrong[goto]+CNC_wrong_
                              time[goto]
                              sheet2.write(count_mistake,3,finish)
                         CNC_befor[goto]=CNC_for[goto]
                         CNC_for[goto]=count
                         sheet1.write(CNC_befor[goto],3,current_time-
                         puts[goto%2])
                         sheet1.write(CNC_for[goto], 0, CNC_for[goto])
                         sheet1.write(CNC_for[goto], 1, goto)
                         sheet1.write(CNC_for[goto], 2, current_time -
                         puts[goto % 2])
                         CNC_start[goto]=current_time
                         CNC_status[goto]=1

                         current_time+=clean

              else:
                         current_time+=1
         wbk.save("./mistake1.xls")

if __name__=="__main__":
main()
```

附录 9　一道工序故障第三组 Python 代码

```
#一道程序的故障情况
import xlwt
import random

def getmin(list):
    min = list[0]
    for i in list:
```

```
        if i < min:
            min = i
    return list.index(min)


def main():
    working_time=545
    steps=[0,18,32,46]
    puts=[32,27]
    clean=25
    CNC_status=[0,0,0,0,0,0,0,0,0]        #-1 代表异常
    CNC_start=[0,0,0,0,0,0,0,0,0]
    CNC_start_wrong=[28801,28801,28801,28801,28801,28801,28801,
    28801,28801]
    CNC_wrong_time=[0,0,0,0,0,0,0,0,0]
    CNC_for=[0,0,0,0,0,0,0,0,0]
    CNC_befor=[0,0,0,0,0,0,0,0,0]
    RGV_poz=1
    quest_list=[]
    current_time=0
    count=0
    count_mistake=-1
    wbk=xlwt.Workbook()
    sheet1=wbk.add_sheet("sheet1")
    sheet2=wbk.add_sheet("sheet2")

    while True:
        prior=[1000,1000,1000,1000,1000,1000,1000,1000]
        print(CNC_status)
        print(current_time)
        if current_time>=28800:
            break
        for i in range(1,9):
            if CNC_status[i]==-1:
                if current_time-CNC_start_wrong[i]>=CNC_wrong_
                time[i]:
                    CNC_status[i]=0
                    CNC_start_wrong[i]=28801
            if CNC_status[i]==0:
                if i not in quest_list:
```

```
                    quest_list.append(i)
            elif CNC_status[i]==1:
                if CNC_start_wrong[i]<=current_time:
                    CNC_status[i]=-1
                elif current_time-CNC_start[i]>=working_time:
                    CNC_status[i]=2
            if CNC_status[i]==2:
                if i not in quest_list:
                    quest_list.append(i)

    if len(quest_list)>0:
        for i ,j in enumerate(quest_list):
            prior[i]=steps[abs((j+1)//2-RGV_poz)]+puts[j%2]
        goto = quest_list.pop(getmin(prior))
        RGV_poz=(goto+1)//2
        current_time += steps[abs((goto + 1) // 2 - RGV_poz)]
        if CNC_status[goto]==0:
            count+=1
            current_time+=puts[goto%2]
            if random.randint(0,1000)<=10:
                CNC_start_wrong[goto] = current_time +
                random.randint(0, working_time)
                CNC_wrong_time[goto] = random.randint(600,
                1200)
                count_mistake += 1
                sheet2.write(count_mistake, 0, count)
                sheet2.write(count_mistake, 1, goto)
                sheet2.write(count_mistake, 2, CNC_start_
                wrong[goto])
                finish = CNC_start_wrong[goto] + CNC_wrong_
                time [goto]
                sheet2.write(count_mistake, 3, finish)
            CNC_start[goto]=current_time
            CNC_status[goto]=1
            CNC_for[goto]=count
            sheet1.write(CNC_for[goto],0,CNC_for[goto])
            sheet1.write(CNC_for[goto],1,goto)
            sheet1.write(CNC_for[goto],2,current_time-
            puts[goto%2])
        elif CNC_status[goto]==2:
```

```
                    count+=1
                    current_time += puts[goto % 2]
                    if random.randint(0,1000)<=10:
CNC_start_wrong[goto]=current_time+random.randint(0,working_time)
                            CNC_wrong_time[goto]=random.randint(600,
                            1200)
                            count_mistake+=1
                            sheet2.write(count_mistake,0,count)
                            sheet2.write(count_mistake,1,goto)
                            sheet2.write(count_mistake,2,CNC_start_w
                            rong[goto])
                            finish=CNC_start_wrong[goto]+CNC_wrong_
                            time[goto]
                            sheet2.write(count_mistake,3,finish)
                    CNC_befor[goto]=CNC_for[goto]
                    CNC_for[goto]=count
                    sheet1.write(CNC_befor[goto],3,current_time-
                    puts[goto%2])
                    sheet1.write(CNC_for[goto], 0, CNC_for[goto])
                    sheet1.write(CNC_for[goto], 1, goto)
                    sheet1.write(CNC_for[goto], 2, current_time -
                    puts[goto % 2])
                    CNC_start[goto]=current_time
                    CNC_status[goto]=1

                    current_time+=clean


            else:
                    current_time+=1
        wbk.save("./mistake1.xls")


if __name__=="__main__":
main()
```

附录 10   二道工序故障第一组 Python 代码

#两道工序下的故障情况

```
import xlwt
import random
```

```
def getmin(list):
    min = list[0]
    for i in list:
        if i < min:
            min = i
    return list.index(min)



def main():
    count=0
    total=0
    steps=[0,20,33,46]
    put=[31,28]
    clean=25
    process=[0,400,378]
```
#工作时间　process[1]-第一道工序时间　process[2]-第二道工序时间
```
    CNC_for=[0,0,0,0,0,0,0,0,0]
    CNC_befor=[0,0,0,0,0,0,0,0,0]
    CNC_start_wrong = [28801,28801,28801,28801,28801,28801,28801,
                       28801,28801]
    CNC_wrong_time = [0,0,0,0,0,0,0,0,0]
    CNC_start=[0,-28800,-28800,-28800,-28800,-28800,-28800,-28800,
               -28800]           #CNC 开始时间
    CNC_status=[0,0,0,0,0,0,0,0,0]
```
#CNC 当前状态　0-空　1-工作中　2-工作完成　-1-故障中
```
    CNC_type=[0,1,2,1,2,1,2,1,2]
```
#CNC 的刀片类型　1-第一道刀片　2-第二道刀片
```
    quest1_list=[]                              #CNC 请求队列
    quest2_list=[]
    RGV_take=0
    RGV_poz=1                                   #RGV 当前位置
    RGV_status=1                                #RGV 状态
    1-空手状态　 2-持半熟料状态
    current_time=0                              #实时时间
    mistake_count=0
    wbk=xlwt.Workbook()
    sheet=wbk.add_sheet("sheet1")
    sheet2=wbk.add_sheet("sheet2")
```

```
while True:
    prior = [1000, 1000, 1000, 1000]
    print(current_time)
    if current_time>=28800:                #程序结束节点
        break
    for i in range(1,9):
        if CNC_status[i]==-1:
            if current_time-CNC_start_wrong[i]>= CNC_wrong_
            time[i]:
                CNC_status[i]=0
                CNC_start_wrong[i]=28801
        if CNC_status[i]==0:
            if CNC_type[i]==1:
                if i not in quest1_list:
                    quest1_list.append(i)

            else:
                if i not in quest2_list:
                    quest2_list.append(i)
        if CNC_status[i]==1:
            if CNC_start_wrong[i]<=current_time:
                CNC_status[i]=-1
            elif current_time-CNC_start[i]>=process[CNC_
            type[i]]:
                CNC_status[i]=2
                if CNC_type[i]==1:
                    if i not in quest1_list:
                        quest1_list.append(i)
                else:
                    if i not in quest2_list:
                        quest2_list.append(i)
    print(quest1_list,quest2_list)
    if RGV_status==1:
        if process[1]>process[2]:
            if len(quest1_list)>0:
                for i, j in enumerate(quest1_list):
                    prior[i] = steps[abs((j + 1) // 2 - RGV_
                    poz)] + put[j % 2]
                goto = quest1_list.pop(getmin(prior))
```

```
RGV_poz = (goto + 1) // 2  #移动
current_time += steps[abs((goto + 1) // 2 -
RGV_poz)]
if CNC_status[goto] == 0:
    current_time += put[goto%2]
    CNC_status[goto]=1
    CNC_start[goto]=current_time
    RGV_status = 1
    count+=1
    CNC_for[goto]=count
    if random.randint(0, 1000) <= 10:
        CNC_start_wrong[goto] = current_
        time + ran dom.randint(0, process
        [CNC_type[goto]])
        CNC_wrong_time[goto] = random.
        randint(600, 1200)
        mistake_count += 1
        sheet2.write(mistake_count, 0, count)
        sheet2.write(mistake_count, 1, goto)
        sheet2.write(mistake_count, 2, CNC_
        start_wrong[goto])
        finish = CNC_start_wrong[goto] +
        CNC_wrong_time[goto]
        sheet2.write(mistake_count, 3, finish)
    sheet.write(CNC_for[goto],0,CNC_for
    [goto])
    sheet.write(CNC_for[goto], 1, goto)
    sheet.write(CNC_for[goto],2,current_
    time-put[goto%2])
    print(goto, "start" ,count)
elif CNC_status[goto] == 2:
    current_time += put[goto%2]
    CNC_status[goto] = 1
    CNC_start[goto] = current_time
    RGV_status = 2
    CNC_befor[goto]=CNC_for[goto]
    sheet.write(CNC_befor[goto], 3, current_
    time-put[g oto%2])
    count+=1
    CNC_for[goto]=count
```

```
            if random.randint(0, 1000) <= 10:
                CNC_start_wrong[goto] = current_
                time + rand om.randint(0, process
                [CNC_type[goto]])
                CNC_wrong_time[goto] = random.
                randint(600, 1200)
                mistake_count += 1
                sheet2.write(mistake_count, 0, count)
                sheet2.write(mistake_count, 1, goto)
                sheet2.write(mistake_count, 2, CNC_
                start_wrong[goto])
                finish = CNC_start_wrong[goto] +
                CNC_wrong_time[goto]
                sheet2.write(mistake_count, 3, finish)
            sheet.write(CNC_for[goto], 2, current_
            time-put[goto%2])
            sheet.write(CNC_for[goto], 1, goto)
            sheet.write(CNC_for[goto], 0, CNC_for
            [goto])
            RGV_take = CNC_befor[goto]
            print(goto, "tofinish", CNC_befor[goto],
            "start", CNC _for[goto])
    elif len(quest2_list)>0:
        for i, j in enumerate(quest2_list):
            prior[i] = steps[abs((j + 1) // 2 - RGV_
            poz)] + put[j % 2]
        goto = quest2_list.pop(getmin(prior))
        RGV_poz = (goto + 1) // 2   #移动
        current_time += steps[abs((goto + 1) // 2 -
        RGV_poz)]
        if CNC_status[goto] == 0:
            pass
        elif CNC_status[goto] == 2:
            current_time += put[goto%2] + clean
            CNC_status[goto] = 0
            CNC_befor[goto]=CNC_for[goto]
            CNC_for[goto]=0
            RGV_status = 1
            sheet.write(CNC_befor[goto], 6, current_
            time-clean-put[goto%2])
```

```python
                print(goto, "finish", CNC_befor[goto])
                total += 1
        else:
            pass
    else:
        if len(quest2_list)>0 and (CNC_status[2]==2 or CNC_
        status[4] ==2 or CNC_status[6]==2 or CNC_status
        [8]==2):
            for i, j in enumerate(quest2_list):
                if CNC_status[j]==0:
                    pass
                else:
                    prior[i] = steps[abs((j + 1) // 2 -
                    RGV_poz)] + put[j % 2]
            goto = quest2_list.pop(getmin(prior))
            RGV_poz = (goto + 1) // 2    #移动
            current_time += steps[abs((goto + 1) // 2 -
            RGV_poz)]
            if CNC_status[goto] == 0:
                pass
            elif CNC_status[goto] == 2:
                current_time += put[goto%2] + clean
                CNC_status[goto] = 0
                CNC_start[goto] = current_time
                CNC_befor[goto]=CNC_for[goto]
                RGV_status = 1
                sheet.write(CNC_befor[goto], 6, current_
                time - clean)
                print(goto, "finish" ,CNC_befor[goto])
                total += 1
        elif len(quest1_list)>0:
            for i, j in enumerate(quest1_list):
                prior[i] = steps[abs((j + 1) // 2 -
                RGV_poz)] + put[j % 2]
            goto = quest1_list.pop(getmin(prior))
            RGV_poz = (goto + 1) // 2    #移动
            current_time += steps[abs((goto + 1) // 2 -
            RGV_poz)]
            if CNC_status[goto] == 0:
                current_time += put[goto%2]
```

```
                CNC_status[goto] = 1
                CNC_start[goto] = current_time
                count+=1
                CNC_for[goto]=count
                if random.randint(0, 1000) <= 10:
                        CNC_start_wrong[goto] = current_
                        time + rand om.randint(0, process
                        [CNC_type[goto]])
                        CNC_wrong_time[goto] = random.
                        randint(600, 1200)
                        mistake_count += 1
                        sheet2.write(mistake_count, 0, count)
                        sheet2.write(mistake_count, 1, goto)
                        sheet2.write(mistake_count, 2, CNC_
                        start_wrong[goto])
                        finish = CNC_start_wrong[goto] +
                        CNC_wrong_time[goto]
                        sheet2.write(mistake_count, 3,finish)
                RGV_status = 1
                sheet.write(CNC_for[goto],0,CNC_for
                [goto])
                sheet.write(CNC_for[goto],1,goto)
                sheet.write(CNC_for[goto],2,current_
                time-put[goto%2])
                print(goto, "start" ,CNC_for[goto])
        elif CNC_status[goto] == 2:
                current_time += put[goto%2]
                CNC_status[goto] = 1
                CNC_start[goto] = current_time
                CNC_befor[goto]=CNC_for[goto]
                count+=1
                CNC_for[goto]=count
                if random.randint(0, 1000) <= 10:
                        CNC_start_wrong[goto] = current_
                        time + rand om.randint(0, process
                        [CNC_type[goto]])
                        CNC_wrong_time[goto] = random.
                        randint(600, 1200)
                        mistake_count += 1
                        sheet2.write(mistake_count, 0, count)
```

```
                              sheet2.write(mistake_count, 1, goto)
                              sheet2.write(mistake_count, 2, CNC_
                              start_wrong[goto])
                              finish = CNC_start_wrong[goto] +
                              CNC_wrong_time[goto]
                              sheet2.write(mistake_count, 3, finish)
                      RGV_status =2
                      RGV_take=CNC_befor[goto]
                      sheet.write(CNC_befor[goto],3,current_
                      time-put[go to%2])
                      sheet.write(CNC_for[goto],2,current_
                      time-put[goto%2])
                      sheet.write(CNC_for[goto],1,goto)
                      sheet.write(CNC_for[goto], 0, CNC_for
                      [goto])
                      print(goto, "finish",CNC_befor[goto],
                      "start",CNC_for[goto])
                      total += 1
              else:
                  pass

    elif RGV_status==2:                           #持半成品状态
        if len(quest2_list)>0:        #第二道工序请求
            for i ,j in enumerate(quest2_list):
                prior[i]=steps[abs((j+1)//2-RGV_poz)]+put
                [j%2]
            goto = quest2_list.pop(getmin(prior))
            RGV_poz=(goto+1)//2                   #移动
            current_time+=steps[abs((goto+1)//2-RGV_poz)]
            if CNC_status[goto]==0:
                current_time+=put[goto%2]
                CNC_status[goto] = 1
                CNC_start[goto] = current_time
                CNC_for[goto]=RGV_take
                RGV_status=1
                if random.randint(0, 1000) <= 10:
                    CNC_start_wrong[goto] = current_time
                    + rando m.randint(0, process[CNC_type
                    [goto]])
                    CNC_wrong_time[goto] = random. randint
```

```
                    (600, 1200)
                    mistake_count += 1
                    sheet2.write(mistake_count, 0, CNC_for
                    [goto])
                    sheet2.write(mistake_count, 1, goto)
                    sheet2.write(mistake_count, 2, CNC_
                    start_wrong[goto])
                    finish = CNC_start_wrong[goto] + CNC_
                    wrong_time[goto]
                    sheet2.write(mistake_count, 3, finish)
                sheet.write(CNC_for[goto],5,current_time-
                put[goto%2])
                sheet.write(CNC_for[goto],4,goto)
                print(goto,"start",CNC_for[goto])
            elif CNC_status[goto]==2:
                current_time+=put[goto%2]+clean
                CNC_status[goto] = 1
                CNC_start[goto] = current_time
                CNC_befor[goto]=CNC_for[goto]
                CNC_for[goto]=RGV_take
                RGV_status=1
                if random.randint(0, 1000) <= 10:
                    CNC_start_wrong[goto] = current_time
                    + random. randint(0, process[CNC_type
                    [goto]])
                    CNC_wrong_time[goto] = random.randint
                    (600, 1200)
                    mistake_count += 1
                    sheet2.write(mistake_count, 0, CNC_for
                    [goto])
                    sheet2.write(mistake_count, 1, goto)
                    sheet2.write(mistake_count, 2, CNC_
                    start_wrong [goto])
                    finish = CNC_start_wrong[goto] + CNC_
                    wrong_tim e[goto]
                    sheet2.write(mistake_count, 3, finish)
                sheet.write(CNC_for[goto],5,current_time-
                clean-put[goto%2])
                sheet.write(CNC_for[goto],4,goto)
                sheet.write(CNC_befor[goto],6, current_time-
```

```
                    clean-put[goto%2])
                    print(goto,"finish",CNC_befor[goto], "start",
                    CNC_for[goto])
                    total+=1
              else:
                    pass
          current_time+=1
      wbk.save("./mistake2.xls")
  if __name__=="__main__":
      main()
```

附录 11   二道工序故障第二组 Python 代码

```
#两道工序下的故障情况
import xlwt
import random
def getmin(list):
    min = list[0]
    for i in list:
        if i < min:
            min = i
    return list.index(min)


def main():
    count=0
    total=0
    steps=[0,23,41,59]
    put=[35,30]
    clean=30
    process=[0,500,280]
#工作时 process[1]-第一道工序时间 process [2]-第二道工序时间
    CNC_for=[0,0,0,0,0,0,0,0,0,0]
    CNC_befor=[0,0,0,0,0,0,0,0,0,0]
    CNC_start_wrong = [28801, 28801, 28801, 28801, 28801, 28801,
28801, 28801, 28801]
    CNC_wrong_time = [0, 0, 0, 0, 0, 0, 0, 0, 0]
    CNC_start=[0,-28800,-28800,-28800,-28800,-28800,-28800,
-28800,-28800]        #CNC 开始时间
    CNC_status=[0,0,0,0,0,0,0,0,0,0]
#CNC 当前状态  0-空 1-工作中 2-工作完成  -1-故障中
    CNC_type=[0,1,2,1,2,1,2,1,2]
```

```
#CNC的刀片类型　1-第一道刀片 2-第二道刀片
        quest1_list=[]                                    #CNC请求队列
        quest2_list=[]
        RGV_take=0
        RGV_poz=1                                         #RGV当前位置
        RGV_status=1           #RGV状态    1-空手状态    2-持半熟料状态
        current_time=0                                    #实时时间
        mistake_count=0
        wbk=xlwt.Workbook()
        sheet=wbk.add_sheet("sheet1")
        sheet2=wbk.add_sheet("sheet2")
        while True:
            prior = [1000, 1000, 1000, 1000]
            print(current_time)
            if current_time>=28800:                       #程序结束节点
                    break
            for i in range(1,9):
                if CNC_status[i]==-1:
                    if current_time-CNC_start_wrong[i]>=CNC_wrong_
                    time[i]:
                        CNC_status[i]=0
                        CNC_start_wrong[i]=28801
                if CNC_status[i]==0:
                    if CNC_type[i]==1:
                        if i not in quest1_list:
                            quest1_list.append(i)

                    else:
                        if i not in quest2_list:
                            quest2_list.append(i)
                if CNC_status[i]==1:
                    if CNC_start_wrong[i]<=current_time:
                        CNC_status[i]=-1
                    elif current_time-CNC_start[i]>=process[CNC_
                    type[i]]:
                        CNC_status[i]=2
                        if CNC_type[i]==1:
                            if i not in quest1_list:
                                quest1_list.append(i)
                        else:
```

```
                    if i not in quest2_list:
                        quest2_list.append(i)
print(quest1_list,quest2_list)
if RGV_status==1:
    if process[1]>process[2]:
        if len(quest1_list)>0:
            for i, j in enumerate(quest1_list):
                prior[i] = steps[abs((j + 1) // 2 -
                RGV_poz)] + put[j % 2]
            goto = quest1_list.pop(getmin(prior))
            RGV_poz = (goto + 1) // 2  #移动
            current_time += steps[abs((goto + 1) // 2 -
            RGV_poz)]
            if CNC_status[goto] == 0:
                current_time += put[goto%2]
                CNC_status[goto]=1
                CNC_start[goto]=current_time
                RGV_status = 1
                count+=1
                CNC_for[goto]=count
                if random.randint(0, 1000) <= 10:
                    CNC_start_wrong[goto] = current_
                    time + random.randint(0, process
                    [CNC_type[goto]])
                    CNC_wrong_time[goto] = random.
                    randint(600, 1200)
                    mistake_count += 1
                    sheet2.write(mistake_count, 0, count)
                    sheet2.write(mistake_count, 1, goto)
                    sheet2.write(mistake_count, 2,
                    CNC_start_wrong[goto])
                    finish = CNC_start_wrong[goto] +
                    CNC_wrong_time[goto]
                    sheet2.write(mistake_count, 3, finish)
                sheet.write(CNC_for[goto],0,CNC_for
                [goto])
                sheet.write(CNC_for[goto], 1, goto)
                sheet.write(CNC_for[goto],2,current_
                time-put[goto%2])
                print(goto, "start" ,count)
```

```
    elif CNC_status[goto] == 2:
        current_time += put[goto%2]
        CNC_status[goto] = 1
        CNC_start[goto] = current_time
        RGV_status = 2
        CNC_befor[goto]=CNC_for[goto]
        sheet.write(CNC_befor[goto], 3, current_
        time-put[goto%2])
        count+=1
        CNC_for[goto]=count
        if random.randint(0, 1000) <= 10:
            CNC_start_wrong[goto] = current_
            time + random.randint(0, process
            [CNC_type[goto]])
            CNC_wrong_time[goto] = random.
            randint(600, 1200)
            mistake_count += 1
            sheet2.write(mistake_count, 0, count)
            sheet2.write(mistake_count, 1, goto)
            sheet2.write(mistake_count, 2, CNC_
            start_wrong[goto])
            finish = CNC_start_wrong[goto] +
            CNC_wrong_time[goto]
            sheet2.write(mistake_count, 3, finish)
        sheet.write(CNC_for[goto],2,current_
        time-put[goto%2])
        sheet.write(CNC_for[goto],1,goto)
        sheet.write(CNC_for[goto],0,CNC_for
        [goto])
        RGV_take = CNC_befor[goto]
        print(goto, "tofinish",CNC_befor[goto],
        "start",CNC _for[goto])
elif len(quest2_list)>0:
    for i, j in enumerate(quest2_list):
        prior[i] = steps[abs((j + 1) // 2 -
        RGV_poz)] + put[j % 2]
    goto = quest2_list.pop(getmin(prior))
    RGV_poz = (goto + 1) // 2   #移动
    current_time += steps[abs((goto + 1) // 2 -
    RGV_poz)]
```

```
                    if CNC_status[goto] == 0:
                        pass
                    elif CNC_status[goto] == 2:
                        current_time += put[goto%2] + clean
                        CNC_status[goto] = 0
                        CNC_befor[goto]=CNC_for[goto]
                        CNC_for[goto]=0
                        RGV_status = 1
                        sheet.write(CNC_befor[goto],6,current_
                        time-clean-put[goto%2])
                        print(goto, "finish", CNC_befor[goto])
                        total += 1
            else:
                pass
        else:
            if len(quest2_list)>0 and (CNC_status[2]==2 or CNC_
            status [4]==2 or CNC_status[6]==2 or CNC_status
            [8]==2):
                for i, j in enumerate(quest2_list):
                    if CNC_status[j]==0:
                        pass
                    else:
                        prior[i] = steps[abs((j + 1) // 2 -
                        RGV_poz)] + put[j % 2]
                goto = quest2_list.pop(getmin(prior))
                RGV_poz = (goto + 1) // 2   #移动
                current_time += steps[abs((goto + 1) // 2 -
                RGV_poz)]
                if CNC_status[goto] == 0:
                    pass
                elif CNC_status[goto] == 2:
                    current_time += put[goto%2] + clean
                    CNC_status[goto] = 0
                    CNC_start[goto] = current_time
                    CNC_befor[goto]=CNC_for[goto]
                    RGV_status = 1
                    sheet.write(CNC_befor[goto], 6, current_
                    time - clean)
                    print(goto, "finish" ,CNC_befor[goto])
                    total += 1
```

```
elif len(quest1_list)>0:
    for i, j in enumerate(quest1_list):
        prior[i] = steps[abs((j + 1) // 2 -
        RGV_poz)] + put[j % 2]
    goto = quest1_list.pop(getmin(prior))
    RGV_poz = (goto + 1) // 2  #移动
    current_time += steps[abs((goto + 1) // 2 -
    RGV_poz)]
    if CNC_status[goto] == 0:
        current_time += put[goto%2]
        CNC_status[goto] = 1
        CNC_start[goto] = current_time
        count+=1
        CNC_for[goto]=count
        if random.randint(0, 1000) <= 10:

            CNC_start_wrong[goto] = current_
            time + rand om.randint(0, process
            [CNC_type[goto]])
            CNC_wrong_time[goto] = random.
            randint(600, 1200)
            mistake_count += 1
            sheet2.write(mistake_count, 0, count)
            sheet2.write(mistake_count, 1, goto)
            sheet2.write(mistake_count, 2, CNC_
            start_wrong[goto])
            finish = CNC_start_wrong[goto] +
            CNC_wrong_time[goto]
            sheet2.write(mistake_count, 3, finish)
        RGV_status = 1
        sheet.write(CNC_for[goto],0,CNC_for
        [goto])
        sheet.write(CNC_for[goto],1,goto)
        sheet.write(CNC_for[goto],2,current_
        time-put[goto%2])
        print(goto, "start" ,CNC_for[goto])
    elif CNC_status[goto] == 2:
        current_time += put[goto%2]
        CNC_status[goto] = 1
        CNC_start[goto] = current_time
```

```
                            CNC_befor[goto]=CNC_for[goto]
                            count+=1
                            CNC_for[goto]=count
                            if random.randint(0, 1000) <= 10:
                                CNC_start_wrong[goto] = current_
                                time + random.randint(0, process
                                [CNC_type[goto]])
                                CNC_wrong_time[goto] = random.
                                randint(600, 1200)
                                mistake_count += 1
                                sheet2.write(mistake_count, 0, count)
                                sheet2.write(mistake_count, 1, goto)
                                sheet2.write(mistake_count, 2, CNC_
                                start_wrong[goto])
                                finish = CNC_start_wrong[goto] +
                                CNC_wrong_time[goto]
                                sheet2.write(mistake_count, 3, finish)
                            RGV_status =2
                            RGV_take=CNC_befor[goto]
                            sheet.write(CNC_befor[goto],3,current_
                            time-put[go to%2])
                            sheet.write(CNC_for[goto],2,current_
                            time-put[goto%2])
                            sheet.write(CNC_for[goto],1,goto)
                            sheet.write(CNC_for[goto], 0, CNC_for
                            [goto])
                            print(goto, "finish",CNC_befor[goto],
                            "start",CNC_for[goto])
                            total += 1
                    else:
                        pass
            elif RGV_status==2:                              #持半成品状态
                if len(quest2_list)>0:       #第二道工序请求
                    for i ,j in enumerate(quest2_list):
                        prior[i]=steps[abs((j+1)//2-RGV_poz)]+put
                        [j%2]
                    goto = quest2_list.pop(getmin(prior))
                    RGV_poz=(goto+1)//2                          #移动
                    current_time+=steps[abs((goto+1)//2-RGV_poz)]
                    if CNC_status[goto]==0:
```

```
current_time+=put[goto%2]
CNC_status[goto] = 1
CNC_start[goto] = current_time
CNC_for[goto]=RGV_take
RGV_status=1
if random.randint(0, 1000) <= 10:
        CNC_start_wrong[goto] = current_time
        + random.randint(0, process[CNC_type
        [goto]])
        CNC_wrong_time[goto] = random.randint
        (600, 1200)
        mistake_count += 1
        sheet2.write(mistake_count, 0, CNC_for
        [goto])
        sheet2.write(mistake_count, 1, goto)
        sheet2.write(mistake_count, 2, CNC_
        start_wrong [goto])
        finish = CNC_start_wrong[goto] + CNC_
        wrong_tim e[goto]
        sheet2.write(mistake_count, 3, finish)
    sheet.write(CNC_for[goto],5,current_time-
    put[goto%2])
    sheet.write(CNC_for[goto],4,goto)
    print(goto,"start",CNC_for[goto])
elif CNC_status[goto]==2:
    current_time+=put[goto%2]+clean
    CNC_status[goto] = 1
    CNC_start[goto] = current_time
    CNC_befor[goto]=CNC_for[goto]
    CNC_for[goto]=RGV_take
    RGV_status=1
    if random.randint(0, 1000) <= 10:
        CNC_start_wrong[goto] = current_time
        + random.randint(0, process[CNC_type
        [goto]])
        CNC_wrong_time[goto] = random.randint
        (600, 1200)
        mistake_count += 1
        sheet2.write(mistake_count, 0, CNC_for
        [goto])
```

```
                    sheet2.write(mistake_count, 1, goto)
                    sheet2.write(mistake_count, 2, CNC_
                    start_wrong[goto])
                    finish = CNC_start_wrong[goto] + CNC_
                    wrong_time[goto]
                    sheet2.write(mistake_count, 3, finish)
                sheet.write(CNC_for[goto],5,current_time-
                clean-put[goto%2])
                sheet.write(CNC_for[goto],4,goto)
                sheet.write(CNC_befor[goto],6,current_ time-
                clean-put[goto%2])
                print(goto,"finish",CNC_befor[goto], "start",
                CNC_for[goto])
                total+=1
            else:
                    pass
        current_time+=1
    wbk.save("./mistake2.xls")


if __name__=="__main__":
main()
```

附录 12　二道工序故障第三组 Python 代码

```
#两道工序下的故障情况
import xlwt
import random
def getmin(list):
    min = list[0]
    for i in list:
        if i < min:
                min = i
    return list.index(min)


def main():
    count=0
    total=0
    steps=[0,18,32,46]
    put=[32,27]
    clean=25
    process=[0,182,455]
```

```
#工作时间  process[1]-第一道工序时间  process[2]-第二道工序时间
    CNC_for=[0,0,0,0,0,0,0,0,0]
    CNC_befor=[0,0,0,0,0,0,0,0,0]
    CNC_start_wrong = [28801, 28801, 28801, 28801, 28801, 28801,
                       28801, 28801, 28801]
    CNC_wrong_time = [0, 0, 0, 0, 0, 0, 0, 0, 0]
    CNC_start=[0,-28800,-28800,-28800,-28800,-28800,-28800,-28800,
               -28800]       #CNC 开始时间
    CNC_status=[0,0,0,0,0,0,0,0,0]
#CNC 当前状态    0-空   1 工作中   2 工作完成   -1-故障中
    CNC_type=[0,1,2,1,2,1,2,1,2]
#CNC 的刀片类型  1-第一道刀片  2-第二道刀片
    quest1_list=[]                                #CNC 请求队列
    quest2_list=[]
    RGV_take=0
    RGV_poz=1                                     #RGV 当前位置
    RGV_status=1      #RGV 状态    1-空手状态    2-持半熟料状态
    current_time=0                                #实时时间
    mistake_count=0
    wbk=xlwt.Workbook()
    sheet=wbk.add_sheet("sheet1")
    sheet2=wbk.add_sheet("sheet2")

    while True:
        prior = [1000, 1000, 1000, 1000]
        print(current_time)
        if current_time>=28800:                   #程序结束节点
            break
        for i in range(1,9):
            if CNC_status[i]==-1:
                if current_time-CNC_start_wrong[i]>=CNC_wrong_
                time[i]:
                    CNC_status[i]=0
                    CNC_start_wrong[i]=28801
            if CNC_status[i]==0:
```

The Challenge and the development of the Goodgrant Foundation

(Students: Fangxue Chen,Tao Tao, Haixin Jin   Adviser: Qiong Zhang

美赛一等奖)

Abstract

The Goodgrant Foundation intends to donate a total of $100,000,000 to an appropriate group of schools per year, for five years to help improve educational performance of undergraduates attending colleges and universities. In this paper, we develop Least squares regression model, TOPSIS comprehensive evaluation model and Markowitz Mean-Variance Model to help it determine an optimal investment strategy.

Firstly, according to the requirements of the problem and the features of the data in the provided data file, we preprocess the data by five steps at section 4, and find a new candidate list which meets Charitable organizations' need.

Secondly, we think the use of funds after investing should make the balance of equality and efficiency, thus constructed a index system to evaluate schools based on the theory of equity and efficiency. Six evaluation indexes including PO are selected at section 5. We define the potential value named PO and develop Least squares regression model to test. The regression result proves that the potential value we have defined is meaningful. And we develop Technique for Order Preference by Similarity to an Ideal Solution(TOPSIS) to put the schools in order, this model is a multi-criteria decision analysis method and avoid the subjectivity which is caused by the artificial determination of the weight. By calculating the comprehensive score of each school and its priority, we chose seven schools of high priority as candidate school.

Thirdly, we develop the Markowitz Mean-Variance Model to determine the optimal investment strategy that identifies the schools, the investment amount per school, the return on that investment, and the time duration. Taking the nature and purpose of this foundation into consideration and according to the data file content information provided by the subject, we use educational performance to measure ROI. In this model, we take the risk aversion and seek Maximize the expected return-on-investment into account, Table 11 and Table 12 in our paper show the determination of optimal investment strategy.

Finally, we extend our model and discuss the strengths and weaknesses of our model. We can draw the conclusion that our model is powerful and reliable.

Keywords: ROI   TOPSIS   Markowitz Mean-Variance Model

1.   Introduction

1.1   Background

With the focus of the government as well as the promotion of the State policies, charitable organizations at home and abroad are gradually on the rise and increasingly improved. Charitable organizations accumulate the funding they have collected and then invest and operate them in different areas through a comprehensive analysis of investment strategy, to fund groups or institutions which are in need.

Developed so far, the overall operation of charitable organizations like foundation has been gradually perfected. However, due to the uncertainties of the future, the diversity and complexity of investment as well as the lack of analysis and understanding of investment targets, the way foundations operate investment are faced with many unpredictable risks and challenges like the loss of revenue and principal, poor efficiency and so on, especially for some small foundations.

To make full use of fund and help improve educational performance of undergraduates attending colleges and universities in the United States, the Goodgrant Foundation intends to donate a total of $100,000,000 (US100 million) to an appropriate group of schools per year, for five years, starting July 2016. In doing so, they do not want to duplicate the investments and focus of other large grant organizations in order to extend the scope of funding.

In this case, a suitable investment strategy is widely expected by many foundations.

1.2   Our Work

According to the background of problem and description, the work we should do includes the following three parts:

I. According to the requirements of the problem and the features of the data in the provided data file, we should preprocess the data.

II. Develop a model to determine an optimal investment strategy. The problem is divided into three parts:

a) According to the requirements of the problem, choose at least one school as candidate school.

b) Identify the schools, the investment amount per school, return on that investment according to the risk minimization principle of Return on Investment (ROI).

c) Identify the time duration that the organization's money should be provided.

III. The content of the optimal investment strategy which we should display:

a) A 1 to N candidate list of schools, including the investment amount per school and the time duration that the organization's money should be provided.

b) An estimated return on investment (ROI) defined in a manner appropriate for a charitable organization such as the Goodgrant Foundation.

According to the above three parts, the problem requirements were shown in the Table 1.

Table 1　Analysis on the Problem Requirements

Requirement Type	Content
Specific requirements	1. Try not to duplicate the investments and focus of other large grant organizations
	2. Prioritize schools which have great potential for effective use of private funding
Potential requirements	3. Determine the allocation of the education investment fund according to the risk minimization principle of return on investment (ROI)
	4. Since the foundation is a charitable organization, the return on investment should pay more attention to social benefit

2.　Assumptions

1) Supposing that the foundation's donation is a pure public welfare project, the investment return is social benefit rather than economic benefit.

2) Supposing that there are two kinds of schools in which the donor is invested, there are types of students who are poor in family and rich in family.

3) Supposing that the annual investment is unchanged.

4) Supposing the values of each index were not changed in the short term.

3.   Symbol Description

In this section, we use some symbols for constructing the model as follows.

Symbol	Symbol Description
C_i	The approaching degree between each evaluation object with the optimal determination
Z_{ij}	The matrix valued of the normalization
PO	Potential value
PO^*	The average potential value
R_p	The return on investment efficiency of the fun
R	The return on investment of efficiency matrix of the schools who is funded
R_i	The return on investment of efficiency of school i
w	The vector of the schools funding's rate
w_i	The ratio of the school i funding
$\delta^2(R_p)$	The variance of funding portfolio
t_i	The duration of the investment on the school i
Ω	Covariance matrix of return on investments of all schools
min R	The minimum value of the investment risk

Note: Other symbols instructions will be given in the text.

4.   Data preprocessing

In this part, we processed data step by step according to the problem requirements and related literature which we consulted. Specific steps are shown in Figure 1.

Step 1. Extract the subset of two data sets

First, we select out the candidate schools in the College Scored data set and the College Scored data set which were provided by the U.S. National Center on Education Statistics as the qualified schools.

Step 2. Extract schools who awarded bachelor's degree

Since the Goodgrant Foundation wants to help improve educational performance of undergraduates attending colleges and universities in the United States, we therefore consider that the degree which the candidate schools should offer to their students should

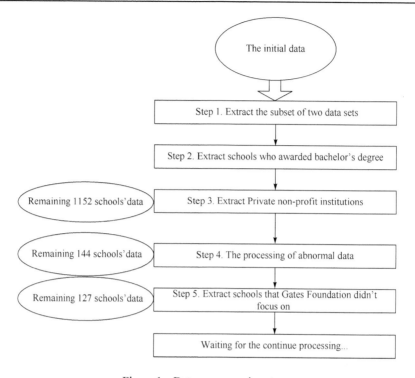

Figure 1　Data preprocessing steps

be a Bachelor's degree. then We select out the qualified candidate schools once again based on the data of Step 1.

Step 3. Extract Private non-profit institutions

We divide the current data into two parts according to the schools' ownership: public institution and private non-profit institution. Because the Goodgrant Foundation is a charitable organization, its targets are based on private non-profit institution, which means that we can choose the school whose ownership is a private non-profit institution to research, then there remains 1152 data.

Step 4. The processing of abnormal data

With the purpose of helping improve educational performance of undergraduates attending colleges and universities in the United States, and the Average SAT equivalent score of students admitted is just the input variable of educational performance, thus, we should delete the schools without students' admission score data. This part of data declined sharply, only 144 data remain.

Step 5. Extract schools that Gates Foundation didn't focus on

According to the list of schools supported by the Gates Foundation, we delete the schools supported by the Gates Foundation among the candidate schools. We have gotten by the above steps and gotten a new candidate list. There are 127 data remained now.

5.   The Model

5.1   Model one: TOPSIS comprehensive evaluation model

5.1.1   An introduction to TOPSIS model

TOPSIS is the abbreviation of Technique for Order Preference by Similarity to an Ideal Solution. In the field of limited scheme multi-objective decision analysis, it is a commonly used method which in systems engineering. The basic idea of this method is how to define the ideal solution and negative ideal solution of decision problem. And then, to find one solution which is closest to the ideal solution and furthest to the negative ideal solution in the feasible solution. In this section, we use the TOPSIS model to identify the optimized and prioritized candidate list of schools[1].

5.1.2   The constructions of index system

1. Theoretical basis: Equality and Efficiency Theory

The nature and purpose of this foundation determines the donation can watch as a public welfare projects. According to the discussion in our work, thus, we can turn the question into determining an optimal strategy at financial investment in higher education. Usually, the optimal design process of higher education finance investment policy is also the correct trade-off process between equality and efficiency [2]. Rational solution should take the equality and efficiency into consideration. Thus, the use of funds after investing should make the balance of equality and efficiency.

According to the second assumption in the model, as to the use of funds, there are three basic choices. Based on the exchange curve of equality and efficiency [3] .We will give the detailed explanations and talk about the selection in the following paragraphs. The curve is shown in Figure 2.

Choice one: The fund investment policy provided only for the family poverty students. It includes financial aid, provide part-time wage and loan. This policy can promote educational equity and family poverty is not the reason that student can not be enrolled, this choice occurs at the point a in the chart. From the point of view of the location of the a, it is clear that this choice helps to promote fairness, however the efficiency is relatively low.

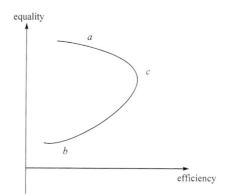

Figure 2　The exchange curve of equality and efficiency

Choice two: The fund investment policy provided for all families. It means all students are equal. This choice occurs at the point *b* in the chart. This choice is not only to improve the fairness of the situation, but also reduce the efficiency. We think that two factors should be taken into consideration.

●　**Factor 1**: The student who gets the project fund is not the one who really needs help.

●　**Factor 2**: Equal funding may lead to excessive consumption of College education, and then lead to the project not only doesn't have no positive effect, on the contrary, there is a bad effect.

Choice three: Taking the equity and efficiency of the fund to provide investment policy into account

●　**From an efficiency point of view**, in order to maximize the total output of the investment, whether the government's higher education financial investment, colleges and universities capital investment or foundation donation project are expected to provide more education funds for those who have great abilities (high scores, scientific research ability, scientific research fruit is remarkable) and produce higher social benefits. (after graduation and enter the other areas, because of their professional quality and raising labor productivity, creating more wealth for the society)This choice is supposed to be in the form of scholarships.

●　**From an equity point of view**, it is a basic right for every citizen of the United States to have the equal right of education. Obviously, whether the government's higher education financial investment, colleges and universities capital investment or foundation donation project , efficiency is not the only goal, efficiency should be also included . This choice occurs at the point *c* in the Figure 2. From the figure we can see, fairness and efficiency in combination significantly better than *a*, *b* two points.

● In summary, the donation item needs to balance equity and efficiency. As far as efficiency is concerned, it needs to offer scholarship; as far as efficiency is concerned, it needs to provide financial aid, part-time wage and loan.

2. The selections of the index.

On the basis of the theory of equity and efficiency, we set up a TOPSIS comprehensive evaluation model to determine the candidate schools for fund donation. The model's related index is shown in Table 2.

Table 2　The selections of the related index

Use of funds	Related index
Scholarship(efficiency)	Average SAT equivalent score of students admitted
Financial aid(equality)	● Percentage of undergraduates who receive a Pell Grant ● Median earnings of students working and not enrolled 10 years after entry
Provide part-time wage(quality)	Share of undergraduate students who are part-time
Loans(equality)	● Percent of all federal undergraduate students receiving a federal student loan ● Median debt of completers expressed in 10-year monthly payments ● 3-year repayment rate

Because we are recommended that our investment is based on each candidate school's demonstrated potential for effective use of private funding, we defined The potential value named PO, the PO can be defined as:

$$PO = \frac{md}{pc} = \frac{\text{Median earnings of students working and not enrolled 10 years after entry}}{\text{Percentage of undergraduates who receive a Pell Grant}}$$

We use the least squares regression model to verify the rationality of this definition. The Regression results is shown in Table 3.

Table 3　Regression results

Variable	Coefficient	Std. Error	*t*-Statistic	Prob.
X	122540.0	7740.801	15.83041	0.0000

● *R*-squared : 0.914324

● Adjusted *R*-squared : 0.904241

3. Result Analysis

From the results of the regression, p value $= 0.0000 < 0.05$, so the parameter through the test of significance, it proves that the potential value we have defineded is meaningful.

4. Result Application

● In TOPSIS model, we calculate each school's potential value as an evaluation index.

● The estimated parameter values $PO^* = 122540$, it means, if percentage of undergraduates who receive a Pell Grant add one unit, median earnings of students working and not enrolled 10 years after entry will add 122540 unit. Hence, we extract the data again, if $PO < PO^*$, retain data, on the contrary, delete data. 53 data remained so far.

5.1.3 The Solution procedure of TOPSIS model

Step 1. Divided the indexes into low optimal index, middle optimal index or high optimal index by the type of indexes, and then converting the low or middle optimal index into high optimal index. The transformation method is as follows:

● As to the low optimal index of absolute number x, we can deal with it by the form (like this $100/x$). As to the low optimal index of relative number x, we can use the form (like this $1-x$) to convert it to the high optimal index.

$$x'_{ij} = \begin{cases} x_{ij}, & \text{high} \\ 1/x_{ij}, & \text{low} \\ M/\left[M + |x_{ij} - M|\right], & \text{middle} \end{cases} \quad (1)$$

● We can also adjust the proportion of data according to the actual situation.

Step 2. Normalization processing:

$$Z_{ij} = \begin{cases} \dfrac{x_{ij}}{\sqrt{\sum\limits_{i=1}^{n}(x_{ij})^2}}, & \text{former high} \\[4mm] \dfrac{x'_{ij}}{\sqrt{\sum\limits_{i=1}^{n}(x'_{ij})^2}}, & \text{former low or middle} \end{cases} \quad (2)$$

Step 3. Determine the optimal solution and the worst solution.

The optimal solution Z^+ is consist of the maximum value for each column in Z:

$$Z^+ = (\max Z_{i1}, \max Z_{i2}, \max Z_{i3}, \cdots, \max Z_{im}) \tag{3}$$

The worst solution Z^- is consist of the minimum value for each column in Z:

$$Z^- = (\min Z_{i1}, \min Z_{i2}, \min Z_{i3}, \cdots, \min Z_{im}) \tag{4}$$

Step 4. Calculate the distance between each evaluation objects and the Z^+, Z^-, and marked it as D_i^+, D_i^-:

$$D_i^+ = \sqrt{\sum_{i=1}^{m}(\max Z_{ij} - Z_{ij})^2}, \quad D_i^- = \sqrt{\sum_{i=1}^{m}(\min Z_{ij} - Z_{ij})^2} \tag{5}$$

Step 5. Calculate the proximity between each evaluation objects and optimal solution, and marked it as C_i, and the C_i closer to 1, the better.

$$C_i = \frac{D_i^-}{D_i^+ + D_i^-}, \quad 0 \leqslant C_i \leqslant 1 \tag{6}$$

Step 6. Sorted C_i by size, and the evaluation results will be presented.

In the above discussion, we will use the indexes which filtered by potential value and evaluate it based on the TOPSIS model.

5.1.4 Apply TOPSIS model to our work

1. The type of determination

According to the above work, we can draw the conclusion that these indexes will play an important role in the Goodgrant's evaluation process. The indexes shown in Table 4.

Table 4　Indexes type

Index	SAT_AVG	C150_4_POO LED_SUPP	PO	PPTUG_EF	PCTFLOAN	RPY_3YR RT_SUPP
Type	Low	High	High	High	Low	High

The part of the original data shown in Table 5 and Table 5′.

Table 5　The part of the original data

UNITID	SAT_AVG	C150_4_POOLED_SUPP	PCTPELL	Md_earn_wne_p10	PO
110404	1534	0.925128571	0.1063	74000	696142.99
111948	1208	0.741656976	0.2035	51800	254545.45

Continue

UNITID	SAT_AVG	C150_4_POOLED_SUPP	PCTPELL	Md_earn_wne_p10	PO
115409	1483	0.896279787	0.1314	78600	598173.52
120254	1303	0.86025	0.2131	50100	235100.89
126678	1323	0.884835827	0.0983	41100	418107.83
127060	1231	0.768635541	0.1856	51400	276939.66
130697	1387	0.910952795	0.1837	50900	277082.2
131159	1258	0.782630266	0.1565	55900	357188.5
131469	1297	0.801883169	0.1356	64500	475663.72
⋮	⋮	⋮	⋮	⋮	⋮
228246	1302	0.792912411	0.1735	52200	300864.55
232043	999	0.612738971	0.3052	39500	129423.33
236328	1233	0.775436115	0.2071	51500	248672.14
239105	1217	0.791930194	0.1689	55600	329188.87

Table 5′　The part of the original data(Continued From Previous Sheet)

UNITID	PPTUG_EF	PCTFLOAN	GRAD_DEBT_MDN 10YR_SUPP	GRAD_DEBT_MD N_SUPP	RPY_3YR_RT_SUPP
110404	0	0.2508	203.7059644	18348.5	0.942857143
111948	0.0348	0.6536	224.8165125	20250	0.870821014
115409	0.0025	0.4413	285.2782768	25696	1
120254	0.0057	0.5333	238.694075	21500	0.951871658
126678	0	0.3333	200.3864515	18049.5	0.937269373
127060	0.0701	0.3973	272.000225	24500	0.917716827
130697	0	0.3615	206.8644977	18633	0.962711864
131159	0.0346	0.4603	260.898175	23500	0.927662037
131469	0.0589	0.4048	279.4941088	25175	0.951241535
⋮	⋮	⋮	⋮	⋮	⋮
228246	0.0284	0.3247	249.796125	22500	0.88442623
232043	0.0226	0.7224	248.1086134	22348	0.934108527
236328	0.0079	0.5632	260.898175	23500	0.941446613
239105	0.0237	0.508	299.75535	27000	0.933455714

2. Through the analysis of the index, we deal with the low optimal indexes by use

the Formula (1) and (2), and the data after normalization processing shown in Table 6.

Table 6　The part of the data after normalization processing

UNITID	SAT_AVG	C150_4_POO LED_SUPP	PO	PPTUG_EF	PCTFLOAN	RPY_3YR_RT _SUPP
110404	0.073039652	0.14234036	17.57741375	0	0.139084643	0.130511111
111948	0.117781083	0.09148082	2.350113068	0.003217269	0.029733046	0.11133033
115409	0.078149663	0.13360142	12.97813916	1.66039E-05	0.077346557	0.14681002
120254	0.101232644	0.12307596	2.004779522	8.63135E-05	0.053970848	0.133018635
126678	0.098195079	0.13021148	6.340663026	0	0.110139868	0.128968767
127060	0.113420957	0.0982573	2.781815735	0.013054642	0.090009018	0.123644011
130697	0.089342169	0.13801161	2.784680138	0	0.101019554	0.136065601
131159	0.108604577	0.10186785	4.627570002	0.003180395	0.07217528	0.126338369
131469	0.102171427	0.10694145	8.206502674	0.009216362	0.087782812	0.132842581
⋮	⋮	⋮	⋮	⋮	⋮	⋮
228246	0.101388207	0.1045621	3.28322097	0.002142721	0.112999661	0.114836229
232043	0.172217958	0.06244172	0.60755164	0.001356894	0.019095128	0.128100366
236328	0.113053304	0.10000367	2.24291247	0.000165799	0.04727689	0.13012091
239105	0.116045487	0.10430321	3.930504965	0.001492195	0.05998102	0.127921379

3. We determine the optimal solution and the worst solution by the use of Formula (3) and (4), the solution presented as follows.

Z^+ = 0.197444993, 0.154802821, 37.09989958, 0.178483849, 15.20075888, 0.14681002

Z^- = 0.073039652, 0.055919163, 0.60755164, 0, 0.057601769, 0.094229611

4. According to the Formula (5) and (6), we calculate the proximity between each evaluation objects and optimal solution, and the result of sorting shown in Table 7.

Table 7　The part of the result of comprehensive evaluation

UNITID	INSTNM	D^+	D^-	C_i	Prioritizing
179867	Washington University in St Louis	15.05173763	36.49260086	0.707984658	1
110404	California Institute of Technology	24.65824889	16.97031657	0.407660374	2
213385	Lafayette College	26.30039236	14.97284906	0.362773762	3
211291	Bucknell University	26.5679028	14.643999	0.35533422	4
186131	Princeton University	27.70772631	13.18325396	0.322400047	5
115409	Harvey Mudd College	28.47144987	12.37095998	0.302894957	6
198419	Duke University	29.77934401	10.82830937	0.266656861	7

Continue

UNITID	INSTNM	D^+	D^-	C_i	Prioritizing
166683	Massachusetts Institute of Technology	31.75224227	8.531011576	0.211775633	8
164924	Boston College	32.20584701	8.055340593	0.200077074	9
⋮	⋮	⋮	⋮	⋮	⋮
212984	Holy Family University	39.42653778	0.245210029	0.006180974	50
179946	Westminster College	39.37465493	0.186571028	0.004716007	51
140951	Savannah College of Art and Design	39.45372878	0.122571514	0.003097094	52
232043	Eastern Mennonite University	39.52486893	0.111851289	0.002821911	53

According to the result of the comprehensive evaluation, we can easily draw the conclusion that the proximity of the first seven schools is significantly higher than the rest of the schools. Therefore, we consider that the number of the schools complying with the conditions for investment is 7.

5.2　Model two: the Markowitz Mean-Variance Model

In order to get the maximum return on investment (ROI), we should allocate the fund provided by the Foundation to relevant schools reasonably. The return on investment (ROI) of each school determines that of this investment. We introduced Markowitz Mean-Variance Model to deal with this problem.

5.2.1　An introduction to Markowitz Mean-Variance Model

We know that the investment of stock and other risky assets should firstly solve two core problems, which are the expected return and risk. So the problem which investors urgently need to solve now is how to assess the portfolio's expected return and risk and how to balance these two indicators to allocate fund. Markowitz Theory therefore occurred in such a background[4].

1. Prerequisites of Markowitz Mean-Variance Model

(1) Investors take into account the risk aversion and seek maximize the expected return;

(2) Investors choose portfolio according to the expected value and variance of the return rate of investment;

(3) Investors can only choose according to the risks and benefits of investment;

(4) At a certain level of risk, investors want to reach the maximum income; in a certain level of income, investors hope to achieve the minimum risk.

2. According to the above assumptions, Markowitz established the Mean-Variance Model of asset allocation.

$$\begin{cases} \min \delta^2(r_p) = \sum \sum w_i w_j \, \text{cov}(r_i, r_j) \\ E(r_p) = \sum w_i r_j \end{cases} \quad (7)$$

Symbolic meaning is shown in Table 8.

Table 8   The meaning of symbols

Symbols	Description
r_p	Portfolio returns
r_i, r_j	The i species, the proceeds of the first j species
w_i, w_j	The ratio of assets i, j in the portfolio
$\delta^2(r_p)$	The variance of portfolio returns
$\text{cov}(r_i, r_j)$	Covariance between the two assets

Formula(7) indicates that we can get optimal investment ratio w_i while portfolio risk $\delta^2(r_p)$ obtain the minimum value by using Lagrange method in specially condition. From the perspective of economics, investors could determine an expected revenue in advanced, then they could determine the proportion of the investment in each investment project (such as stocks) and minimize the total investment risk by adopting the formula $E(r_p) = \sum w_i r_i$. So in different expected revenue, the least variance portfolio solution is obtained, which constitutes the minimum variance portfolio, which is the efficient portfolio.

3. The basic train of thought of Markowitz Mean-Variance Model

(1) Investors determine the right assets in the portfolio;

(2) Analyze the expected revenue and risk of these assets during the holding period;

(3) Establish an effective set of investment options;

(4) Determine the optimal portfolio by combining specific investment objectives.

5.2.2   Apply Markowitz Mean-Variance Model to our work

By the establishment and solution of the model and Markowitz Mean-Variance Model, we can get the proportion of funds allocated to each candidate school while Goodgrant Foundation's investment risk is lowest and according to a certain index to estimate the return on investment.

First, we have to clarify some relevant concepts followed so that we can make an investigation on the data in the model based on the real situation.

1. Definition of "return on investment"

In this article, we will measure its return on investment by using the social effect that aroused by this donated fund. While educational performance can well reflect the social effect. Therefore, that we use educational performance to measure social effect means the equivalent definition of the return on investment of this project.

2. The Theory Basis of definition

The Goodgrant Foundation is a kind of charitable organization. Its purpose is to improve the performance at American undergraduate education in colleges and universities. So the fund donation can see as a public welfare projects. Based on referring to some literature, taking the nature and purpose of this foundation into consideration and according to the data file content information provided by the subject, We think the investment return of the project is mean social benefits rather than the economic benefits which is in the sense of financial.

There are different explanations concerning the social benefits in different fields. The benefits that generated by the fund donation to colleges and universities made by the charitable organization mainly include the quantity and quality of the graduates trained by the schools, their performance and contributions to the society and responses from all walks of life to the graduates and so forth. It can be shown in the fifth literature[5] that the educational performance refers to the output and final result of education. In other words, it means the efficiency and result of those educational participants in their process of education, which include the quality of education, the caliber of students as well as the social effects made in the process of education. The educational performance covers a wide range of aspects such as the graduation rates of students, their employment rates, the satisfaction degree of students and teachers toward the schooling and the satisfaction degree of the employers to the graduates and so forth.

In this article, the educational performance is used to measure the social effects and define the investment return of the project. The measurement indexes of educational performance and the equivalent replacement mentioned in the data file are shown in Table 9.

Table 9 The indexes of educational performance and the equivalent replacement

Educational performance index	Our index
Graduation rate of students	150% completion rate for four-year institutions
Employers' satisfaction with graduates	Median debt of completers expressed in 10-year monthly payments
	Share of students earning over $25,000/year
Students' satisfaction with school education	student retention rate at four-year institutions

Thus according to the corresponding data of every index, the min $\delta^2(R_p)$ in the model can be taken as the object function $f(x)$, then the invested funds to every candidate school when there are minimal risks can be obtained and accordingly the corresponding investment return can be figured out as well.

5.2.3 Markowitz Mean-Variance Model I[5]

1. Establishment of model

In this section, we don't consider the time duration that the organization's money should be provided, we only consider the one year portfolio.

We assume that the target schools of fund donation is n, $n = 1$ to 7. And the max $n = 7$. According to the foundation intends to donate a total of $100,000,000 (US100 million) to an appropriate group of schools per year, we develop the Markowitz Mean-Variance Model, it can be expressed as:

$$\begin{cases} \min \delta^2(R_p) = [w_1, \cdots, w_n] \Omega [w_1, \cdots, w_n]^{\mathrm{T}} \\ R_p = E\left(\sum [w_1, \cdots, w_n] R\right) \\ R = [R_1, R_2, \cdots, R_n]^{\mathrm{T}} \\ \sum_{i=1}^{n} w_i = 1, \quad w_i \geqslant 0 \end{cases} \quad (i = 1, 2, \cdots, n) \tag{8}$$

Symbolic meaning is shown in Table 10.

Table 10 The meaning of symbols

Symbols	Description
R_p	The return on investment efficiency of the fund
R	The return on investment of efficiency matrix of the schools who is funded
R_i	The return on investment of efficiency of school i
w	The vector of the schools funding's rate

Continue

Symbols	Description
w_i	The ratio of the school i funding
$\delta^2(R_p)$	The variance of funding portfolio
t_i	The duration of the investment on the school i
Ω	Covariance matrix of returns on investments of all schools

2. Solution of the model

We give an example of solution: while $n = 7$.

The solution procedure of Markowitz Mean-Variance Model I.

Step 1. We use r_1, r_2, r_3, r_4 to express four indexes, thus

$$R_i = [r_1, r_2, r_3, r_4] \tag{9}$$

At the same time, $n = 7$, thus

$$R = [R_1, R_2, \cdots, R_7]^{\mathrm{T}} \tag{10}$$

According to the data of these 7 schools, we get the specific value of R as follows.

$$R = \begin{bmatrix} 0.940 & 62300 & 0.802 & 0.964 \\ 0.925 & 74000 & 0.753 & 0.966 \\ 0.899 & 69800 & 0.815 & 0.913 \\ 0.906 & 68800 & 0.849 & 0.941 \\ 0.965 & 75100 & 0.755 & 0.976 \\ 0.896 & 78600 & 0.818 & 0.995 \\ 0.944 & 76700 & 0.866 & 0.972 \end{bmatrix}$$

Step 2. Normalize matrix R and Compute covariance matrix Ω.

Step 3. Based on non-linear programming, we define the objective function $f(w) = w\Omega w^{\mathrm{T}}$, linear constraint conditions and the iterative initial value w_0. After that, we use the fmincon orders in Matlab R2013b software to solve. The result include the minimum value of the investment risk(min R), return on investment (ROI) and the ratio of the school i funding (w_i).

3. The results

w_1	w_2	w_3	w_4	w_5	w_6	w_7	min R	ROI
0.2595	0.1496	0.1331	0.1303	0.1183	0.1113	0.0979	1.86E−05	1.3008

The same method, we calculate results when $n = 1, 2, 3, 4, 5, 6$.

While $n = 6$,

w_1	w_2	w_3	w_4	w_5	w_6	minR	ROI
0.2876	0.1658	0.1476	0.1445	0.1311	0.1234	3.13E–05	1.3929

While $n = 5$,

w_1	w_2	w_3	w_4	w_5	minR	ROI
0.328	0.1892	0.1683	0.1648	0.1496	7.50E–05	1.3849

While $n = 4$,

w_1	w_2	w_3	w_4	minR	ROI
0.3857	0.2227	0.1979	0.1937	1.19E–04	1.4283

While $n = 3$,

w_1	w_2	w_3	minR	ROI
0.4784	0.276	0.2455	1.35E–04	1.3910

While $n = 2$,

w_1	w_2	minR	ROI
0.6342	0.3658	2.43E–04	1.3987

While $n = 1$

w_1	minR	ROI
1	7.39E–04	1.363

By the above result we know , When $n = 4$, the ROI up to biggest. Therefore, the amount of investment school is 4.

4. Determination of an optimal investment strategy, as is shown in Table 11.

Table 11　Portfolio in 2016

School(UNITID)	179867	110404	213385	211291
Investment amount(Unit: million)	40	20	20	20
The return on that investment		1.4283		

5.2.4　　Modified Markowitz Mean-Variance Model II: improved Markowitz Mean-Variance Model

1. Establishment of model

In this section, we take the time duration that the organization's money should be provided into consideration. We introduce the investment duration t_i, it means the investment years for its school .

We develop the improved Markowitz Mean-Variance Model, it can be expressed as:

$$
\begin{cases}
\min \delta^2(R_p) = [w_1t_1,\cdots,w_nt_n]\Omega[w_1t_1,\cdots,w_nt_n]^{\mathrm{T}} \\
R_p = E\left(\sum[w_1t_1,\cdots,w_nt_n]R\right) \\
R = [R_1,R_2,\cdots,R_n]^{\mathrm{T}} \qquad\qquad (i=1,2,\cdots,7) \\
\sum_{i=1}^{n} w_it_i = 5, \quad w_i \geqslant 0 \\
0 \leqslant t_i \leqslant 5
\end{cases} \qquad (11)
$$

Note: The meaning of the variable t is the duration of the investment, and other symbols' meaning is same as the fomula(8).

2. Solution and results of the model

In view of the different values of n, branch and bound method is used for each case.

This is a nonlinear integer programming. As is known, branch and bound method is a common and effective method for solving integer programming. Branch and bound method can solve the pure integer programming, and can also be used to solve the mixed integer programming. Therefore, we adopt the method for solving the improved model.

Branch and bound is an algorithm design paradigm for discrete and combinatorial optimization problems, as well as general real valued problems. A branch-and-bound algorithm consists of a systematic enumeration of candidate solutions by means of state space search: the set of candidate solutions is thought of as forming a rooted tree with the full set at the root. The algorithm explores branches of this tree, which represent subsets of the solution set. Before enumerating the candidate solutions of a branch, the branch is checked against upper and lower estimated bounds on the optimal solution, and is discarded if it cannot produce a better solution than the best one found so far by the algorithm.

The following is the skeleton of a generic branch and bound algorithm for minimizing an arbitrary objective function f. To obtain an actual algorithm from this, one requires a bounding function g, that computes lower bounds of f on nodes of the search tree, as well as a problem-specific branching rule[8].

1. Using a heuristic, find a solution x_h to the optimization problem. Store its value, $B = f(x_h)$. (If no heuristic is available, set B to infinity.) B will denote the best solution found so far, and will be used as an upper bound on candidate solutions.

2. Initialize a queue to hold a partial solution with none of the variables of the problem assigned.

3. Loop until the queue is empty:

(1) Take a node N off the queue.

(2) If N represents a single candidate solution x and $f(x) < B$, then x is the best solution so far. Record it and set $B \leftarrow f(x)$.

(3) Else, branch on N to produce new nodes N_i. For each of these:

i. If $g(N_i) > B$, do nothing; since the lower bound on this node is greater than the upper bound of the problem, it will never lead to the optimal solution, and can be discarded.

ii. Else, store N_i on the queue.

Several different queue data structures can be used. A stack (LIFO queue) will yield a depth-first algorithm. A best-first branch and bound algorithm can be obtained by using a priority queue that sorts nodes on their g-value. The depth-first variant is recommended when no good heuristic is available for producing an initial solution, because it quickly produces full solutions, and therefore upper bounds.

We use MATLAB software to solve step by step. Only when $n = 5$, the model have solution and other portfolio all don't have value solution. So we get a investment portfolio for five years, shown in Table 12.

Table 12   Investment portfolio for five years

School(UNITID)	179867	110404	213385	211291	186131
Investment amount(Unit: million)	30	20	20	20	10
investment time duration	5	4	3	3	5
The return on that investment			1.5048		

5.3   Results analysis

In the above paper, Tables 11 and Tables 12 give the optimal investment strategy.

While we don't consider the time duration that the organization's money should be provided , we only consider the one year portfolio, ROI=1.4283;

While we take the time duration that the organization's money should be provided into consideration, ROI = 1.5048.

To sum up, if we consider the time duration, the ROI is bigger. So, for the Goodgrant Foundation, it's pretty importance to identify the time duration that the organization's money should be provided to have the highest likelihood of producing a strong positive effect on student performance when determine an optimal investment strategy.

6.　Model Extension

In our paper, we develop least squares regression model, TOPSIS comprehensive evaluation model and Markowitz Mean-Variance Model to help the Goodgrant Foundation determines an optimal investment strategy.

TOPSIS comprehensive evaluation model has extensive adaptability, therefore, we can extend it to other areas ,such as the performance evaluation of land use, ecological construction analysis and so forth.

7.　Analysis of the Model

7.1　Strengths

● In model one, as to the selection of the model index, we have made rigorous analysis. Furthermore, according to the basis of analysis and requirements of the problem, we lead into the concept of potential value. And we have used the least squares regression model to verify the rationality of this definition。

● In model two, on the one hand we apply the model to decrease the investment risk to a minimum, on the other hand we can get the fund allocation ratio and the return on investment directly. And in the model, we can quantify the ROI by educational effectiveness, so we can make full use of the data sets.

● Taken the multiple dimensions and uncertainty of the educational performance into consideration, our models results are all based on rigorous theoretical analysis and come up with reasonable solution results.

7.2　Weaknesses

● Due to the flexibility of the number of specific investment, the scale of investment objects shown in our model is relative small.

● When TOPSIS model is applied to comprehensive evaluation, it has the problem of distance measurement parameters, as a result, its stability is not high.

8. Letter to the Goodgrant Foundation

To the Chief Financial Officer, Mr. Alpha Chiang,

To cope with the challenge such as the uncertainties of the future, the diversity and complexity of investment, one optimal investment strategy is widely expected by many foundations. According to the requirements of the Goodgrant Foundation, we have been researching deeply into how to improve the educational performance.

Taking the nature and purpose of this foundation into consideration and according to the data files content information provided by the subject, we thought the return-on-investment of the project refers to the social benefits rather than the economic benefits which is in the sense of financial. So we use educational performance to measure the return-on-investment. And we use the four output indexes of the educational performance to quantify. It is shown in the following table.

List	Our index
1	150% completion rate for four-year institutions
2	Median debt of completers expressed in 10-year monthly payments
3	Share of students earning over $25,000/year
4	Student retention rate at four-year institutions

In order to quantify the ROI so that determining the optimal strategy, we have selected the indexes based on referring to some literature and the data provided in data file processing. Besides, in this paper, we also calculated the indexes by the least squares regression model, and defined the potential value as a new index named PO. The index and the type are shown in the following table.

Index	SAT_AVG	C150_4_POOLED_SUPP	PPTUG_EF	PCTFLOAN	RPY_3YR_RT_SUPP	PO
Type	Low	High	High	Low	High	High

Note: The value of the index is closer to the value of the type, the better.

Furthermore, we have classified the indexes through using comprehensive evaluation model——TOPSIS Model. By adding the new index to the model, we have made the reliability of comprehensive evaluation maximization.

By calculating the comprehensive score of each school and its priority, we chose seven schools of high priority as candidate school. The results of the selection are shown in the following table.

UNITID	INSTNM	Prioritizing
179867	Washington University in St Louis	1
110404	California Institute of Technology	2
213385	Lafayette College	3
211291	Bucknell University	4
186131	Princeton University	5
115409	Harvey Mudd College	6
198419	Duke University	7

As for the optimal investment strategy, we develop the Markowitz Mean-Variance Model to determine it. The optimal strategy should identify the schools and include the investment amount per school, the return on that investment, and the time duration. In this model, we take the risk aversion and seek Maximize the expected ROI into account.

● When we just consider that the investment duration is only one year, we can get the optimal investment strategy which is shown in the following table.

School(UNITID)	179867	110404	213385	211291
Investment amount(Unit: million)	40	20	20	20
The return on that investment	1.4283			

● When the investment duration is not certain, we combine the Markowitz Mean-Variance Model with the branch and bound algorithms and get the optimal investment strategy which is shown in the following table.

School(UNITID)	179867	110404	213385	211291	186131
Investment amount(Unit: million)	30	20	20	20	10
investment time duration	5	4	3	3	5
The return on that investment	1.5048				

To conclude, we sincerely hope that the studies of us will be helpful for you to determinate the strategy. With everyone's efforts, including our research and your final determination, the education performance is getting better and better thought the challenge still exists.

Best regards

Team #5074

9.　References

[1] Zhou Y. Research on TOPSIS method in multi-attribute decision-making [D]. Wuhan: Wuhan University of Technology, 2009.(Chinese)

[2] Peng Y. Research on the reform of higher education investment system under the reform of public finance system[D]. Tianjin: Tianjin University of Finance and Economics, 2009. (Chinese)

[3] Tilak J B G. Higher education and development[M]//International Handbook of Educational Research in the Asia-Pacific Region. Dordrecht: Springer, 2003: 809-826.(Chinese)

[4] Song L Q. Performance appropriation methods of American universities and its enlightenment[D]. Shenyang: Northeastern University, 2010.(Chinese)

[5] Yuan J. Research on the Investment Income of Educational Foundation of Higher Education[D]. Nanjing: Nanjing University of Aeronautics and Astronautics, 2013.(Chinese)

[6] Web of Science. https://en.wikipedia.org/wiki/Branch_and_bound[OL] .

Water resource carrying capacity model based on system dynamics

(Students: Wenjian Wang, Jiangjiang Wu, Haichao Zhang

Adviser: Xintao Ding 美赛一等奖)

Abstract

With the development of society, water scarcity is becoming a widely concerned topic. In this report, five problems, which tied with water scarcity, were discussed in five sections.

In Section 3.1, we designed a model to evaluate the degree of water scarcity by studying positive and negative responsibilities of the water supply and demand. And the model was proposed in a straightforward equation at the end of this Section.

In Section 3.2, we first chose Beijing as an objective region. And we concluded that the physical scarcity of the water resource is significant in Beijing. However, its economic scarcity is insignificant.

With the help of software Vensim, the degree of water scarcity from 2001 to 2013 was conducted in Section 3.3. Furthermore, we concluded that the degree of water scarcity in Beijing probably occur near 0.7813 in the forthcoming 15 years. It implied that the water scarcity probably fall in a severe exacerbation in the next 15 years.

In order to bring the intervention plan against water scarcity in Beijing, a three-order system dynamics model was employed for the application in Section 3.4. We explore the intervention plan by modifying the interesting parameters occurred in the aforementioned program in Section 3.3. As a result, the plan, which took advantage of the reclamation and new technology, was proposed to alleviate water scarcity.

According to the Vensim program proposed in the aforementioned contents, after setting the final time be 200, we ran the program again to predict the water scarcity in the next 200 years in Section 3.5. Based our prediction, it implied that Beijing would fall in a severe water scarcity after 114 years later.

Keywords: Degree of water scarcity   System dynamics model   Vensim

1. Assumption

(1) the data of model is more accurate;

(2) the results of the model are only related to the influence factors, and the influence of other factors on the results can be ignored;

(3) the parameters in the model are reasonable.

2. Analysis

2.1 Analysis of problem(1)

According to the water resources with the two aspects of natural and social characteristics of water resources carrying capacity system was established. The use of systems approach to water resources carrying capacity force study, from the standpoint of the overall dynamic. System aims to analyze the supply and demand situation in water level as an evaluation index analysis decision variables change, the impact on supply and demand balance. This model is established in the following logic flow:

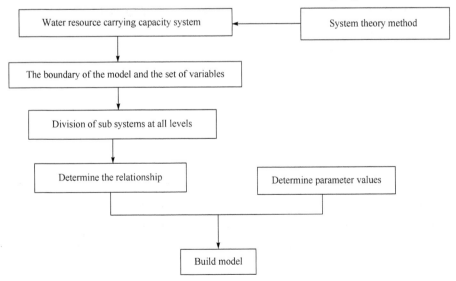

2.2 Analysis of problem(2)

According to the topic given in the map, we choose Beijing as the research area. From the perspective of economic scarcity and material scarcity Angle we judge the degree of water shortage in Beijing.

From the perspective of physical scarcity and access to information obtained by finishing calculate per capita water resources in Beijing, and with the national per capita water resources and global per capita water resources for comparison. Beijing per Capita water resources per capita in china is only 1/20, obtained simultaneously Beijing water resources per capita in the world per capita water resources is only 1/80 by calculation. It can be seen in the water in the Beijing area severely lacking.

From the perspective of economic scarcity:

(1) From the above about material scarcity perspective know Beijing area water resources reserves far cannot meet the demand of Beijing's water supply.

(2) By looking at data we can know, source of water supply in Beijing need to rely on a large number of external water supplement. Beijing has been established lot of infrastructure construction in order to get external water.

(3) For Beijing area economy, Beijing is the capital of China and its economic level is not rich but has reached the well-off level at least.

Thus we can come to the conclusion that lack of water is because of scarcity instead,but not due to economic scarcity. On the other hand, owing to the Beijing area of developed economy the vulnerability of the material scarcity could be reduced.

Based on the analysis in the Beijing area is an acute shortage of water from the Angle of material scarcity, but relatively speaking, from the perspective of economic scarcity, water resources in Beijing is not scarcity. It accords with the UN water map for Beijing area of hierarchies.

2.3 Analysis of problem(3)

Find the information about Beijing's natural environment and social development conditions, we know, that Beijing is a city that is given priority to with the third industry. Therefore of the total system does not include that measure the pollution of water environment capacity index. Agriculture accounts for a small percentage of Beijing, so agricultural demand for water resources is not considered.

And now we can make sure corresponding indicators:

(1) Total water amount index, the Beijing water resources, groundwater, water amount, per capita water resources, surface water development and utilization

degree, the degree of development and utilization of groundwater, water resource utilization.

(2) Social economic indicators: industrial investment, industrial output, the total water consumption, total population, per capita GDP and population growth rate, the birth rate, mortality, and urban population and rural population.

(3) Ecological indexes: channel cross section area, average monthly river water evaporation, rainfall, soil erosion, ecological water use quota.

Input the corresponding parameters in the flow chart of the SD model under the problem one after thinking about the above account index, and find out the causal relationship between various factors change after feedback loop model makes it suitable for prediction of Beijing area of the 15 years the degree of water system in the future. Draw a flow diagram with Vensim software and simulate water shortage degree of numerical in the future 15 years.

2.4   Analysis of problem(4)

Choosing Beijing as the research object, taking all factors into account, when building intervention. So, we are not only consider the complex relationship between the factor and the degree of water short, but also take into account the interference among factors. Because the factors exist interaction among them, so we choose system dynamics to solve the problem.

Factors affecting water resources include industrial, agricultural, domestic, ecological, social, economic. Meantime, there are various direct feedback and indirect feedback relationship between water feedback factors. Therefore, we use system dynamics of water resources to predict the interaction of intervention.

First of all, simulate the system dynamics of Beijing water resources under unchanged situation, and draw the appropriate water resources bearing capacity evaluation system. Choosing the better intervention, by comparing with the two target system.

2.5   Analysis of problem(5)

We can predict the water shortage situation after two hundred by using above model, and then the water level can be obtained in the trend of 200 years.Through the trend, we can see Beijing regional water problems will appear again and the growing problem.

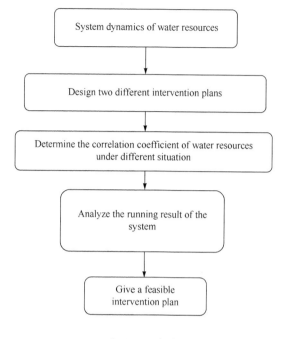

3. Model

3.1　The supply vs demand model

To establish the water model between supply and demand, we define the degree of water scarcity, denoted as a, for the evaluation.　For convenience, let x be water supply, y be water demand.

$$\text{Let } a = \frac{y-x}{x} \tag{1}$$

Evidently, $a \in [-1,1]$, the greater the demand, the greater the degree of water scarcity. If x is greater than y, the degree of water scarcity a is smaller than zero. At this time, the water scarcity is a degradation problem. Therefore, we only take $a > 0$ into account. The degree of water scarcity is evaluated in Table 1.

Table 1　The evaluation of the degree of water scarcity

Value	0—0.3	0.3—0.5	0.5—0.8	0.8—1	>1
Evaluation	Slightly scarcity	Moderately scarcity	Heavily scarcity	Over scarcity	Extremely scarcity

It is clear now that we are going to use the degree of water scarcity to evaluate the water scarcity in a region. This variable is consisted of total supplies and demands, where the total supplies and demands are influenced by population, industry, economics, and ecology in the region. On the one hand, the factors involve in a system, on the other hand, they are convolved, i.e., depended on each other. Therefore, we understand these factors in the dynamic system framework. In this way, the degree of water scarcity may be calculated after establishing a dynamic system model.

Now, we need to calculate a from Eq. (1). First, the total supplies of water is influenced by three main factors: underground water, surface water, and reclamation water. We draw a casual loop graph, and conduct the equations among these factors. After taking the factors into account in the dynamic system, the total demand of water resources may be evaluated. Since the total demand is an absolute index, which consists of industrial water, agricultural water, and living water, and is widely used in statistics, we directly find it in kinds of statistics handbook. After the total supply x and demand y are resulted, the degree of water scarcity a may be obtained for evaluation.

3.1.1   The total water supply x

Water supply is made up of groundwater, surface water, and reclamation water. Because of the dependence of the factors, they are influenced each other together and forms a feedback loop. Based on system dynamics, total water supply amount is figured out in Figure 1, which shows the framework of dynamic system.

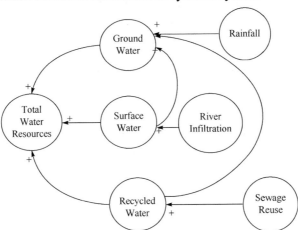

Figure 1   The framework of dynamic system against water supply x

Now, we need to find the equations among these factors, and implement the equations in the system to obtain the amount of total water supply.

(1) Calculate ground water x_1.

It is evident that

$$x_1 = \sum_{i=1}^{3} w_i \quad (i = 1, 2, 3) \tag{2}$$

where w_1, w_2, and w_3 are rainfall water, recycled water, and rivers infiltration, respectively.

In detail,

$$\begin{cases} w_1 = p \times a \times f \\ w_2 = Q_1 \times u \\ w_3 = k \times J_1 \end{cases} \tag{3}$$

where a is the coefficient of recharge, p is the annual rainfall, and f is the control area; Q_1 is the sewage discharge, u is the regression coefficients; k is the permeability coefficient, J_1 is the flow of rivers.

Let the supply rate of the ground water is m, then the supply amount of ground water x_1 in a region may be resulted in Eq. (4).

$$x_1 = \sum_{i=1}^{3} w_i \times m \tag{4}$$

(2) Calculate surface water x_2.

From Figure 1, it can be seen that surface water x_2 may be calculated using Eq. (5) as follows.

$$x_2 = J_2 \times (1 - k) \times C \tag{5}$$

where C is the water inflow coefficient, k is the permeability coefficient, and $J_2 = J_1 + p \times f \times d$, d is the inflow coefficient.

(3) Calculate recycled water x_3.

In this report the recycled water x_3 may be resulted in Eq. (6).

$$x_3 = Q(1 - u) \times v, \tag{6}$$

where v is the reclamation rate.

From Eqs. (2)—(6), it can be seen that:

$$\begin{cases} x = \sum_{i=1}^{3} x_i \\ x = \sum_{i=1}^{3} w_i \times m + (j + p \times f \times d)(1 - k) \times c + q \times (1 - u)v \\ x = (p \times a \times f + q \times u + k \times j) \times m + (j + p \times f \times d)(1 - k) \times c + q \times (1 - u) \times v \end{cases} \tag{7}$$

After bring the parameters into Eq. (7), we can result in the total water supply x.

3.1.2 The total water demand y

Based on the open statistics literatures, water demand may be divided into industrial water demand, agricultural water demand, and living water demand. Generally, industrial water is divided into water consumption in thermal power generation and ordinary industrial water consumption in China. Similarly, agricultural water consists of farmland, forestry, animal husbandry and fishery water. And living water is made up of urban and rural domestic water. They are listed in Table 2.

Table 2   The constitute of the total water demand y

Industrial water demand y_1	Water consumption in thermal power generation y_{11}
	Ordinary industrial water consumption y_{12}
Living water demand y_2	Urban domestic water demand y_{21}
	Rural domestic water demand y_{22}
Agricultural water demand y_3	Farmland demand y_{31}
	Forestry demand y_{32}
	Animal husbandry demand y_{33}
	Fishery demand y_{34}

In all, total water demand y may be calculated using Eq. (8).

$$y_1 = \sum_{j=1}^{3} y_j = \sum_{i=1}^{2} y_{1i} + \sum_{i=1}^{2} y_{2i} + \sum_{i_1=1}^{4} y_{3i} \quad (j=1,2,3; i=1,2; i_1=1,2,3,4) \tag{8}$$

3.1.3 The degree of water scarcity a

From the aforementioned Eqs. (1)—(8), the degree of water scarcity a may be resulted in the following Eq. (9).

$$\begin{cases} a = \dfrac{x}{y} = \dfrac{\sum\limits_{i=1}^{3} x_i}{\sum\limits_{j=1}^{3} y_j} \times \beta \\[2em] a = \dfrac{(p \times a \times f + q \times u + k \times j) \times m + (j + p \times f \times d)(1-k) \times c + q \times (1-u) \times v}{\sum\limits_{i=1}^{2} y_{1i} + \sum\limits_{i=1}^{2} y_{2i} + \sum\limits_{i=1}^{4} y_{3i}} \times \beta \end{cases} \tag{9}$$

The proposed water scarcity is evaluated using degree of water scarcity a using Eq. (9).

3.1.4　Evaluate and Improvement

Evaluate:

Task one use the theory of system dynamics, because every factor doesn't independent, so using the dynamics theory is great for simulating the model under the engineer. To sum up, the dynamics theory is perfect for the model, and make the model more practical.

Improvement:

Although the model already have taking many factors into account, but it can't cover every factor completely, so we can put more factors into system.

3.2　The physical and economic scarcity in Beijing

In order to meet the requirement of the second task, the Beijing city, which is the capital of China, was first chosen as an objective region since it is located in a semi-arid area and is in the scarcity of the water resource. After that, we explained the support of the water resource by addressing physical and economic scarcity in Beijing in Section 3.2.1 and Section 3.2.2, respectively. As a result, we concluded that the physical scarcity of the water resource is significant in Beijing. However, its economic scarcity is insignificant.

3.2.1　The significance in physical scarcity

After obtaining the open material in website, we list the total water resource and average per capita water resource (APCWR) of Beijing from 2010 to 2014 in Table 3, where the total water resource includes the surface water and groundwater; APCWR is the quotient between the total water resource and the total population of Beijing city.

Table 3　The total water resource and APCWR of Beijing

Year	Total water resource $(\times 10^8 m^3)$	APCWR (m^3)
2010	24.08	—
2011	26.81	119
2012	39.50	191
2013	24.81	117
2014	20.25	94

From Table 3, it can be seen that the average of APCWR from 2010 to 2014 in Beijing may be resulted using Eq. (10).

$$\overline{Z}=\frac{1}{4}\sum_{i=1}^{4}z_i=130.25 \quad (i=1,2,3,4) \tag{10}$$

Figure 2 shows APCWR and its average amount from 2010 to 2014 in Beijing. Let the average of APCWR in China and over the world be Z_2 and Z_3, respectively. we have $Z_2=2240$ and $Z_3=8960$ m^3. For convenience, we show the averages of APCWR in Beijing, China, and over the world in Figure 3.

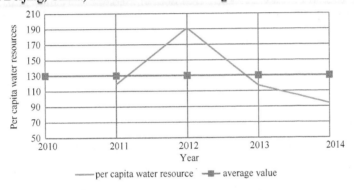

Figure 2 APCWR and the average of APCWR in Beijing

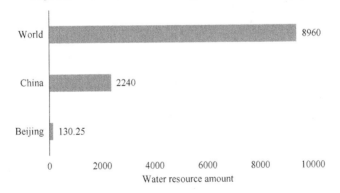

Figure 3 The averages of APCWR in Beijing, China, and over the world

From Figure 3, it can be seen that the average of APCWR in Beijing is much smaller than the average of APCWR in China. Obviously, the large gap between the average of APCWR in Beijing and average of APCWR over the world is insurmountable. In order to show the physical scarcity of the water resource in Beijing in an accurate way, we define the proportion between two areas to evaluate the gap. The gap of the water resources between Beijing and China is evaluated as

$$Q(B,C) = \bar{Z}/Z_2 \approx \frac{1}{20} \tag{11}$$

Similarly, we have

$$Q(B,W) = \bar{Z}/Z_3 \approx \frac{1}{80} \tag{12}$$

From Eqs. (10) and (11), the average of APCWR in Beijing $\bar{Z}$ is only accounts for about 5% of the average of APCWR in China Z_2, and it is no more than 2% of the average of APCWR over the world Z_3. It can be concluded that the physical scarcity of the water resource is significant in Beijing.

3.2.2   The insignificance in economic scarcity

Generally, the economic scarcity of the water resource means that the reserve of the water resource is adequate, however, its supply is insufficient because the poor management and lack of infrastructure limit the availability of clean water.

We list the total reserves and demands of the water resource of Beijing in Table 4 from 2001 to 2013, where the unit of the water resource is 10^8 m^3; Total reserve includes the surface water, groundwater; total demand includes domestic water, environmental water, industrial water, and agricultural water.

Table 4   The total reserves and demands of the water resource
in Beijing from 2001 to 2013

The water resource of Beijing (10^8 m^3)	2001	2002	2003	2004	2005	2006	2007	2008	2009	2010	2011	2012	2013
Total reserve	23.5	20	20.9	24.7	26.1	24.5	23.8	34.2	21.8	23.1	26.8	39.5	24.8
Total demand	38.9	34.6	35.8	34.6	34.5	34.3	34.8	35.1	35.5	35.2	36.0	35.9	36.4

From Table 4, it can be seen that the total reserves occurred in the last thirteen years are all less than the corresponding total demand except in 2012. The total gap between the total reserves and total demands in the last 13 years achieves 127.9×10^8 m^3. Averagely, the annual gap is about 10×10^8 m^3. Obviously, the total reserve of the water resource in Beijing is inadequate to meet the total city demand.

However, it not means that water supply of Beijing city is insufficient. Beijing municipal government constructed a large number of infrastructures to guarantee the water supply, such as South-to-North Water Transfer Project. The water supply of

Beijing is heavily depended on the supplementary of the external water resources. Figure 4 shows the supplementary of the external water resources to Beijing. The supplementary includes 8 water head sites, including 7 suburbs of the city, i.e., Changping, Fangshan, Yanqing, Pinggu, Miyun, Huairou, and Mentougou, and a long canal starting at Danjiangkou reservoir. The distances between the water head sites and Beijing city are shown in Figure 4, where the long canal South-to-North Water Transfer Project is 1277 kilometers away from Beijing.

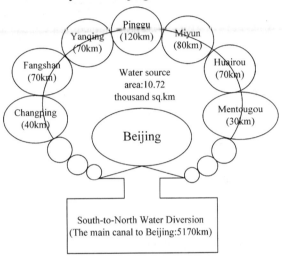

Figure 4   The main supplementary water resource of Beijing. The supplementary includes 8 water head sites, including 7 suburbs of the city, i.e., Changping, Fangshan, Yanqing, Pinggu, Miyun, Huairou, and Mentougou, and a long canal starting at Danjiangkou reservoir

From Figure 4, the total area of the supplementary water resource is about 10.72 km². At the same time, the South-to-North Water Transfer Project is designed for the water supply to Beijing in every year at a volume about 10.5×10^8 m³. Clearly, the management and construction of the infrastructure objected to the water supply of Beijing are sophisticated and plentiful. The tactics applied to water supply guarantee the availability of clean water in Beijing.

Furthermore, the Per Capita Gross Domestic Product of Beijing is high enough to sponsor the construction of the infrastructure. We show the Per Capita Gross Domestic Product of Beijing and China in Figure 5. From Figure 5, the Per Capita Gross Domestic Product of Beijing is about doubles than the Per Capita Gross Domestic Product of China from 2001 to 2013. Obviously, the economics of Beijing runs in a high level compared with the other region in China, and it is able to improve the water scarcity by employing the construction of the infrastructure.

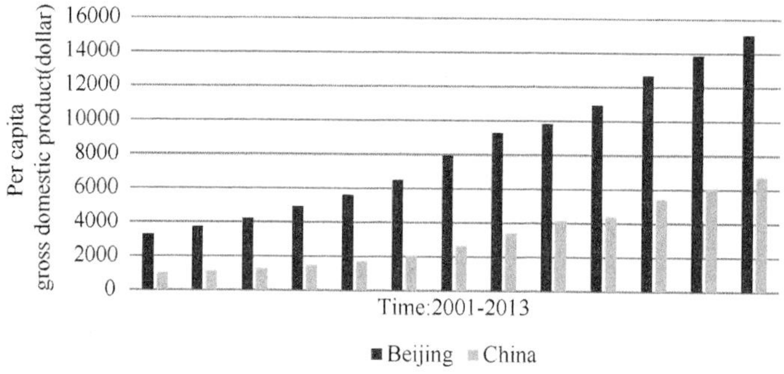

Figure 5　Per Capita Gross Domestic Product of Beijing and China

In all, although the reserve of the water resource of Beijing is in adequate, its supply is sufficient because the sophisticated management and plentiful infrastructure improves the availability of clean water. The economics of Beijing runs in a high level compared with the other region in China, and it is able to improve the water scarcity by employing the construction of the infrastructure.

3.2.3　Application of the method to Beijing

The main task of this section is to carry out a prediction of the water scarcity in the next fifteen years against the chosen region in Section 3.2. And the prediction is desired to take the environmental factors into account. In order to figure out the application in a reasonable way, we add time as a factor in the system dynamics model, which was proposed in Section 3.1.

First we extract the necessary materials from Public Water Resource Annual Report[2] of Beijing. The interesting items are summarized in Table 5.

Table 5　The interesting items extracted from [3]

Item	2008	2009	2010	2011	2012	2013
Total Volume of Water Resource per Year	34.2	21.8	23.1	26.8	39.5	24.8
Volume of Surface Water Resource	12.8	6.8	7.2	9.2	18	9.4
Volume of Underground Water Resource	21.4	15.1	15.9	17.6	21.6	15.4
Per-capita Water Resource(cu.m)	198.5	120.3	120.8	134.7	193.3	118.6
Total Volume of Water Supplied (Consumed) in the Year	35.1	35.5	35.2	36	35.9	36.4

					Continue	
Item	2008	2009	2010	2011	2012	2013
By Source						
Surface Water	4.7	3.8	3.9	4.8	4.4	3.9
Underground Water	20.5	19.7	19.1	18.8	18.3	17.9
Recycled Water	6	6.5	6.8	7	7.5	8
Water Transit from South to North	0.7	2.6	2.6	2.6	2.8	3.5
Emergent Water Supply	3.2	2.9	2.9	2.7	2.9	3
By Purpose						
Water Used by Agriculture	12	12	11.4	10.9	9.3	9.1
Water Used by Industry	5.2	5.2	5.1	5	4.9	5.1
Domestic Water	14.7	14.7	14.8	15.6	16	16.2

$$a_i = 0.807, \quad 0.806, \quad 0.797, \quad 0.796, \quad 0.786, \quad 0.778, \quad 0.772, \quad 0.795,$$
$$0.781, \quad 0.751, \quad 0.733, \quad 0.773 \quad (i = 2002, \cdots, 2013)$$

Using the model proposed in Section 3.1, we apply the aforementioned parameters into the flow chat under the help of software Vensim. Then, the degree of water scarcity from 2001 to 2013 may be deduced as follows.

They are shown in Table 6. And its corresponding figure is shown in Figure 6.

Table 6　The degree of water scarcity

Year	2002	2003	2004	2005	2006	2007	2008	2009	2010	2011	2012	2013
a_i	0.807	0.806	0.797	0.796	0.786	0.778	0.772	0.795	0.781	0.751	0.733	0.773

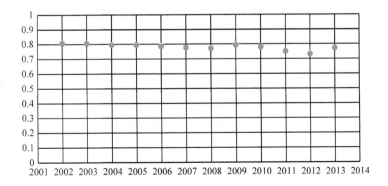

Figure 6　The degree of water scarcity

From Figure 6, it can be seen that the numerical values of the degree of water scarcity wander near their mean value 0.7813. Therefore, it can be seen that the numerical values of the degree of water scarcity in Beijing probably occur near 0.7813 in the forthcoming 15 years.

Now we take the environmental factors into account. From Section 3.2, we had conducted that the average of APCWR of Beijing is only accounts for about 5% of the average of APCWR of China Z_2, and it is no more than 2% of the average of APCWR over the world. And we concluded that the physical scarcity of the water resource is significant in Beijing. As time flies, the capita possession of water resources will decrease day after day, at the same time, the Per Capita availability presents will constantly be low. The two reasons will drive the water scarcity run toward a negative way.

In conclusion, in the next 15 years, citizens in Beijing probably face to a rather severe shortage of water. The degree of water scarcity is desired to wander near 0.7813. At the same time, it can be seen that the numerical values of the degree of water scarcity are higher than 0.7813 in most of years in the next fifteen years after taking the environmental factors into account. It implies that the water scarcity probably fall in a severe exacerbation in the next 15 years.

3.3　The intervention plan

As the results conducted in Section 3.2, the physical scarcity of the water resource is significant in Beijing. Therefore, the intervention plan is a necessary implementation for the water supply of Beijing. The intervention involves many factors, which may be convolved each other. In order to draw the intervention in a reasonable way, we need to explore the relevant factors.

The potential influential factors may be due to industrial, agricultural, living, ecological, social, and economical reasons. Meanwhile, it should be attended that these factors are coexisted in a system and may be convolved in feedback in a direct or indirect way. After taking the complexity and systematicness into account, the system dynamics model is desired to design the intervention plan.

3.3.1　The main factors involved in the model

In order to implement the system dynamics model, factors are desired to be declared firstly. In the framework of water resource, water scarcity degree (WSD), total population (TP), and value of gross output (VOGO) are three main factors. Their links are summarized in Figure 7.

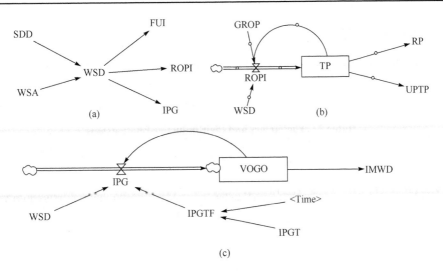

Figure 7　Main links involved in the model. (a) The link of water scarcity degree (WSD). Where
WSA is water supply amount; SDD is supply demand deficit; FUI is farmland under irrigation; ROPI
is the rate of population increase; and IPG is the industrial production growth. (b) The link of total
population (TP). Where RoPI, GROP, RP, and UPTP are the abbreviations of the rate of population
increase, growth rate of population, rural population, and urban population/town population,
respectively. (c) The link of value of gross output (VOGO). Where IPGT, IPGTF, and IWR are the
abbreviations of the industrial production growth rate, industrial production growth rate table
function, and industrial water requirement (IWR), respectively

➢　For WSD, water supply amount (WSA), and supply demand deficit (SDD) are
its depended factors. And it induces three factors: farmland under irrigation (FUI), rate
of population increase (ROPI), and industrial production growth (IPG). In detail, on the
one hand, it is determined by two factors: WSA and SDD. On the other hand, it affects
three factors: FUI, ROPI and IPG, as shown in Figure 7(a).

➢　For TP, it's a feedback factor (Figure 7(b)). Besides TP itself, it is affected by
the rate of population increase (ROPI) and Growth rate of population (GROP), and
induces two other factors: the rural population (RP) and urban population/town
population (UPTP).

➢　For VOGO, the logical links are shown in Figure 7(c). WSD, time and Industrial
production growth rate (IPGT) are its depended factors. Industrial water requirement (IWR)
is its induced factor. In addition, industrial production growth rate table function (IPGTF)
and IPG are two intermediate factors. And VOGO is a feedback factor, in which a loopback
produced as follows: VOGO affects IPG and IPG affects VOGO.

3.3.2　The proposed model

Starting from the aforementioned three main links, the system dynamics model may be derived. In this report, three-order system dynamics model is employed for the application. Together with their inductive relationship, the factors are shown in Table 7.

Table 7　The factors and their inductive relationships

Factor	Content	Instruction
WSD	Water scarcity degree	WSD = SDD/WSA
SDD	Supply demand deficit	TWDF-WSA
WSA	Water supply amount	IRF+SBU+SWSSF+TUW
WSD	The degree of water supply	SDD/WSA
FUI	Farmland under irrigation	IAIGR+FUI
GROP	Population growth rate	Constant
IPG	Industrial production growth	VOGO*IPGTF*(1-2*WSD*0.01)
TWDF	Total water demand forecast	AWD+EWD+IMWD+LWD
SWSA	Surface water supply amount	Constant
SWSSF	Groundwater supply amount function	SWSA-Time
SBU	Sewage quantity of regression	IWR+LWR
IRF	Irrigation return flow	FIWD*IRFR
IRFR	Irrigation rate	Constant
IAG	The irrigation area of growth	Constant
TP	Total population	ROPI+TP
GROP	Growth rate of population	Constant
RP	Rural population	0.137*TP
UP	Urban population	0.863*TP
VOGO	Valve of gross output	VOGO+IPG
IPG	Industrial production growth	VOGO*IPGTF*(1-2*WSD*0.01)
IPGTF	Industrial production growth table function	IPGR+0.0003*Time
IPGR	Industrial production growth rate	Constant
AWD	Agricultural water demand	Constant

Starting from the aforementioned inductive relationships occurred in Table 7, the system dynamics model may be derived. In this report, three-order system dynamics model is employed for the application. The derived model is shown in Figure 8.

In order to run the proposed model, Vensim is employed for the application, as shown in Figure 9. Before running the Vensim program, fifteen parameters, which are SDC, EWD, RUT, OVW, LAIRG, AWDQL, ULWDQ, IPGR, GROP, IRFR, CSR, IWRC, IWEC, GWEQ and DUG, respectively, are desired to be valued. In this application, the parameters are valued mainly using linear model. Together with these parameters, their values are shown in Figure 9. After building the flow chat in software Vensim, the proposed model may be run by Vensim (Figure 9).

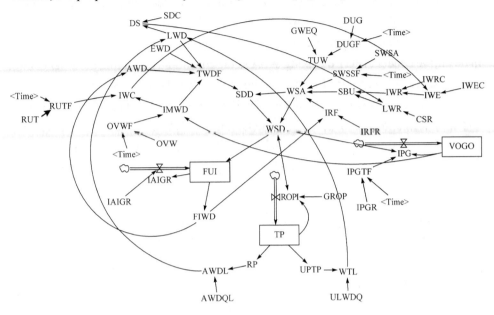

Figure 8   The proposed system dynamics model

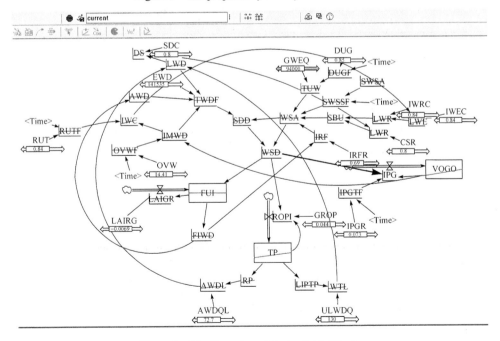

Figure 9   The flow chat of the model in Vensim

3.3.3 The intervention plan

After run the aforementioned program, we modified the interesting parameters occurred in Table 8 and Table 9. At last, two intervention plans was resulted in a modification way. They are plan A and plan B. Plan A is resulted based on the industrial production. In detail, we conduct IPGT by taking WSA as the constraint, i.e., fixing the other control variables, we calculate IPGT under the condition that the water supply and demand meet a balance. Compared with plan A, plan B was resulted after taking the reclamation and new technology into account. In detail, fixing WSA, we calculate IPGT after increasing the parameter values, which is tied with the reclamation of sewage and water saving countermeasures. The resulted intervention plans are proposed in Table 8 and Table 9.

Table 8 The intervention plan A

Main variable	2000	2005	2010	2015
AWD/10^8 m^3	10.82	11.13	11.45	11.78
IWR/10^8 m^3	6.93	14.47	17.61	16.69
LWR/10^8 m^3	8.18	10.8	14	17.7
EWD/10^8 m^3	1.76	1.76	1.77	1.78
IPGT/%	16	16	1	-1

Table 9 The intervention plan B

Main variable	2000	2005	2010	2015
AWD/10^8 m^3	8.89	9.2	9.51	9.83
IWR/10^8 m^3	6.93	14.49	19.05	18.57
LWR/10^8 m^3	8.18	10.8	13.8	17.4
EWD/10^8 m^3	1.76	1.76	1.77	1.78
IPGT/%	16	16	6	4.5

In order to result an advantage plan between plan A and plan B, we plot IPGT and TWDF in Figure 10.

From Figure 10, it can be seen that plan B is prior than plan A. The intervention plan takes advantage of the reclamation of sewage and water saving countermeasures. The implementation of the reclamation and new technology are able to affect industry, agriculture, and ecology, etc, and they can make the water supply and demand reach a balance efficiently.

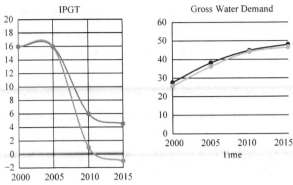

Figure 10   The resulted IPGT and TWDF

3.3.4   Strength and weakness

Strength:

Task four uses the system dynamics of water resources. This system take many factors into consideration, it also consider the mathematical formula among factors. So the model is more practical.

Weakness:

Considering the lack of actual data to calculate the determining parameters for the intervention, the final answer must exist error in a certain extent. Because of this problem, we determine the parameters more precisely to fit in practical, when we use the model in practical situation.

3.4   Prediction of the water scarcity against Beijing

According to the Vensim program proposed in Section 3.4, after setting the final time be 200, we run the program again to predict the water scarcity in the next 200 years. We show the simulated results in Figure 11.

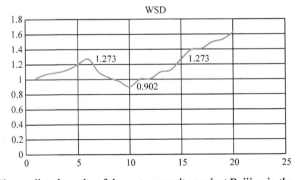

Figure 11   The predicted results of the water scarcity against Beijing in the next 200 years

From Figure 11, it can be seen that water scarcity trends to alleviate since point *A*. The alleviation trends to continue for some time at the end of point *B*, where its WSD equals 0.902. After that, the water scarcity presents an increase trend. When WSD equals 1.273 again at point *C*, the water scarcity hereafter becomes a challenge issue day after day.

According to Figure 11, it can be seen that the degree of lack water is alleviated after employing the intervention plan *B*. Therefore, the intervention plan *B* proposed in Section 3.4 is in effect to the water scarcity in a short view point. Coupled with the growth of population, industrial development, agricultural irrigation, and ecological water demand, the demand of water resource trends to increase in the long view point, but the consumption of water resources keeps in constant. Therefore, this intervention plan takes advantage to improve water resource availability only in a short period time. After that, the advantage will disappear because water demand increases day after day. The water scarcity will occur after an appropriate time. In addition, we plot the resulted water demand in the next 200 years in Figure 12, which shows the demand increases. Since the degree of water scarcity is determined by the gap between the supply and demand, the water scarcity comes into reality when the supply depresses and the demand increases. It implies that the water scarcity becomes more serious if we do not implement intervention plan. In all, whether we implement intervention plan or not, the water scarcity will come into truth in the future.

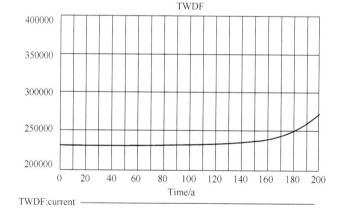

Figure 12　The resulted water demand in the next 200 years in Beijing

In detail, first, we focus on the living water. TP is a kind of factor, which affects water demand. Since the predicted TP keeps increase in the next 200 years, domestic water is another important factor, which causes water scarcity. Second, for industrial water, industrial water demand is depended on the gross value of industrial output. The higher the gross industrial output value is, the greater the demand for water. Since the gross value of industrial output in 200 years trends increase, the industrial water demand also drives the water scarcity run toward a negative way. Third, for agricultural water, agricultural water is mainly used to irrigate their fields. Since we have predicted that the irrigation area will be enlarged in the future, agricultural water exacerbates water scarcity in an involved way. At last, for ecological water, it is used to compensate the overload of groundwater, vegetation ecological water requirement, urban ecological environment water demand and ecosystem environmental water demand. Due to the increase of urbanization, the urban ecological environmental water demand goes up. It can be seen that the ecological water demand should be increased in the future. Therefore, the increasing ecological water demand also exacerbates water scarcity.

In all, Beijing will be a serious water shortage area in the future. And the water scarcity will trend to be a serious issue day after day in the future. Based our prediction, it implies that Beijing will fall in a severe water scarcity after 114 years later.

4. Reference

[1] Liu J J, Dong S C, Li Z H. Research on comprehensive evaluation of water resources carrying capacity in China[J]. Journal of Natural Resources, 2011, 26(2): 258-269.

[2] National Bureau of Statistics of China. 2014 China Statistical Yearbook [M]. Beijing: China Statistics Press, 2014. (http://www.stats.gov.cn/tjsj/ndsj/2014/indexch.htm).

[3] Yuan Y, Gan H, Wang L, et al. Calculation of water resources carrying capacity at different carrying levels [J]. China Rural Water and Hydropower, 2006, (6): 45-48.

[4] GrowingBlue: Water. Economics. Life. (http://growingblue.com)[OL].

[5] World Resources Institute. (www.wri.org)[OL].

[6] The State of the World's Land and Water Resources for food and agriculture. 2011. http://www.fao.org/docrep/017/i1688e/i1688e00.htm[OL].

[7] http://www.fao.org/nr/water/aquastat/water_res/index.stm[OL].